煤炭分选加工技术丛书

煤泥浮选技术

黄　波　编著

北　京
冶 金 工 业 出 版 社
2022

内容简介

浮选是细粒煤分选和煤炭深度分选的有效方法，本书系统地叙述了煤泥浮选的理论基础，浮选药剂的分类、作用机理及煤泥浮选药剂制度，煤泥浮选的影响因素及工艺流程，机械搅拌式浮选机、喷射式浮选机、浮选柱以及煤泥调浆和药剂乳化装置的工作原理与应用，煤泥浮选工业生产实践的操作、技术检查与工艺效果评定，浮选精煤和尾煤的处理，浮选生产过程的自动检测与控制，微细煤泥的分选技术以及煤炭浮选脱硫技术。

本书内容丰富，理论和实践并重，实用性强，吸收了国内外煤泥浮选领域的科研和生产中最新成果，反映了煤泥浮选技术的最新进展。本书内容深入浅出，详略得当，突出了煤泥浮选的新技术、新工艺和新设备。

本书可作为高等学校矿物加工工程专业的教学用书和选煤厂技术人员学习参考书，也可作为选煤厂管理及技术人员培训用书。

图书在版编目(CIP)数据

煤泥浮选技术/黄波编著.—北京：冶金工业出版社，2012.3
(2022.9重印)
(煤炭分选加工技术丛书)
ISBN 978-7-5024-5788-4

Ⅰ.①煤… Ⅱ.①黄… Ⅲ.①煤泥—浮游选矿 Ⅳ.①TQ520.61

中国版本图书馆 CIP 数据核字(2011)第238722号

煤泥浮选技术

出版发行 冶金工业出版社　**电　话** (010)64027926
地　址 北京市东城区嵩祝院北巷39号　**邮　编** 100009
网　址 www.mip1953.com　**电子信箱** service@mip1953.com

责任编辑 卢 敏　美术编辑 彭子赫　版式设计 孙跃红
责任校对 卿文春　责任印制 禹 蕊
北京虎彩文化传播有限公司印刷
2012年3月第1版，2022年9月第3次印刷
787mm×1092mm 1/16；14.25印张；339千字；213页
定价39.00元

投稿电话 (010)64027932 投稿信箱 tougao@cnmip.com.cn
营销中心电话 (010)64044283
冶金工业出版社天猫旗舰店 yjgycbs.tmall.com
(本书如有印装质量问题，本社营销中心负责退换)

《煤炭分选加工技术丛书》序

煤炭是我国的主体能源，在今后相当长时期内不会发生根本性的改变，洁净高效利用煤炭是保证我国国民经济快速发展的重要保障。煤炭分选加工是煤炭洁净利用的基础，这样不仅可以为社会提供高质量的煤炭产品，而且可以有效地减少燃煤造成的大气污染，减少铁路运输，实现节能减排。

进入21世纪以来，我国煤炭分选加工在理论与技术诸方面取得了很大进展。选煤技术装备水平显著提高，以重介选煤技术为代表的一批拥有自主知识产权的选煤关键技术和装备得到广泛应用。选煤基础研究不断加强，设计和建设也已发生巨大变化。近年来，我国煤炭资源开发战略性西移态势明显，生产和消费两个中心的偏移使得运输矛盾突出，加大原煤入选率，减少无效运输是提高我国煤炭供应保障能力的重要途径。

《煤炭分选加工技术丛书》系统地介绍了选煤基础理论、工艺与装备，特别将近年来我国在煤炭分选加工方面的最新科研成果纳入丛书。理论与实践结合紧密，实用性强，相信这套丛书的出版能够对我国煤炭分选加工业的技术发展起到积极的推动作用！

是为序！

中国工程院院士
中国矿业大学教授
2011年11月

《煤炭分选加工技术丛书》前言

煤炭是我国的主要能源，占全国能源生产总量70%以上，并且在相当长一段时间内不会发生根本性的变化。

随着国民经济的快速发展，我国能源生产呈快速发展的态势。作为重要的基础产业，煤炭工业为我国国民经济和现代化建设做出了重要的贡献，但也带来了严重的环境问题。保持国民经济和社会持续、稳定、健康的发展，需要兼顾资源和环境因素，高效洁净地利用煤炭资源是必然选择。煤炭分选加工是煤炭洁净利用的源头，更是经济有效的清洁煤炭生产过程，可以脱除煤中60%以上的灰分和50%~70%的黄铁矿硫。因此，提高原煤入选率，控制原煤直接燃烧，是促进节能减排的有效措施。发展煤炭洗选加工，是转变煤炭经济发展方式的重要基础，是调整煤炭产品结构的有效途径，也是提高煤炭质量和经济效益的重要手段。

"十一五"期间，我国煤炭分选加工迅猛发展，全国选煤厂数量达到1800多座，出现了千万吨级的大型炼焦煤选煤厂，动力煤选煤厂年生产能力甚至达到3000万吨，原煤入选率从31.9%增长到50.9%。同时随着煤炭能源的开发，褐煤资源的利用提到议事日程，由于褐煤含水高，易风化，难以直接使用，因此，褐煤的提质加工利用技术成为褐煤洁净高效利用的关键。

"十二五"是我国煤炭工业充满机遇与挑战的五年，期间煤炭产业结构调整加快，煤炭的洁净利用将更加受到重视，煤炭的分选加工面临更大的发展机遇。正是在这种背景下，受冶金工业出版社委托，组织编写了《煤炭分选加工技术丛书》。丛书包括：《重力选煤技术》、《煤泥浮选技术》、《选煤厂固液分离技术》、《选煤机械》、《选煤厂测试与控制》、《煤化学与煤质分析》、《选煤厂生产技术管理》、《选煤厂工艺设计与建设》、《计算机在煤炭分选加工中的应用》、《矿物加工过程Matlab仿真与模拟》、《煤炭开采与洁净利用》、《褐煤提质加工利用》、《煤基浆体燃料的制备与应用》，基本包含了煤炭分选加工过程涉及的基础理论、工艺设备、管理及产品检验等方面内容。

本套丛书由中国矿业大学（北京）化学与环境工程学院组织编写，徐志强负责丛书的整体工作，包括确定丛书名称、分册内容及落实作者。丛书的编写人员为中国矿业大学（北京）长期从事煤炭分选加工方面教学、科研的老师，书中理论与现场实践相结合，突出该领域的新工艺、新设备、新理念。

本丛书可以作为高等院校矿物加工工程专业或相近专业的教学用书或参考用书，也可作为选煤厂管理人员、技术人员培训用书。希望本丛书的出版能为我国煤炭洁净加工利用技术的发展和人才培养做出积极的贡献。

本套丛书内容丰富、系统，同时编写时间也很仓促，书中疏漏之处，欢迎读者批评指正，以便再版时修改补充。

中国矿业大学（北京）教授 徐志强

2011 年 11 月

前　言

浮选技术是最为经济有效的微细煤泥分离方法，也是煤炭深度分选的重要方法。随着采煤机械化程度的提高，选煤厂原料煤中的粉煤量越来越多，浮选作业变得越来越重要。而且，浮选作业也是选煤厂煤泥水处理系统中的重要环节，对实现选煤厂洗水闭路循环和环境保护具有重要作用。

近10多年来，随着国民经济的持续快速发展，煤炭工业发展十分迅猛，2010年我国煤炭产量已达32亿吨。这期间煤泥浮选在基础理论研究、设备大型高效、工艺优化和自动控制等方面取得了长足发展。本书以理论→工艺→实践为主线，有机整合了煤泥浮选的基础理论、浮选工艺、浮选设备和浮选工业生产实践的相关内容。吸收补充了近年来煤泥浮选领域的科研和生产中的最新成果，如气泡矿化微观过程的理论分析，FCSMC旋流微泡浮选柱、Jameson浮选柱和喷射式浮选机的工作原理和应用，煤炭浮选脱硫技术和微细煤泥深度分选技术。本书内容丰富，深入浅出，详略得当，突出了煤泥浮选新技术、新工艺和新设备，反映了煤泥浮选技术的最新进展。

全书共分11章，其中第1~2章介绍煤、水和空气的结构与性质，煤炭表面的润湿与吸附，气泡矿化途径及其理论分析，煤泥可浮性的评定，浮选药剂的分类、作用机理和储存，煤泥浮选的药剂制度；第3~4章介绍影响煤泥浮选的主要因素，煤泥浮选的工艺流程和我国典型的浮选流程；第5章介绍机械搅拌式浮选机、喷射式浮选机和浮选柱的工作原理及其应用，煤泥浮选调浆与药剂乳化装置；第6~9章介绍煤泥浮选的工业生产实践、浮选作业的技术检查与效果评定，浮选精煤和尾煤的处理，煤泥浮选生产过程的自动检测与控制；第10章介绍微细煤泥的分选技术，包括选择性絮凝分选、选择性聚团分选、载体浮选和油团聚分选的原理及工艺；第11章介绍煤炭的浮选脱硫技术，包括煤中硫的赋存及煤系黄铁矿的可浮性，强化黄铁矿浮选脱硫的方法，煤炭微生物浮选脱硫技术，煤的脱硫效率评价。

本书第1~6章、第10~11章由黄波编写，第7~8章由解维伟编写，第9

章由王卫东编写，全书由黄波统稿。

本书的编写过程中，我们得到了中国矿业大学（北京）矿物加工系老师和实验人员的大力支持，在此表示衷心感谢。同时，本书引用了国内外相关文献的一些内容和实例，在此谨向这些作者表示诚挚的谢意。

由于编者水平所限，不足之处在所难免，敬请广大读者批评指正。

编 者

2011 年 11 月

目　录

1 煤泥浮选的理论基础

浮选是处理小于0.5mm的细粒煤最广泛、最有效的分选方法。通常，煤泥量约占原煤的10%～30%，我国炼焦煤选煤厂中浮选处理量约占20%。随着煤炭开采机械化程度的不断提高，原煤中的煤粉也将不断增加，煤泥入浮比例必然会增大。

煤泥浮选是依靠煤粒与矸石表面性质的差异进行分选，疏水的煤颗粒黏附在气泡上并随气泡上升到泡沫层，经机械刮泡或自流进入泡沫收集槽成为最终浮选精煤，亲水的矸石则留在煤浆中成为尾煤，从而实现煤与矸石的分离。图1-1为机械搅拌式浮选机煤泥浮选示意图。

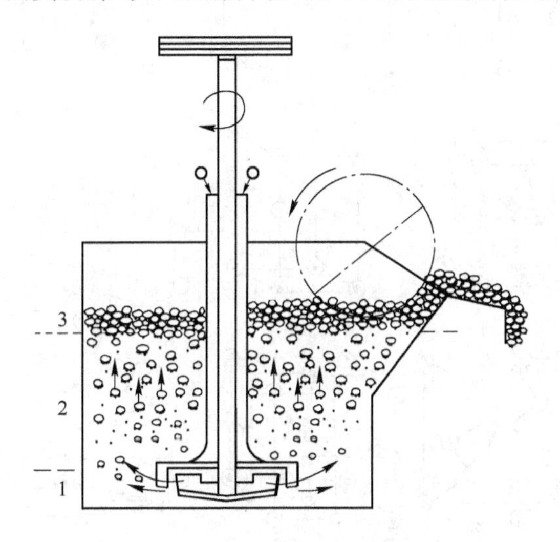

图1-1　煤泥浮选示意图

1—搅拌区；2—分离区；3—泡沫区

煤泥浮选过程包括以下几个单元：

（1）使煤浆处于湍流状态以保证煤粒悬浮并以一定动能运动，悬浮通常是不均匀的，粒度较大的煤粒趋向于保持在浮选槽较低的位置。

（2）悬浮煤粒与浮选药剂（捕收剂）作用，增强煤粒表面的疏水性。

（3）浮选槽中产生气泡并弥散。

（4）煤粒与气泡的接触碰撞，煤粒和气泡表面的水化膜薄化、破裂，形成三相润湿接触周边，煤粒黏附在气泡上，即形成矿化气泡。

（5）矿化气泡的浮升，在浮选槽液面聚集形成泡沫层。

（6）泡沫经机械刮泡或自流进入泡沫收集槽成为最终浮选精煤。

1.1　煤泥浮选各相结构与性质

煤泥浮选是一种多相非均匀体系，固相、气相和液相的性质以及相界面性质是决定煤泥浮选的关键所在。

1.1.1 固相的结构与性质

煤泥浮选中的固相主要是煤和矸石，其中矸石为晶体矿物，煤为非晶体矿物，两者的结构和性质具有较大差异。

1.1.1.1 矿物的晶体结构

晶体的分布非常广泛，自然界的固体物质中，绝大多数是晶体。晶体是由原子或分子在空间按一定规律周期重复地排列构成的固体物质，图 1-2 为典型的晶体结构。

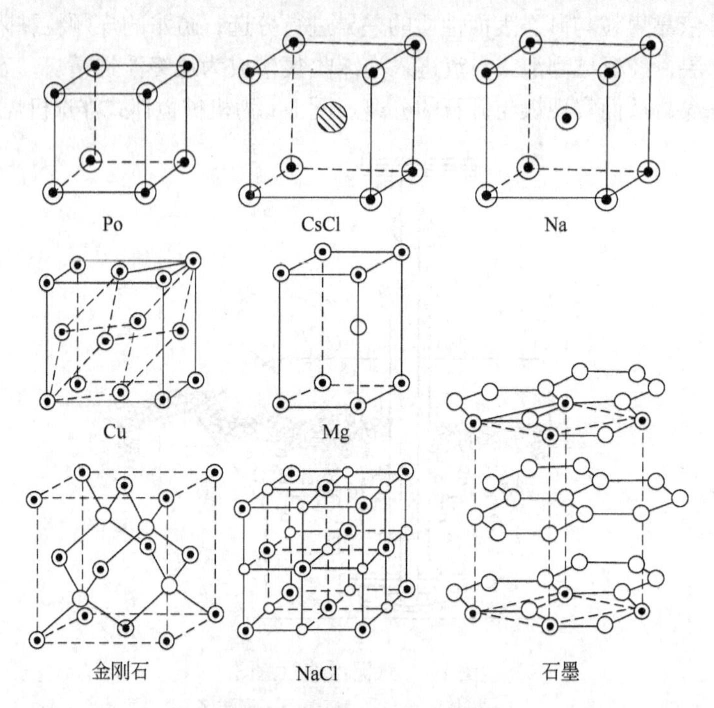

图 1-2 典型矿物的晶体结构

晶体内部原子或分子按周期性规律排列的结构，使晶体具有以下共同的性质。

(1) 均匀性。晶体内部各个部分的宏观性质是相同的，如相同的密度、相同的化学组成等。这主要是由于在晶体各个不同部分单位体积内的质点种类、数量、分布规律是一样的，晶体中原子排列的周期性很小，宏观观察分辨不出微观的不连续性。

(2) 各向异性。在晶体中不同的方向上具有不同的物理性质。例如，在不同的方向上具有不同的电导率、不同的线膨胀系数、不同的折光率以及不同的强度等。这种特性主要是由晶体内部原子的周期性排列所决定的。在周期性结构中，不同方向上原子或分子的排列是不相同的，因而在物理性质上具有异向性。

(3) 自限性。晶体在生长过程中自发地形成晶面，晶面相交成为晶棱，晶棱会聚成顶点，使晶体具有多面体外形的特点。这主要是由于晶体的周期性结构，是其内部格子结构的外在反映。

(4) 对称性。晶体的理想外形和晶体内部结构都具有特定的对称性，晶体的对称性和晶体的性质关系非常密切。

(5) 稳定性。晶体对于气体或液体来说，处于最稳定的状态，因而具有一定的外形，甚至具有规则多面体形态。晶体才是真正的固体，而固态非晶质体只能称作过冷液体。非晶质体往往有自发转变为晶体的趋势。

(6) 最小内能。在相同的热力学条件下，晶体与同种物质组成的气态、液态以及非晶体固态物体相比其内能（动能和势能）最小。

(7) 对X射线的衍射。晶体结构的周期大小和X射线的波长相当，可作为三维光栅，使X射线产生衍射。非晶体物质没有周期性结构，只能产生散射效应，得不到衍射图像。

1.1.1.2 矿物的晶体类型

根据晶体内部质点和化学键的性质可将矿物晶体分为离子晶体、原子晶体、金属晶体和分子晶体。不同类型的晶体，其物理性质有明显的差异，而晶体类型相同的晶体，物理性质往往很相似。

A 离子晶体

离子键是由阴、阳离子通过静电引力而形成的化学键，由离子键构成的晶体称为离子晶体，典型的离子晶体矿物有岩盐（NaCl）、萤石（CaF_2）、闪锌矿（ZnS）和方解石（$CaCO_3$）等。离子键的两端分别是阴离子和阳离子，形成两个极，具有很强的极性。由于阴、阳离子的电子云分布为球形对称，可以在空间各个方向上吸引相反电荷的离子。因此，离子键没有方向性。阴离子一般作最紧密堆积，具有较高的配位数。为保持电价平衡，异号离子间常保持一定的数量比例。此外，一个离子可以与几个电荷相反的离子结合，没有饱和性。如氯化钠晶体中，一个Na^+周围有六个Cl^-，一个Cl^-周围有六个Na^+，这样层层包围，形成一颗颗肉眼看得见的石盐颗粒。

在物理性质方面，由于晶体中的电子皆属于一定的离子，质点间电子密度极小，对光的吸收少。因而，离子晶体常为透明或半透明，具有非金属光泽；由于不存在自由电子，离子晶体一般不导电，但熔化后可导电；又由于离子键键力较强，故线膨胀系数小。但离子晶体的熔点、硬度有很大的变化范围。

B 原子晶体

共价键（原子键）是原子间通过共用电子对形成的化学键，由共价键构成的晶体称为原子晶体，自然界单纯以共价键结合的原子晶体较少见，最典型如金刚石。多数晶体为离子键和共价键的混合键型，如石英（SiO_2）和锡石（SnO_2）。

原子间形成共用电子对时，都是由两个原子中自旋方向相反的未成对电子相互配对成键，成键后的电子对不能再与第三个电子配对。因此，共价键具有饱和性。此外，在形成共价键时，成键电子的电子云互相重叠，重叠越多，键力越牢固。因此，要形成稳定的共价键，电子云必须沿密度最大的方向重叠，这就是共价键的方向性。原子晶体中的原子往往不能作最紧密堆积，配位数偏低，一般不超过4。

共价键也是一种较强的键，故原子晶体具有较大的硬度和较高的熔点；原子晶体不导电，其熔体也不导电；光学性质表现为透明至半透明，玻璃光泽至金刚光泽。

C 金属晶体

金属原子一般倾向于丢失电子。在金属晶体中，包含着中性原子、带正电荷的金属阳离子和从原子上脱落下来的电子。依靠流动的自由电子使金属原子与阳离子联系起来的键，称为金属键。由金属键结合形成的晶体称为金属晶体，如自然金、自然铜。

金属键不具饱和性和方向性，金属晶体中原子的配位数较强，可看作由金属原子作最紧密堆积而成。

金属晶体受光线照射时，自由电子全部吸收了可见光，晶体表现为不透明。当其吸收能量而使被激发的电子跃回能级时，又把各种波长的光都放射出来，具有特殊的金属光泽。此外，金属晶体的导电和导热性能较好，而且密度大。

D 分子晶体

分子晶体中的构造单位是分子，其内部的原子通常为共价结合，而分子之间则为分子键相连。典型的分子晶体有石墨、辉钼矿。

在分子晶体结构中，由于分子键无饱和性和方向性，分子之间可作最紧密堆积。分子键比其他类型的键力小 1 ~ 2 个数量级。因此，分子晶体一般硬度小、熔点低。此外，分子晶体可压缩性大，线膨胀率大，热导率小，大多数为绝缘体，透明，玻璃光泽至金刚石光泽。

有些晶体的结构中，只存在单纯的一种键力，如自然金的结构中只有金属键，金刚石的结构中只有共价键；有些晶体的结构中，则是某种过渡型键，如闪锌矿的共价—离子键、石墨的共价—金属键，前者为带离子键性质的共价键，后者为带金属键性质的共价键；还有一些晶体，结构中存在两种明显不同的键，如方解石的晶体结构中，C—O 之间以共价键为主，Ca—O 之间则以离子键为主，这种晶体称为多键型晶体。晶体结构中化学键的过渡性及多键性都会影响到晶体的物理性质。

1.1.1.3 *矿物晶体的表面性质*

矿物晶体受到外加机械力的作用，连续质点的部分键力受到破坏，产生断裂面，如图 1-3 所示。可以看到：晶体内部的任一质点 A 由于周围分布的相邻质点相互作用，使键力处于平衡饱和状态，称为饱和键力；而位于晶体表面，如面心附近的任一质点 B，则除了在此平面内以及朝向立方体内部的键力因与相邻质点相互作用得到饱和外，在朝向空间的这个方向，质点 B 的键力则没有得到补偿（如图中虚线所示），处于未饱和状态，称为不

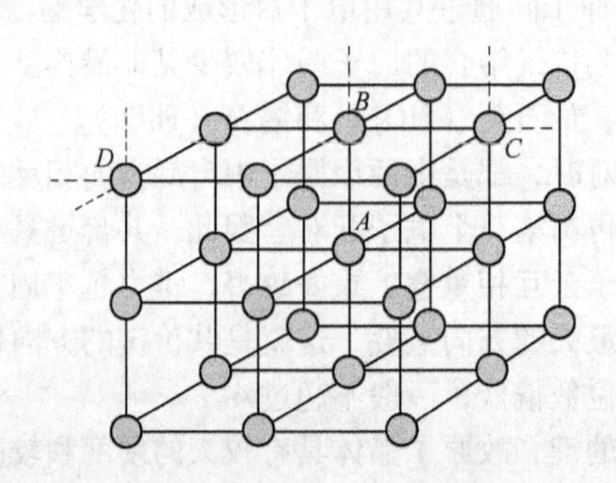

图 1-3 矿物晶体内部饱和键与表面不同位置不饱和键示意图

饱和键力或不饱和键能。因此，处于表面的质点就具有吸附其他物质的能力和作用活性。同样，位于棱边上的任一质点 C，将在两个方向上具有不饱和键力，即键力不饱和程度较高，具有较高的吸附能力和作用活性；而位于任一顶角的质点 D，则因在三个方向上都有不饱和键力，所以该质点的不饱和键力最强，吸附能力和作用活性最强。由此可以看出，断裂面上的质点存在着不饱和键力。

由于晶体类型不同或破碎时断裂方向不同，断裂面的不饱和键的类型和键能强度也就不相同，矿物表面性质也就不同，其规律大致如下：

（1）离子矿物晶体的断裂面以离子键为主，有强的静电作用力，为强不饱和键。矿物表面亲水性强，天然可浮性差。同是离子键，由于在表面层的分布及位置深浅不同，离子的不饱和度也不同，加之其他表面离子的遮盖作用等，可以表现出不同程度的强弱。

（2）原子矿物晶体的断裂面以共价键为主，有较强静电力或偶极作用，亦为强不饱和键。矿物表面亲水性强，天然可浮性差，但比离子晶体要好。

（3）金属矿物晶体的断裂面与原子晶体矿物断面大体相似，表面亲水性，天然可浮性差。

（4）分子矿物晶体的断裂面以分子键为主，不饱和键多为弱键。这种断裂键的键能强度较低，断裂面上质点非极性较小，称为非极性表面，与水分子的作用较弱，不易被水润湿，为疏水性表面，易与气泡黏附，天然可浮性较好。

当矿物表面具有较强的离子键、共价键时，其不饱和程度较高，矿物表面有较强的极性和化学活性，对极性水分子有较大的吸引力，矿物表面表现出亲水性，称之为亲水性表面，矿物的可浮性差。当矿物表面是弱的分子键时，其不饱和程度较低，矿物表面具有疏水性，称之为疏水性表面，矿物的可浮性好。

事实上，同一种矿物的可浮性差别很大。这是因为实际矿物表面存在许多物理不均匀性、化学不均匀性和物理—化学不均匀性（半导体），造成矿物表面不同区域表面性质不同，可浮性也不相同，对药剂的吸附影响也不相同。

1.1.1.4 煤的结构与可浮性

煤是由有机质和多种无机物组成的混合物，组成复杂多样和不均一，难以分离成简单的物质，进行结构和性质分析。煤中的有机质属可燃体，无机质属非可燃体。

研究证实：煤的基本结构单元是以芳环、氢化芳环、脂环和杂环为核心，周围带有侧链、官能团的缩合芳香体系。基本结构单元相互桥连，在二维方向上结成平面网络。氢键缔合、范德华力、偶极作用力及共价键使得芳香层网相互叠置，在三维空间上生长发育。随着煤化程度的增加，脂环热解并减少，而缩合芳香体系的芳构化和缩合程度不断增高，芳香层的定向性和有序化程度明显增强，芳香层叠置、集聚形成更大的芳环叠片，孔隙结构由大孔向中孔过渡，至更高的变质阶段，煤类似晶体的某些属性越来越明显，孔隙结构以微孔为主。

煤中的主要元素为C、H、O、N、S，其中C、H、O 约占90%。O、N、S 等杂质元素存在于含氧官能团中，如羟基、羧基、羰基、氧醚、醌基和杂环氧等。

煤中伴生的无机矿物质一般是由各种硅酸盐矿物、碳酸盐矿物、硫酸盐矿物、金属硫化物和硫酸亚铁矿物等组成，分为原生矿物质和次生矿物质。原生矿物质是由成煤植物本身所含有的矿物质形成的，主要是由碱金属和碱土金属的盐组成，如钾、钠或钙、镁盐类。此外，还含有铁、硫、磷以及少量的钛、钒、氯等元素。原生矿物质参与煤的分子结构，其含量很少，一般为1%~2%。次生矿物质是指在成煤过程中，由外界进入成煤沼泽中的矿物质混入到煤层中，如煤中的高岭土、方解石、黄铁矿等。次生矿物质在煤中的嵌布状态是多种多样的，主要有矿物夹层、包裹体、浸染状和充填矿物几种形式。煤中的黏土矿物，如高岭土、伊利石等占整个矿物组成的80%左右，为成灰矿物的主体。黄铁矿是煤中含硫矿物的代表，是燃煤 SO_2 污染的主要来源。

煤的可浮性与煤的基本结构单元、侧链、官能团和伴生的无机矿物质有关，具有以下规律：

（1）煤的主体是多环芳香核，芳香核的化学性质不活泼，具有疏水性。因此，煤的主要表面是疏水的。

（2）煤的分子结构中有部分含氧官能团，而且芳香核网上的部分侧链在氧化过程中很容易生成含氧官能团，使煤的某些部位具有亲水性。

（3）煤的结构中还含有一定数量的矿物质，多数矿物质具有一定的极性，因此，煤部分表面具有亲水性。

（4）煤表面的微孔吸附少量的水，使煤表面局部具有亲水性。

（5）煤表面上的含氧官能团和无机矿物质虽使其具有了一定的亲水性，但这些部位也有较高的化学活性，捕收剂中的某些杂极性分子可以吸附在这些活性部位，从而提高整个煤粒的疏水性。

1.1.2 水的结构与性质

煤泥浮选的液相为水，水的结构与性质对浮选具有重要的影响。此外，在浮选体系中，由于固相的存在，在固-液界面处的液相结构会发生变化。

X射线对水的晶体（冰）研究表明，水分子的两个氢原子与氧原子排成折线形，折线的夹角，即两个H—O键互成104.52°角，O—H键长为0.0957 nm，如图1-4所示。

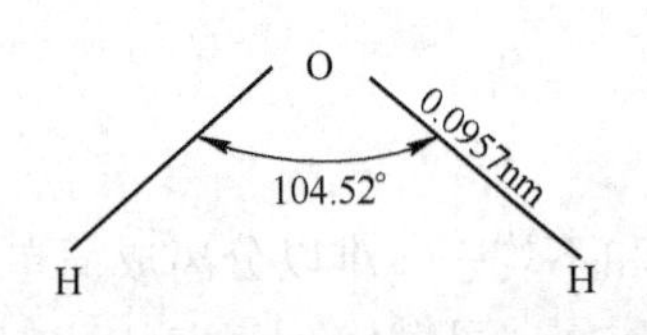

图1-4 水分子中H—O键间夹角

水分子中氢和氧是靠极性共价键结合的，因为氧的电负性大于氢，所以共用电子对强烈地偏向氧的一边，使氢原子显示出很大的电正性。故而水分子是高度极性的。

水分子往往通过氢键缔合成空间四面体结构，如图1-5所示。这种四面体结构是一种较疏松的结构，晶体内部有较多的空隙。

弗兰克等在1957年提出了水分子结构的“闪动簇团”模型，如图1-6所示。这种模型认为：（1）水是由四面体笼架结构构成的簇团在略为“自由”的水中漂游的一种混合体；（2）簇团本身并非恒定不变，它是不断形成又不断破坏，具有“闪动性”；（3）非簇团状态的水分子其氢键已断裂，分子间仅有分子缔合作用，作用较弱。

对于极性很强的水分子而言，其分子结合能以偶极效应为主，色散效应和诱导效应均不占重要地位。偶极效应、诱导效应及色散效应三者对水分子作用的贡献百分率分别为85%、4.5%、10.5%。由此可见，水分子间结合的主要支配因素是氢键，分子间的偶极作用次之，诱导效应及色散效应几乎可以忽略不计。

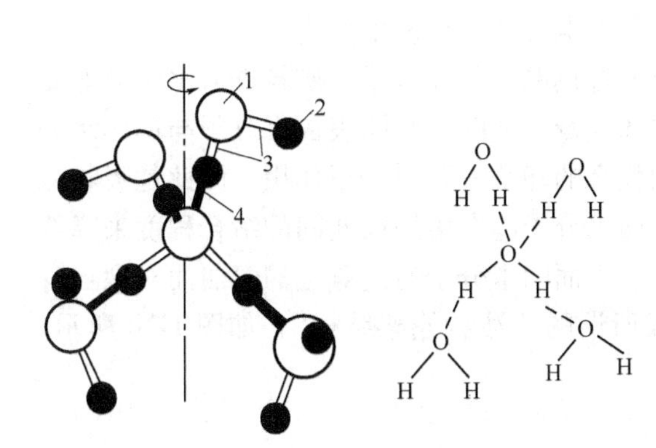

图 1-5 水分子通过氢键形成的四面体结构

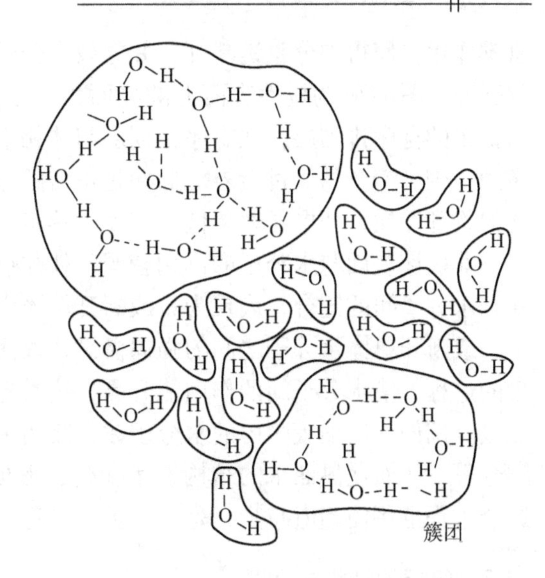

图 1-6 液相水的闪动簇团模型

—O—H—共价键；— —氢键

由于水分子的强极性的结构特点，导致水具有很高的介电常数、很强的溶解能力和很强的水分子间的缔合作用。

由于水有很大的偶极矩，当矿物颗粒在水溶液中与水分子作用时，有的矿物就可能被溶解，从而可以改变浮选体系中液相的化学组成和固-液界面性质。

矿物颗粒放在水中，位于矿物晶格表面的质点由于表面的不饱和键力或极性，会与水分子发生相互作用而吸引水的偶极子，在矿物表面形成水化层。矿物表面晶格质点吸引水的偶极子，使表面不饱和键力得到一定程度的补偿，这种作用称为矿物表面的水化作用。矿物表面水化作用的程度，主要取决于矿物表面不饱和键力的性质和质点极性的强弱。

位于矿粒周围的水分子受到矿粒表面作用的影响，改变缔合方式，在结构上发生相应的变化，形成界面结构化水膜，如图 1-7 所示。

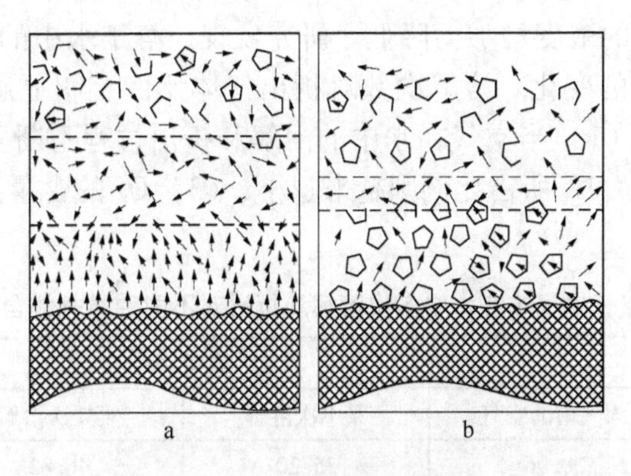

图 1-7 界面水的结构模型

a—极性表面；b—非极性表面

对于极性表面，水分子受到强静电、氢键及偶极作用，其作用力远远超过水分子间的氢键作用，使得部分氢键断开，并导致水分子在表面定向排列，形成若干个分子层厚的水化壳层。图 1-7a 为极性表面上的界面水三层结构模型，最靠近表面的一层是水分子的定向密集的有序排列层，在有序排列层与体相水之间有一个过渡层，过渡层中的水分子是无序的、较少缔合的。过渡层之后便是正常的体相水结构。界面水层具有与正常的体相水不同的物理性质，如电导率降低，密度、热容量及介电常数等均发生变化。

非极性表面与水分子的作用较弱，往往仅通过色散力相互作用。矿粒进入水中必然要断开水分子间的键合，表现为：或断开簇团中的氢键，或断开簇团表面水分子与单体水分子，或断开单体水分子之间的强偶极键，取而代之的却是一种弱分子作用，因此是吸收能量的过程，使水分子间的作用能升高，这时界面水分子趋向增加彼此间的缔合程度来降低能级。例如，增加簇团中的水分子数，簇团中或表面的水分子通过氢键的弯曲而实现自身闭合等，从而使界面水的结构发生变化，形成所谓的“冰状笼架结构”，如图 1-7b 所示。这个过程也将使熵值减少，是一种负熵过程。

1.1.3 气相的结构与性质

煤泥浮选中的气相主要是空气，空气主要是由氧、氮、二氧化碳等组成的混合物。空气中不同成分在水中的溶解度不同，因而与矿物和水的作用也不同，对浮选有不同的影响。

空气是一种典型的非极性物质，具有对称结构。易和非极性表面结合，浮选时可优先与非极性的疏水性表面附着。

煤泥浮选过程中，空气所形成的气泡作为一种选择性运载工具，疏水的煤粒能够黏附在气泡上，并随气泡上升到泡沫层经刮泡或自流进入泡沫收集槽成为最终浮选精煤。亲水的矸石则不能黏附在气泡上，留在煤浆中并成为尾煤。

空气中的氧可使煤氧化，增加煤粒表面亲水性，不利于煤的浮选，而且煤粒在水中的氧化比在空气中的氧化更为剧烈。

空气中的各种成分在煤浆的溶解度是不同的。各组分的溶解度与该气体的分压、温度和水中溶解的其他物质的浓度有关。随着分压的增大，溶解度增加。空气在水中的溶解度随水中溶解的其他物质的浓度增加而降低。研究发现，溶于水中的空气再从水中析出时，其气体的比例发生显著的变化。溶解次数对析出气体比例有明显影响，其结果见表 1-1。从表中数据可以看出：（1）当空气在水中的溶解和析出过程不断重复时，溶解于水中的 CO_2 含量增加很多；（2）N_2 所占比例则越来越小；（3）O_2 的含量先开始增加，到第 3 次就急剧降低。

表 1-1 空气中气体在水中多次溶解和析出对不同种类气体含量的影响

气体种类	含量 /%			
	大气中的空气	第 1 次溶解	第 2 次溶解	第 3 次溶解
O_2	20.96	35.20	46.83	11.50
N_2	78.10	62.82	40.10	4.51
CO_2	0.04	0.23	10.40	83.28
Ar	0.90	1.75	2.67	0.71

1.2 煤炭表面的润湿现象

润湿是自然界常见的现象，是液体从固体表面排挤空气并吸附在固体表面所产生的一种界面现象。例如，往干净的玻璃上滴一滴水，水会很快地沿玻璃表面展开，成为平面凸镜的形状。但若往石蜡表面滴一滴水，水则力图保持球形，但因重力的影响，水滴在石蜡上形成一椭圆球状而不展开。这两种现象表明，玻璃能被水润湿，是亲水物质；石蜡不能被水润湿，是疏水物质。

同样，将水滴分别滴到光亮的煤炭表面和矸石表面，也会产生不同的润湿现象，如图1-8所示。在煤炭表面水滴成球形，而在矸石表面水滴自动铺展开。这说明煤炭表面不易被水润湿，为疏水性表面。矸石易被水润湿，为亲水性表面。

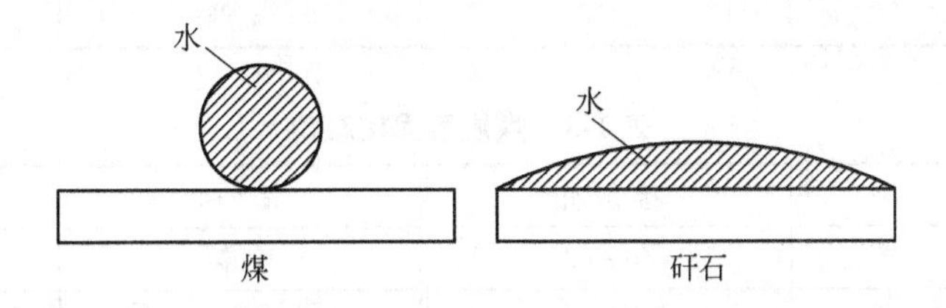

图1-8　煤与矸石表面润湿现象

矿物表面分子与水分子间的作用力大小决定该矿物表面被水的润湿程度，但是目前还很难通过矿物与水分子间的作用力的数据直接进行计算和度量润湿程度，可以通过测量矿物的接触角或润湿热来判断润湿的程度。

1.2.1 接触角

当固、液、气三相接触平衡时，过三相接触点，沿液-气界面的切线与固-液界面的夹角，称为接触角，用 θ 来表示，如图1-9所示。

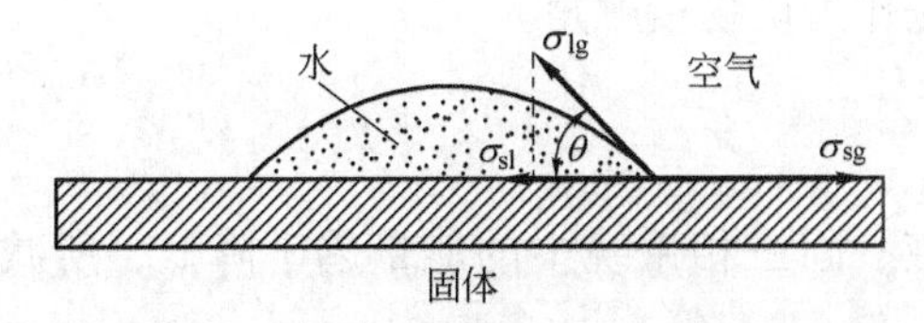

图1-9　三相平衡时的接触角

在三相接触体系中，以 σ_{sl}、σ_{lg}、σ_{sg} 分别表示固-液、液-气、固-气三个界面上的表面张力。当达到平衡时（润湿周边不动），作用于润湿周边的三个表面张力在水平方向的分力必为零。其平衡状态（杨氏 Young）方程为：

$$\sigma_{sg} = \sigma_{sl} + \sigma_{lg}\cos\theta$$

$$\cos\theta = \frac{\sigma_{sg} - \sigma_{sl}}{\sigma_{lg}}$$

从上式可以看出：当 $\theta > 90°$ 时，$\sigma_{sl} > \sigma_{sg}$，矿物表面不易被水润湿，称为疏水性表面；当 $\theta < 90°$ 时，$\sigma_{sl} < \sigma_{sg}$，矿物表面易被水润湿，称为亲水性表面。可见，接触角可以标志

矿物表面的润湿性。接触角 θ 值越大，$\cos\theta$ 值越小，矿物的润湿性越差，可浮性越好。通常用 $\cos\theta$ 来表示矿物表面的润湿性，用 $1-\cos\theta$ 来表示矿物的可浮性。一些矿物的接触角见表 1-2。新鲜煤炭表面的接触角见表 1-3。

表 1-2　矿物接触角　(°)

矿物名称	接触角	矿物名称	接触角
硫	78	黄铁矿	30
滑石	64	重晶石	30
方铅矿	60	方解石	20
辉钼矿	47	石灰石	0~10
闪锌矿	46	石英	0~4
萤石	41	云母	约 0

表 1-3　煤炭表面接触角　(°)

煤种	接触角	煤种	接触角
长焰煤	60~63	瘦煤	79~82
气煤	65~72	贫煤	71~75
肥煤	83~85	无烟煤	约 73
焦煤	86~90	页岩	0~10

接触角的大小不仅与矿物表面性质有关，而且与液相、气相的界面性质有关。凡能引起任何两相界面张力改变的因素都可能影响矿物表面的润湿性。

接触角的测定方法有很多，如观察测量法、斜板法、光反射法、长度测量法和浸透测量法等，可参考表面化学方面资料。但由于矿物表面的不均匀和污染等原因，要准确测定接触角比较困难，再加上润湿阻滞的影响，难以达到平衡接触角，一般用测量接触前角和后角，再取平均值的方法作为矿物接触角。

1.2.2　润湿热

润湿过程中，气、液、固三相系统中的能量趋于降低，所减少的能量以热的形式放出。润湿热可通过精密的微量热量仪直接测量，并除以矿物粉末物料的表面积求得。测定煤的润湿热多以甲醇为溶剂，甲醇润湿热和煤化程度的关系如图 1-10 所示。

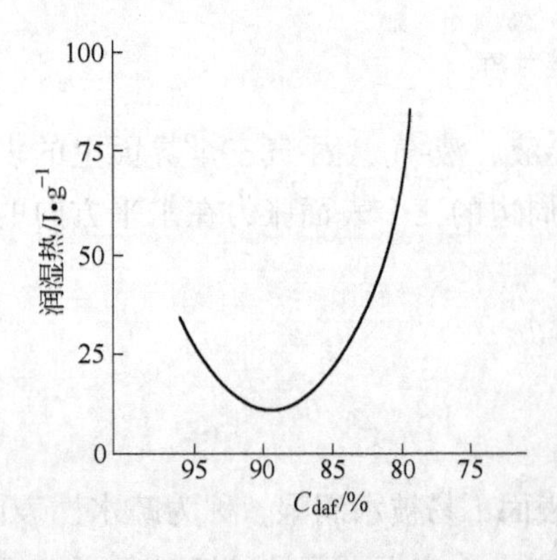

图 1-10　甲醇润湿热和煤化程度的关系

润湿热反映了固-液分子间相互作用的强弱。极性矿物在极性液体中的润湿热较大，在非极性液体中润湿热较小。非极性矿物的润湿热一般较小。如果液体为水，润湿热越大，说明矿物表面和水分子间的作用力越强，矿物表面容易被水润湿，为亲水性表面。润湿热很小，说明矿物表面不易被水润湿，为疏水性表面。

1.2.3 润湿阻滞

当一个液滴已经和矿物接触，并已形成平衡角，如将固体倾斜很小角度时，此时润湿周边不移动，但接触角却发生了变化，如图 1-11 所示。液滴移动时，润湿周边的移动受到阻碍，使开始时的平衡接触角发生改变，这种润湿周边的移动受到阻碍的现象称为润湿阻滞。

液滴前移方向所形成的接触角用 θ_1 表示，称接触前角或阻滞前角，反映润湿过程中水排气时的阻滞效应；液滴后退所形成的接触角用 θ_2 表示，称接触后角或阻滞后角，反映润湿过程中气排水时的阻滞效应。前角通常大于平衡接触角，后角通常小于平衡接触角，常取前角和后角的平均值作为矿物的平衡接触角。矿物的接触角越大，前角与后角的差别也越明显。

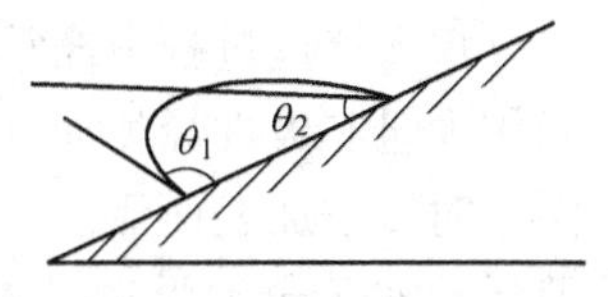

图 1-11 润湿阻滞现象

煤泥浮选过程中，煤颗粒向气泡附着时，属于气排水，相当于阻滞效应中的后角。后角小于平衡接触角，在可浮性不变的情况下，相当于接触角变小，不利于煤颗粒附着到气泡上。对于附着在气泡上的煤粒来讲，由于受到脱落力的影响，煤粒有可能从气泡上脱落下来，这个脱落过程属于水排气，相当于阻滞效应中的前角，前角大于平衡接触角，在可浮性不变的情况下，使水难以从煤粒表面将气泡排开，有利于防止煤粒从气泡上脱落。而对于不该上浮的矸石，润湿阻滞的影响刚好与上面的分析相反。

1.3 浮选体系中的吸附现象

吸附是浮选过程中相界面间一种相互作用的主要形式，煤泥浮选过程中吸附现象非常普遍，也非常重要。例如，起泡剂在液-气界面的吸附提高了气泡的稳定性，促进了泡沫的形成和气泡的矿化过程；捕收剂在固-液界面吸附，使矿物表面疏水，提高了矿物的可浮性；乳化剂主要吸附在液-液界面，矿浆中离子可吸附在不同界面等。吸附的结果导致相界面性质的变化，矿物分选性质改变，使浮选过程得以调节和进行。

1.3.1 液-气界面吸附

浮选过程用起泡剂使引入矿浆的空气形成稳定的气泡。起泡剂多为表面活性剂，并以分子形式吸附，定向排列在液-气界面，非极性基朝向气相，极性基朝向水。起泡剂在液-气界面吸附浓集，降低了液-气表面张力，使体系能量降低，促使空气在矿浆中分散，生成直径较小的气泡。由于极性端和水分子发生作用，在气泡表面形成一层水化层，阻碍了气泡的兼并，还可增加气泡抗变形及破裂的能力。

浮选过程中表面活性物质在液-气界面的吸附量可按 Gibbs 等温吸附方程计算，Gibbs 方程能较准确地反映溶质在液-气界面的吸附量及其与溶液浓度和表面张力间的相互关系，并可用于推算溶质分子所占据的液-气表面积以及吸附层的厚度。

1.3.2 固-液界面吸附

浮选体系中固-液界面吸附相当复杂。浮选过程无论添加何种药剂，绝大多数情况下都在固-液界面发生吸附，从而使界面性质发生变化。如柴油在煤粒表面的吸附可以增加煤粒表面的疏水程度，削弱其水化作用，使煤粒与气泡碰撞时，水化膜易破裂，附着过程易进行，提高煤粒在气泡上附着的牢固程度。

煤浆中浮选药剂在固-液界面的吸附服从 Langmuir 吸附等温式，对于矿物表面不均匀的多层吸附，可用 Freundlich 吸附经验方程来计算。

1.3.3 液-液界面吸附

煤泥浮选过程中经常使用非极性烃类油作捕收剂，油团、全油或乳化浮选时，也需要采用大量非极性烃类油。这类浮选药剂以细小油滴的形式分散在煤浆中，药剂消耗较高。浮选时，添加表面活性剂使油分散在水中形成 O/W（水包油）型乳状液，可减少药剂的消耗。对于全油浮选，添加表面活性剂可将水分散在油中形成 W/O（油包水）型乳状液。这两种情况下均需使一定量的表面活性剂作为乳化剂，乳化剂的吸附发生液-液界面。

1.4 浮选矿浆中的气泡矿化

浮选过程中矿粒附着于气泡上的过程称为气泡的矿化。气泡矿化过程中，表面疏水的煤粒优先附着在气泡上，构成气泡-煤粒的联合体。表面亲水的矸石很难附着到气泡上，即使有可能附着也不牢固。因此，气泡矿化过程具有选择性。浮选矿浆中气泡能否矿化主要取决于矿物表面的润湿性，但同时也受到矿物颗粒的物理性质、气泡的尺寸、浮选槽内流体动力学形态等多种因素的影响。

1.4.1 气泡矿化途径

煤泥浮选过程中，气泡矿化主要有两种途径，即煤粒与气泡碰撞附着形成矿化气泡和煤粒表面析出微泡形成矿化气泡。

1.4.1.1 煤粒与气泡碰撞附着形成矿化气泡

浮选过程中，煤粒与气泡互相接近，先要排除在两者夹缝间的普通水，由于普通水的分子是无序而自由的，所以易被挤走。当煤粒向气泡进一步接近时，就要开始排除煤粒和气泡表面水化膜中的水分子了。只有使煤粒与气泡间的水化层薄化直至破裂（或局部破裂），形成稳定的三相润湿周边，煤粒才有可能黏附在气泡上，实现煤粒与气泡真正的固-气接触。

煤粒与气泡通过碰撞形成矿化气泡需要经历三个微观过程：即煤粒与气泡间的碰撞、煤粒的黏附、煤粒的脱附。因此，煤粒被捕获上浮的概率 $P_f = P_c P_a (1 - P_d)$，式中，P_c 为碰撞概率，P_a 为黏附概率，P_d 为脱附概率。目前，普遍认为碰撞过程是流体动力过程，可由流体运动机理来解释，而黏附过程则主要与表面化学参数有关。

A 煤粒与气泡的碰撞

煤粒与气泡间碰撞是气泡矿化过程中最为重要的一个微观过程。许多年来，有不少学者研究后认为：碰撞过程是一个流体动力过程，并提出了相应的碰撞模型和碰撞概率表达式。

1932 年 Gaudin 根据斯托克斯流线函数，推导出在层流条件下碰撞概率：

$$P_c = 1.5\left(\frac{D_p}{D_b}\right)^2$$

式中 D_p，D_b——煤粒和气泡直径。

该式仅适合于气泡直径非常小的情形。

1948 年 Suthertand 根据流线函数，推导出在流体层流条件下碰撞概率 $P_c = \frac{3D_p}{D_b}$，该式适合于气泡直径较大的情况。

1971 年 Flint 和 Howorth 用数值方法求解出内维尔-斯托克斯流线方程，1973 年 Keay 和 RatcliffeG 改进后，提出当$\frac{\rho_p}{\rho_b} = 2.5$ 时，$P_c = 3.6\left(\frac{D_p}{D_b}\right)^{2.05}$，$\rho_p$、$\rho_b$ 分别为煤粒和流体的密度。

1989 年 Yoon 和 Luell 推导出气泡在中等雷诺数范围内的流线函数，得出了气泡与煤粒的碰撞概率 $P_c = \left(\frac{3}{2} + \frac{4Re^{0.72}}{15}\right)\left(\frac{D_p}{D_b}\right)^2$，式中 Re 为雷诺数。

从上面这些碰撞数学方程式可知，煤粒-气泡间的碰撞概率与煤粒、气泡和流体性质有关。

浮选槽中煤粒-气泡间的相互作用是复杂的，尤其靠近叶轮的区域更为复杂。为研究煤粒与气泡间的碰撞，首先要简化碰撞系统，如图 1-12 所示。

在这个模型中，一个球形气泡在静止的流体中以临界速度 U_t 上升，球形煤粒以沉降末速下降。常规浮选机及浮选柱的上部区域类似这种情形。

可以看到：$\theta = 0°$ 时为垂直坐标轴，R_c 为煤粒刚好与气泡碰撞时垂直坐标轴到颗粒中心的距离，r 为煤粒中心指向气泡中心的距离。因此，位于气泡上部半径为 R_c 柱体内的所有煤粒将与气泡发生碰撞。为计算碰撞概率，将 R_c 定义为“碰撞半径”，同时假定流体中煤粒分布均匀，每单位体积内煤粒数为 N_p，则碰撞概率 $P_c = \frac{\pi R_c^2 HN_p}{\pi R_b^2 HN_p} = \left(\frac{R_c}{R_b}\right)^2$，式中 H 为顶部至气泡中心的流体高度。

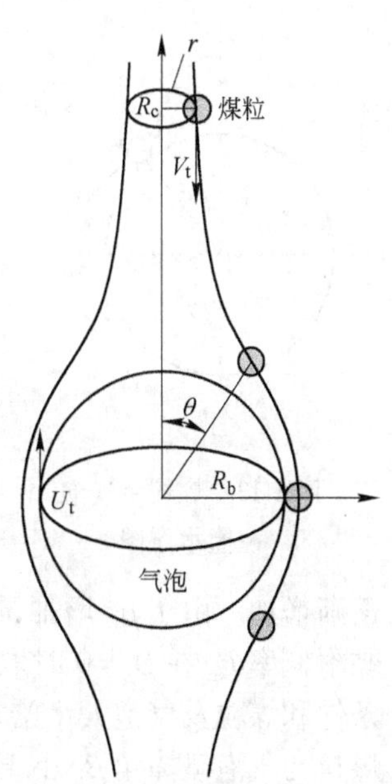

图 1-12 煤粒－气泡碰撞流体模型

根据矿粒在流体中的运动微分方程和气泡周围的流线函数，利用计算机程序可以计算出在不同流动区域内，不同颗粒直径、气泡直径的碰撞概率 P_c 的值，经过相关分析发现 P_c 只与颗粒和气泡大小相关。即 $P_c = K_c\left(\frac{D_p}{D_b}\right)^n$，式中 K_c 和 n 只与气泡的大小有关，而与颗粒大小无关。

如果浮选槽内单位时间内给入的气体体积为 Q，则浮选槽中半径为 R_b 的气泡的数目 $N_b = \frac{3Q}{4\pi R_b^3}$。气泡上面半径为 R_c 的横断面积 $A_c = \pi R_c^2$，由碰撞概率 $P_c = \left(\frac{R_c}{R_b}\right)^2$ 可得 $A_c =$

$\pi P_c R_b^2$。因此，浮选槽内总碰撞面积 $A_{tc} = N_b A_c = \dfrac{3QK_c D_p^n}{2D_b^{n+1}}$，这意味着在浮选槽内给入气体体积一定的情况下，气泡直径越小，总的碰撞面积越大，这表明微泡有利于煤粒的浮选。

B 煤粒在气泡上的黏附

浮选中煤粒能否被气泡捕获上浮至泡沫层，实现与矸石的有效分离。从浮选的微观过程来看，就是煤粒与气泡碰撞后能否有效地黏附在气泡上。早期人们研究颗粒－气泡间的黏附过程，主要是从热力学的角度考虑的，认为一种热力学过程能否发生主要是发生过程前后自由能是否降低。但是这种研究方法没有考虑煤粒黏附的中间过程，忽略了黏附活化能（能垒）的作用，即使 $\Delta G < 0$，能垒的存在仍会阻碍气泡与煤粒发生有效接触。事实上，从气泡矿化的微观过程来看，碰撞过程可以用流体动力学来描述，而黏附过程主要与表面化学有关。

只有碰撞后煤粒-气泡间的水化膜能够薄化并且破裂形成固、液、气三相接触，才能真正形成煤粒黏附在气泡上。水化膜薄化和破裂的压力是黏附过程的关键。水化膜薄化和破裂需要一定的时间，所以，气泡矿化过程中煤粒必须要越过薄化过程中排斥能垒，而且煤粒-气泡间接触时间不得小于水化膜破裂的诱导时间。

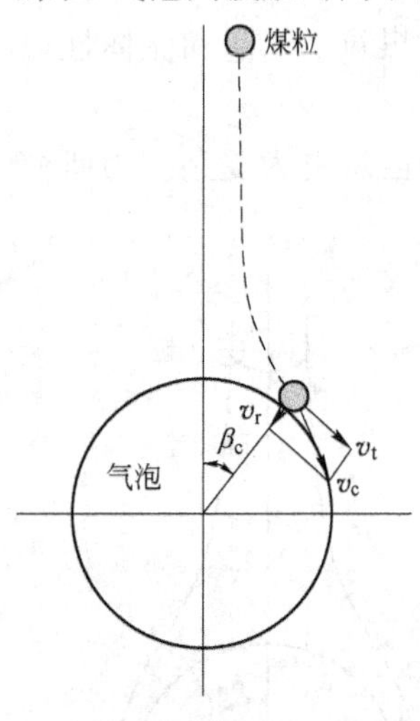

图 1-13 煤粒－气泡碰撞示意图

煤粒黏附在气泡上必须是动能大于水化膜薄化过程中排斥的能垒，这个动能来自煤粒与气泡间的碰撞，取决于煤粒的碰撞速度。图 1-13 为煤粒-气泡碰撞示意图，碰撞时的煤粒速度定义为碰撞速度 v_c。煤粒和气泡在水中以其沉降末速相向运动，坐标系原点为气泡中心，垂直坐标轴与通过碰撞点半径间的角度为碰撞角 β_c。如果煤粒接近气泡的角度在 $-90° < \beta_c < 90°$ 间将发生煤粒-气泡碰撞。

碰撞速度（v_c）可分解为两个部分：从碰撞点沿气泡表面切向方向的切向碰撞速度（v_t）和指向气泡中心的径向速度（v_r），所以 $v_c^2 = v_t^2 + v_r^2$。碰撞速度值受到碰撞角、煤粒大小和水流速度等的影响。

显然，只有 v_r 提供破裂水化膜所需的外部能量，而切向碰撞速度使煤粒在气泡表面上运动。也就是说，v_r 决定水化膜破裂所需的外部动能，v_t 将影响颗粒和气泡的接触时间。煤粒 v_r 随碰撞角 β_c 的增大而逐渐降低，在 $\beta_c = 90°$ 时接近于 0，而 v_t 却逐渐增加。由于 β_c 增加，煤粒在气泡表面从碰撞点滑动至气泡底部的距离减小。所以，黏附概率 P_a 在 $\beta_c = 0$ 时取大值，而在 $\beta_c = 90°$ 时，P_a 可能为零。因此，在一定物理化学条件和煤粒及气泡大小给定的情形下，有一个临界的碰撞角 β_a，如图 1-14a 所示。，如果煤粒与气泡碰撞角 β_c 小于或等于 β_a，则煤粒有足够的动能越过排斥能垒，并且有足够的接触时间使水化膜薄化破裂并发生黏附，如图 1-14b 所示。当 β_c 大于 β_a 时，煤粒不会有足够的动能或接触时间，黏附不会发生，如图 1-14c 所示。将这个临界碰撞角 β_a 定义为黏附角，如图 1-14 所示。

如果黏附存在，碰撞概率可如下表示：

当 $\beta_c \leqslant \beta_a$ 时，$P_a = 1$；

当 $\beta_c > \beta_a$，$0° \leqslant \beta_c \leqslant 90°$ 时，$P_a = 0$。

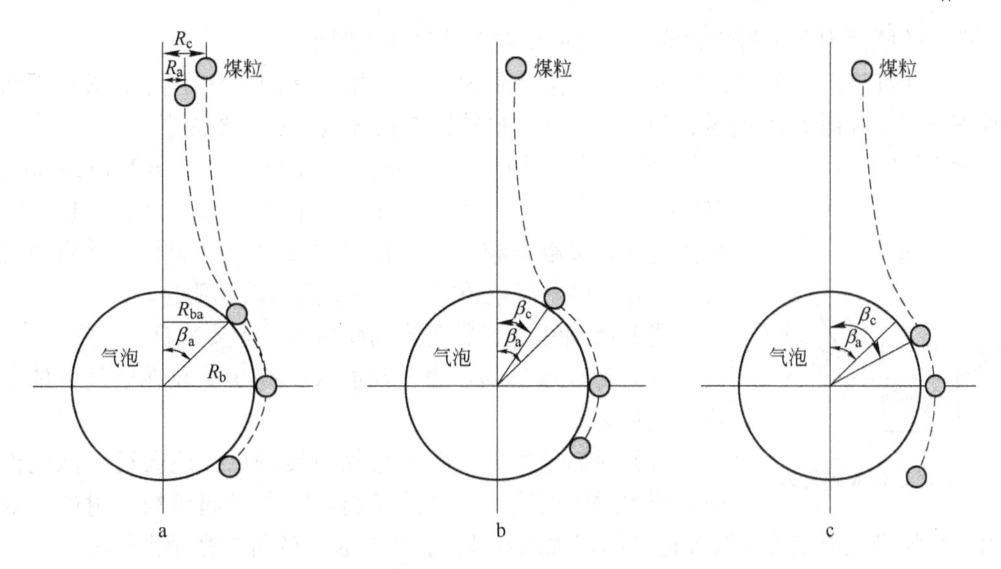

图 1-14 黏附角示意图

a—刚好黏附；b—黏附；c—不黏附

煤粒与气泡的黏附发生在很短的几毫秒之内，很难观察。可以借助高速摄像机来观察煤粒向气泡接近并黏附的过程。1965 年，Kirchberg 和 Topfer 发现在浮选条件下，中等粒度的矿粒（0.1 ~0.2mm）与大气泡（直径约为 3mm）碰撞，矿粒将沿气泡表面滑动并在其底部发生黏附，气泡在碰撞甚至是黏附有一系列的矿粒后也不变形。而粗矿粒（0.5 ~ 1.0mm）将有高的动能传递给气泡（直径 3 ~ 4mm），气泡表面形成凹处并且有维持其球形的趋势，这样气泡的反弹使得黏附不能发生，同时也证实了黏附角确实存在。

黏附角取决于矿粒及气泡表面性质、大小、密度和矿粒形状及浮选药剂。矿粒表面吸附捕收剂后，表面疏水性增加，水化膜较薄，因而水化膜破裂的能垒减小，有利于矿粒黏附在气泡上。

事实上矿粒与气泡的黏附过程存在着黏附角，R_a 定义为黏附半径，即位于半径为 R_a 柱体内的所有矿粒将与气泡碰撞并黏附在气泡上。如果在液体内矿粒分布是均匀的，则碰撞黏附概率 P_{ca} 为：

$$P_{ca} = \frac{\pi R_a^2 H N_p}{\pi R_b^2 H N_p} = \frac{R_a^2}{R_b^2}$$

黏附概率为发生黏附的矿粒占发生碰撞颗粒的百分比，假定与气泡碰撞的矿粒在气泡的垂直截面上均匀分布，则 P_a 为

$$P_a = \frac{\pi R_a^2 H N_p}{\pi R_c^2 H N_p} = \frac{R_a^2}{R_c^2} = \frac{R_{ba}^2}{R_b^2} = \frac{(R_b \sin\beta_a)^2}{R_b^2} = \sin^2\beta_a$$

可见黏附概率只与黏附角有关。

C 矿物颗粒的脱附

矿粒在气泡表面上黏附的稳定性是影响浮选的一个重要因素，如果黏附不稳定，矿粒稍受外力的作用便从气泡上脱落，无法实现有效分离。

实际生产过程中，固着在气泡上的矿粒是不稳定的，当由矿粒自身惯性力和流体黏滞

力等造成的脱落力大于附着力时，黏着的矿粒会从气泡上脱落。

固着在气泡上的矿粒所受的黏附力主要是由沿着三相接触周边作用在气-液界面张力的垂直分力，如图1-15所示，该分力是保证矿粒固着在气泡上的主要因素。

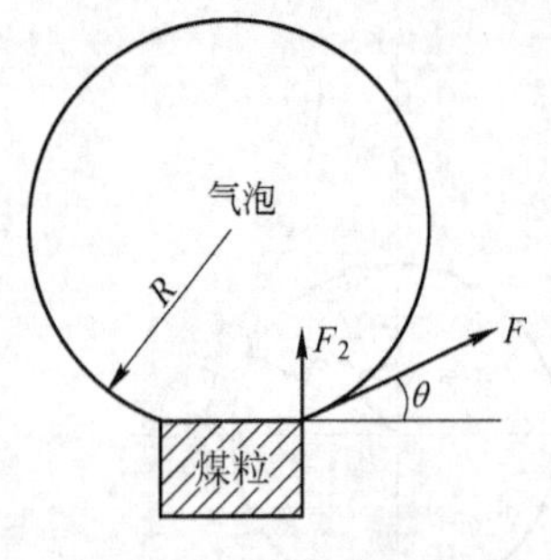

图1-15　煤粒黏附力

气-液界面张力 $F=2\pi r\sigma_{gl}$，则垂直分力 $F_2=2\pi r\sigma_{gl}\sin\theta$。$F_2$ 保持矿粒和气泡的黏附，大小与接触角相关。可见矿粒表面疏水性越强，接触角越大，三相润湿接触周边越长，黏附力就越大，三相接触黏着就越牢固，润湿阻滞就越明显。

图1-16为引起矿粒脱附的脱落力，主要来自：

（1）矿粒本身的重力，其值大小等于矿粒在空气中的重力减去在水中的浮力；

（2）附加惯性力，矿粒与气泡接触后，还会沿气泡表面滑动，产生附加惯性力，这是浮选矿浆中引起矿粒脱附的主要作用力。矿粒沿气泡表面作圆周运动的切线速度越大，矿粒脱附的可能性越大；

（3）冲击力，矿化气泡周围颗粒对附着颗粒的冲击力；

（4）惯性离心力，矿化气泡处于剧烈不规则运动中，旋涡中的颗粒会产生惯性离心力。

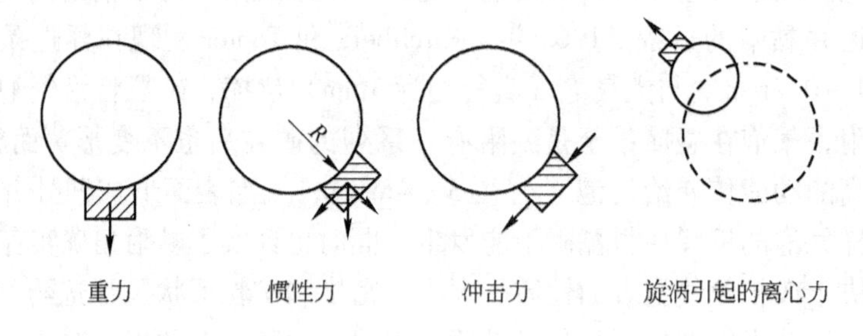

图1-16　湍流运动中颗粒所受的脱落力

虽然在湍流中，煤粒运动速度加快，可以增加气泡与煤粒的接触碰撞机会。但煤浆紊流程度增高，煤粒从气泡上脱落力也增加了。因此，增加煤浆的紊流程度不一定增加精煤的回收率，在浮选时只需保持一定的紊流度即可。保证煤粒处于悬浮状态，具有一定动态，增加煤粒与气泡的接触碰撞机会。同时，也要防止煤浆过分紊流，增大煤粒的脱落力，恶化浮选效果。研究表明：在湍流中，浮起的最大煤粒大小仅为层流条件下的十分之一。

1.4.1.2　煤粒表面析出微泡形成矿化气泡

在正常情况下，水中都溶解有一定数量的空气，溶解的多少服从亨利定律，随压力和温度的变化，溶解的空气数量也发生变化。如在恒温降压、降压加温或压力不变温度升高的情况下，原来溶解于煤浆中的气体就会以微泡的形式析出。浮选煤浆中析出的微泡均是在恒温降压条件下析出的。

悬浮在水中的微泡核直径的数量级为 10^{-4} μm。理论研究认为：含有这种微泡核的水比溶有气体的水更易断裂，这有利于微泡在煤粒表面析出及扩大。煤粒表面疏水性越强，气泡增长速度越快。在任何湍流的旋涡中，也都可看到微泡核发展成微泡的现象。水中气体的过饱和度越高和大气泡含量越多，微泡核发展为微泡的几率也越高。

水偶极子在矿物表面定向排列的有序性随固体表面疏水性增高而降低，水分子与固体表面联系越弱，水化层越薄，由液相中析出的分子越容易渗透过水层，在固体表面上聚集成泡。因此，气泡优先在疏水性表面析出。如果溶液中气体的分压或饱和蒸气压超过微泡内的气体分压时，则气体将从液相继续向微泡内扩散，使微泡直径迅速增大。

附着在微细煤粒表面的微泡可以携带煤粒上浮，或者微泡和微细煤粒互相形成气絮团，促使它们上浮。前者的上浮速度要比大气泡慢得多，后者可借微泡群的浮力进行有效的浮选。

研究表明：煤浆中的微泡有利于气泡矿化和提高浮选效果，这是因为：

（1）微泡可以成为煤粒和大气泡之间附着的桥梁，促使大气泡与煤粒间的附着。相互接触的两个气泡由于直径不同而产生了毛细压力差，微泡容易被大气泡所兼并，使大气泡黏附煤粒。此外，气泡表面的水化膜比煤粒表面的水化膜容易破裂，使大气泡与微泡的附着比大气泡与煤粒附着容易。煤粒通过微泡和大气泡的附着比一般煤粒和气泡之间的附着更牢固。

（2）煤粒和微泡之间的附着是没有残余水化层的气固直接接触，因此，煤粒附着更牢固，不易脱落。

（3）数量众多的微泡选择性的在粗粒煤表面析出生成，形成煤粒-微泡联合体，依靠大量微泡的上浮力可将粗粒煤带到泡沫层，提高粗粒煤的回收。

（4）提高微细煤粒的浮选速度。微细煤粒由于质量小，与气泡发生接触碰撞时产生的能量相对较小，不易使煤粒和气泡表面水化膜薄化和破裂。但微泡可以直接在疏水的微细煤粒表面析出形成矿化气泡。

1.4.2　矿化气泡的形式

浮选矿浆中气泡矿化是气泡群和煤粒之间的群体行为，有别于单一的煤粒和气泡的情况。浮选过程中气泡矿化条件不同，浮选槽中矿化气泡的形式也就不同，存在矿化尾壳、煤粒-微泡联合体和微泡与微细煤粒形成的气絮团三种形式，如图1-17所示。

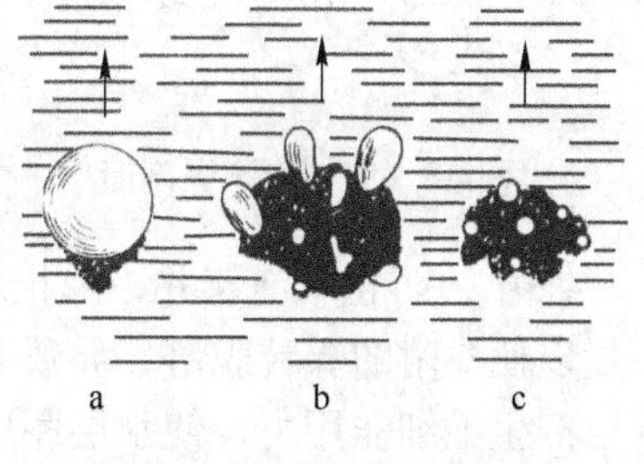

图1-17　矿化气泡的形式
（a~c）

（1）煤粒与气泡碰撞形成矿化气泡，气泡在矿化过程中，煤粒会沿气泡表面滑动，由于煤粒本身的惯性力及矿化气泡升浮运动所受到的矿浆阻力，黏附的煤粒群往往聚集于气泡尾部，形成所谓矿化尾壳，如图1-17a所示。在这种矿化形式下，气泡表面的利用率相对比较高。矿化尾壳占据气泡总表面积的百分比因浮选条件不同而不同，精选作业中可高达20%~30%，粗选或扫选作业时只有1%~2%。

（2）空气在水中由过饱和析出在煤粒表面，增长和兼并，形成煤粒-微泡联合体，如图1-17b所示。此时许多气泡黏附在一个煤粒上，这种矿化形式对粗粒浮选有重要意义。

（3）由若干微泡和许多微细煤粒构成气絮团，如图1-17c所示。此先决条件是形成疏水絮凝体，此种疏水粒群往往以气絮团浮出。在这种情况下，气泡的浮力及气泡的表面积皆可得到较大程度的利用。

矿化气泡的形式与浮选机类型及充气方式有关。常用的浮选机多是机械搅拌式，属于正压充气，矿化气泡多以矿化尾壳形式存在，但在叶轮周围有负压区，可有部分微泡析出，即兼具第二种形式。在减压式浮选机中，主要是溶解在矿浆中的空气大量析出在煤料的表面，形成微泡。因此，矿化气泡以第二种形式为主，也可互相黏附形成气絮团。在喷射旋流式浮选机中，喷嘴处压力降低类似减压浮选，因此，矿化气泡以第二、三种形式为主。实际上，只要入浮煤浆中存在细小煤粒，又有直径较小的气泡，就有第三种形式。通常，浮选过程中这三种形式的矿化气泡是并存的，只是所占比例不同。第二种形式具有最高的选择性和捕收能力，但实践中却以第一种形式为主。

1.5 浮选泡沫层

气体在液体中分散而成的多相分散体系称为泡沫，气体是分散相，液体是分散介质。泡沫的性能取决于液膜。液膜的性质越稳定，泡沫的寿命越长。纯液体是很难形成稳定泡沫的，因为泡沫中作为分散相的气体所占的体积分数都超过了90%，占极少量的液体被气泡压缩成薄膜，是极不稳定的一层液膜，极易破灭。

煤粒浮选过程中，由气泡、煤粒和分隔水层构成三相泡沫，如图1-18所示。泡沫层中气泡自上而下由大变小，分隔水层自上而下由薄变厚，泡沫层上部的大气泡显著变形。

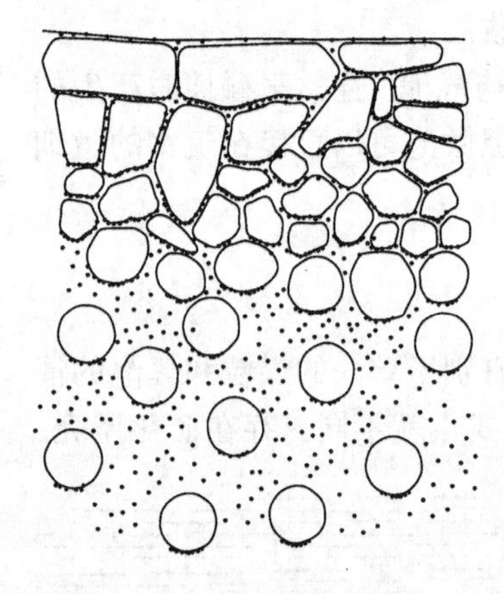

图1-18 三相泡沫纵剖面

浮选过程理想的三相泡沫是由矿化充分、大小适度的气泡组成的，泡沫层面上的气泡直径约为1~3cm，不发黏，有较好的流动性，除气泡顶端外，气泡其他表面均被矿化。有时在浮选过程中可以观察到由疏水絮凝体和许多小气泡形成的矿化泡沫，这种泡沫含大量的煤粒和少量的水，有较高的稳定性，不易破裂。在扫选过程经常碰到“水泡”，此种泡沫矿化程度较差，含大量的水，气泡较大且易碎。有时，在泡沫层上出现喷水雾化现象，此种现象多半是由于起泡剂用量过多引起的，使气泡变脆，水分增高，这种脆泡往往矿化极差，说明浮选药剂使用不当，浮选过程失调。

三相泡沫层中含有煤粒，增加了泡沫的稳定性。对于充分矿化的泡沫层，煤粒在气液界面密集排列，相当于给泡沫“装甲”，防止气泡兼并，阻止水膜流失，使气泡不易破裂，气泡兼并时需要消耗额外的能量以使黏附的煤粒脱落，导致兼并难以发生；此外，由于在气液界面有煤粒黏附，分隔水层产生毛细作用力，使水层厚度保持一定。

三相泡沫形成过程中，除携带疏水性煤粒进入泡沫层外，还不可避免地夹带部分亲水矿粒。由于亲水矿粒与气泡附着不牢固，在气泡兼并、破灭、重组过程中首先脱落，并随向下流动的水返回矿浆区。于是在三相泡沫层的最上层富集附着牢固、质量好的疏水煤粒。沿泡沫层高度由下向上，煤粒的疏水性越好，精煤质量越高。这种可浮矿物在泡沫层中的富集现象，称为二次富集作用。这种作用有利于提高精煤质量，所以在浮选时，要保持一定厚度的泡沫层。

煤泥浮选时，在第1、2槽中，泡沫层厚度可以达到200～300mm，在第5或第6槽泡沫层一般只有50mm。泡沫中含有大颗粒精煤越多，其含水量就越低。对机械搅拌式浮选机来说，大颗粒精煤大部分在2～5槽浮起。通常泡沫层过薄，刮出的精煤含水量就大。反之，泡沫层越厚，精煤含水量就小，有利于过滤作业。

1.6 浮选过程

煤泥浮选过程可以分为4个阶段：

（1）接触阶段。悬浮的煤粒在流动煤浆中以一定的速度和气泡接近，并进行碰撞接触。

（2）黏着阶段。煤粒与气泡接触后，煤粒和气泡之间水化层逐渐变薄、破裂，在气、固、液三相之间形成三相接触周边，实现煤粒与气泡的附着，即形成矿化气泡。

（3）升浮阶段。矿化气泡互相之间形成煤粒气泡的联合体，在气泡上浮力的作用下由矿浆区进入泡沫层。

（4）泡沫层形成阶段。矿化气泡在泡沫区聚集形成稳定的三相泡沫层，并及时刮出或自流进入泡沫收集槽。

浮选过程中，煤粒上浮并最终成为浮选精煤，完全取决于这4个阶段的进展情况。如果每个阶段都处于良好状态，就能得到满意的浮选结果。浮选时，煤粒能否上浮的总概率应由上述4个分过程的分概率来决定，即：

$$P = P_c \cdot P_a \cdot P_n \cdot P_s$$

式中 P——煤粒成为浮选精煤的总概率；

P_c——碰撞阶段的碰撞概率；

P_a——黏着阶段的黏着概率；

P_n——升浮阶段的不脱落概率；

P_s——泡沫层形成阶段的稳定性概率。

P_c 与气泡直径、煤粒直径、水流运动状态及煤浆浓度有关。P_a 与煤粒疏水程度、碰撞速度以及气泡与煤粒的碰撞角度有关。P_n 与气泡和煤粒黏着的牢固程度密切相关，受气泡和煤粒黏着面积、气泡的提升力、煤浆运动速度及其他煤粒对它的干扰程度等因素影响。P_s 主要受气泡寿命及气泡与煤粒黏附牢固程度的影响。为提高煤粒成为最终精煤的总概率，必须提高四个分过程的概率，以有利于浮选过程的进行。

1.7 煤泥的可浮性评定

煤泥的可浮性是指在一定的产品质量要求下，煤泥浮选的难易程度，它取决于煤的岩相组成和伴生矿物杂质的种类和嵌布特性；煤的煤化程度和密度组成特性；煤表面的氧化程度以及浮选过程中采用的工艺条件等。

煤泥的可浮性采用灰分符合要求条件下的浮选精煤可燃体回收率作为评定指标，可燃体回收率用下式计算：

$$E_c = \frac{r_c(100 - A_{d,c})}{100 - A_{d,f}} \times 100\%$$

式中 E_c——浮选精煤可燃体回收率，%；

r_c ——浮选精煤产率,%；

$A_{d,c}$ ——浮选精煤干基灰分,%；

$A_{d,f}$ ——浮选入料干基灰分,%。

计算结果取小数点后两位，修约至小数点后一位。

根据可燃体回收率的大小，煤泥可浮性分为五个等级，如表 1-4 所示。

表 1-4 可浮性等级与 E_c 值界限

可浮性等级	极易浮	易 浮	中等可浮	难 浮	极难浮
E_c/%	≥90.1	80.1 ~ 90.0	60.1 ~ 80.0	40.1 ~ 60.0	≤40.0

浮选精煤产率按煤泥浮选速度试验结果所绘制的精煤产率-灰分曲线确定，表 1-5 为某煤泥浮选速度试验结果，图 1-19 为可浮性曲线。

表 1-5 煤泥浮选速度试验结果

浮选产品	浮选时间/min	产率/%	灰分/%	累计产率/%	平均灰分/%
第一精煤	0.5	26.98	7.52	26.98	7.52
第二精煤	0.5	25.15	9.64	52.13	8.54
第三精煤	0.5	15.93	12.99	68.06	9.58
第四精煤	0.5	7.89	16.19	75.95	10.27
第五精煤	0.5	2.97	20.84	78.92	10.67
尾 煤		21.08	63.14	100.00	21.73
合 计		100.00	21.73		

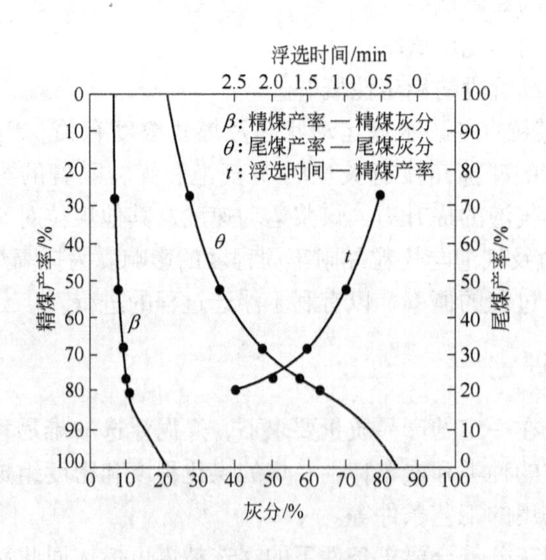

图 1-19 可浮性曲线

由图 1-19 可知：当要求精煤灰分为 8.0%、10% 和 12%，根据图中精煤产率曲线可确定精煤产率分别为 45.0%、73.0% 和 83.5%，计算出的可燃体回收率分别为 52.9%、83.9% 和 93.8%。因此，对应的可浮性分别为难浮、易浮和极易浮。

2 煤泥浮选药剂

煤泥浮选是依靠煤粒与矸石间的表面润湿性的差异，在相界面实现分离。但是由于二者间天然的表面性质差异往往不能满足煤粒与矸石的有效分离。因此，在浮选过程中必须加入浮选药剂来增加煤表面疏水性，提高煤粒的可浮性，实现煤粒与矸石的有效分离。浮选过程所使用的化学药剂统称为煤泥浮选药剂。

2.1 浮选药剂的分类

浮选药剂的种类很多，既有有机化合物又有无机化合物，既有酸和碱又有不同的盐类等。浮选药剂按其用途可以分为捕收剂、起泡剂和调整剂三大类。

（1）捕收剂。捕收剂的作用发生固-液界面，它能选择性地作用于目的矿物表面并提高矿物的疏水性，增加可浮性，促使矿粒与气泡附着，增强附着的牢固度。煤泥浮选所用捕收剂主要是非极性的烃类油，如煤油、柴油等。

（2）起泡剂。起泡剂为表面活性物质，主要作用在气-液界面，降低气-液界面张力，促使空气在矿浆中弥散成小气泡，防止气泡兼并，并提高气泡在矿化和上浮过程中的稳定性，保证矿化气泡上浮后形成泡沫层刮出。煤泥浮选过程中所用的起泡剂主要是工业副产品，如杂醇、仲辛醇和 GF 油等。

（3）调整剂。用于调整其他药剂（主要是捕收剂）与矿物表面的作用，调整矿浆的性质，提高浮选过程选择性。调整剂的种类较多，可细分为四种：

1）活化剂。促进捕收剂与目的矿物之间的作用，在难浮矿物表面形成活化点，使捕收剂有效地吸附在矿物表面，从而提高矿物的可浮性。

2）抑制剂。削弱捕收剂与目的矿物的作用，从而降低矿物可浮性，其作用与活化剂正好相反。

3）pH 值调整剂。主要是调整矿浆的性质，形成对某些矿物浮选有利，而对另一些矿物浮选不利的介质性质。例如，用它调整矿浆的离子组成，改变矿浆的 pH 值，调整可溶性盐的浓度等。

4）分散剂与絮凝剂。调整矿浆中细泥的分散、团聚与絮凝，减小细泥对浮选的影响，改善和提高浮选效果。

浮选药剂的作用和分类是相对的，某种药剂在一定条件下属于此类，而在另一条件可能属于另一类。由于煤的可浮性比较好，浮选过程中一般不加调整剂，仅使用捕收剂和起泡剂。如果对精煤有特殊要求，可添加调整剂。如煤泥浮选脱硫过程中可加入脱硫抑制剂，提高脱硫率，降低浮选精煤中硫的含量。在煤泥水处理时可使用絮凝剂来减少循环水中细泥的积聚，达到清水选煤。

2.2 捕收剂

捕收剂是最重要的一类浮选药剂，主要作用是提高矿粒表面的疏水性和增大矿粒在气泡上的附着力和缩短黏附所需要的时间。

煤属于非极性矿物，表面具有一定的疏水性，捕收剂只使用非极性烃类油。其中煤油、柴油和改性煤油等占药剂消耗量的80% ~90%。

2.2.1 非极性烃类油的特性

烃类油的碳链一般有11~18碳，C—C间以非极性键结合，C—H间以弱极性键结合。所有键饱和，靠色散力结合，很不活泼。非极性烃类油具有如下特点：

(1) 分子结构对称，无永久偶极矩，分子内部的原子以共价键结合，电子共有，而且不能转移到其他原子上。

(2) 化学活性差，在水中不能解离成离子，溶解度小，疏水性强，对呈分子键的、天然疏水性强的矿物表面具有良好的吸附性能。

(3) 以物理吸附的形式吸附到矿物表面上，吸附时，与矿物表面不发生化学反应。而且矿物表面疏水性越好，在其表面的吸附量就越多。只能作为天然可浮性较好的矿物的捕收剂。

(4) 难溶于水，以细小油滴形式存在于水中，用量较大。

非极性烃类油主要有两方面来源：1）石油工业产品，如煤油、轻柴油等；2）其他工业副产品，如焦油、木材干馏、煤气发生炉等得到的烃类油。

2.2.2 非极性烃类油的作用机理

非极性烃类油能否吸附到矿物表面并起作用，主要取决于它与水和矿物表面作用力的大小。

2.2.2.1 非极性烃类油与水之间的作用

非极性烃类油的主要成分为脂肪烃、环烷烃和芳香烃，其分子都是由碳和氢原子组成，原子之间以非极性的C—C键和弱极性的C—H键结合，属于非极性分子。分子之间由色散力聚集在一起。而水分子是强极性分子，水分子与非极性烃类油之间的作用力为诱导力和色散力，并以色散力为主。水分子由于是强偶极子，有极强的定向力、诱导力，并且以定向力为主，加上水分子之间的氢键缔合作用，水分子本身之间的吸引力比油与水之间作用力大，所以，油不溶于水，有很好的疏水性，非极性烃类油在水中只能以油滴状态存在。

2.2.2.2 非极性烃类油与煤粒之间的作用

煤粒的主体表面是非极性的，但由于存在含氧官能团和伴生的无机矿物质，煤粒局部存在极性表面。当煤粒表面是非极性表面时，如果煤粒和油分子之间表面张力小于煤粒与水分子之间的表面张力，即$\sigma_{煤油} < \sigma_{煤水}$，那么非极性烃类油就能够在煤粒表面展开形成疏水的油膜，如图2-1a所示，进一步提高了煤粒表面的疏水性。如果煤粒和油分子之间表面张力大于煤粒与水分子之间的表面张力，即$\sigma_{煤油} > \sigma_{煤水}$，那么非极性烃类油只能以油滴的形式吸附在矿物表面，不能展开，如图2-1b所示。对煤粒局部极性区域，此表面对油分子的吸引力小于对水分子的吸引力，在这个部位会覆盖一层水分子，形成水化膜，油分子不能在其表面吸附，仍以油滴的形式留在水中。因此，非极性烃类油对煤粒的局部极性表面没有捕收作用。

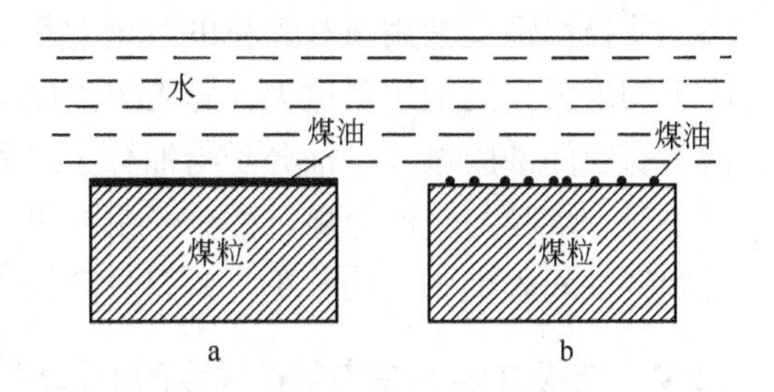

图 2-1 煤油在煤粒表面的吸附

矸石绝大部分表面是极性表面，有很强的亲水性，矸石与油之间的表面张力远大于矸石与水之间的表面张力，即 $\sigma_{矸油} \gg \sigma_{矸水}$。因此，矸石表面被水分子覆盖，形成水化膜。而油则不能在矸石表面吸附，或仅能吸附极少量的烃类油到局部疏水部位，基本不能提高矸石的疏水性，从而扩大了煤粒与矸石表面润湿性的差别，促使分选顺利进行。

非极性烃类油的捕收作用是它能够在非极性矿物表面吸附并在矿物表面展开形成油膜。非极性烃类油对矿物捕收作用的强弱取决于矿物表面非极性部分所占比例。例如，煤粒局部属于极性表面时，在此部位上煤油之间表面张力大于煤水之间的表面张力，如果极性部位面积较小，相邻的油滴可以互相合并，形成连续的油膜，使煤粒表面小部分亲水表面的影响变小；若极性部位较大，则不可能形成连续油膜，没有油膜的地方仍保持亲水性。烃类油不溶于水，在煤浆中以油滴存在。使用前，如果先将烃类油乳化，分散成小油滴，可增加烃类油在矿物表面的覆盖面，并减少药剂用量。

2.2.3 非极性烃类油的捕收作用

煤泥浮选时，非极性烃类油的捕收作用主要表现在三个方面：

（1）提高煤粒表面的疏水性。煤粒的主体表面是疏水的，只有局部区域为极性亲水的。烃类油比煤更为疏水，因此，煤粒吸附烃类油后就更加疏水。非极性烃类油在煤粒表面疏水区域吸附并展开，增加了它的疏水程度，削弱其水化作用，使煤粒与气泡碰撞时，水化膜容易薄化破裂，煤粒容易附着黏附在气泡上。

（2）提高煤粒与气泡的附着强度。非极性烃类油能沿着三相接触周边富集，形成三相接触油环。增加了润湿阻滞作用产生的摩擦力，提高润湿阻滞作用，防止已经黏附的煤粒受外力作用从气泡上脱落，并且可使煤粒在气泡上的附着具有弹性，增大牢固程度。

当气泡表面与煤粒接触时，两者之间的缝隙由于毛细管作用力促使油滴迅速聚集，然后扩大面积而形成油膜，并向与气泡接触的润湿周边汇集成油环，促使煤粒牢固地黏附在气泡上，如图 2-2 所示。

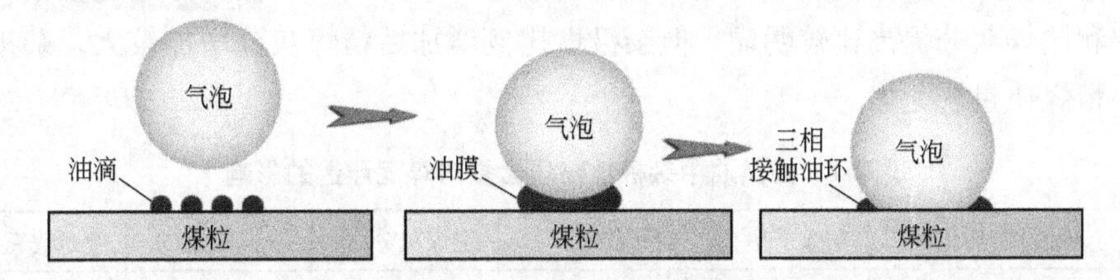

图 2-2 气泡底下油环的形成

（3）细粒的物料表面黏附油滴后互相兼并形成气絮团。油分子之间依靠自身的色散力有兼并的趋势，这使矿化气泡更易黏附在一起形成气絮团。气絮团远比单个气泡的升浮力大，从而提高了煤粒的升浮能力。

非极性烃类油用量与煤粒的气泡黏附牢固度的关系为：1）一定范围内，煤粒气泡黏附牢固度大，药剂用量过大，黏附牢固度降低。主要原因是随非极性烃类油用量增大，气泡与煤粒间油膜增厚，油分子与油分子之间易断开，煤粒从气泡上脱落；2）当药剂用量较小时，煤粒与气泡分离，油分子留在煤粒表面或随气泡带走，但煤粒表面与油间表面张力和气油间表面张力均较小，所以分离较困难。

2.2.4 非极性烃类油中杂极性物质的作用

2.2.4.1 捕收作用

非极性烃类油组成中，除非极性组分外，还有少量的非烃杂质。例如，吡啶、喹啉、吡咯、酚、酸、醇脂和羰基化合物等杂极性物质。这些杂极性物质在结构上一端为极性亲固基，另一端为疏水的非极性基。杂极性物质对煤粒具有捕收作用，这是因为杂极性分子可在煤粒表面极性部位定向吸附，即极性亲固基与煤粒表面的含氧官能团相互作用，产生吸附，非极性基朝水，使煤粒表面少量极性部位疏水，提高煤粒的可浮性，然后再促使非极性烃类油吸附到这部分表面上，进一步提高疏水性，如图 2-3a 所示。但杂极性物质超过一定量后，会在煤粒表面形成反向吸附层，使已经疏水的煤粒表面重新变成亲水，如图 2-3b 所示。杂极性药剂的这种作用已由煤粒表面电动电位测定证实，当用量低于某一浓度时，煤粒表面的电动电位随用量增加而降低，当超过一定用量，则电动电位又重新增加。

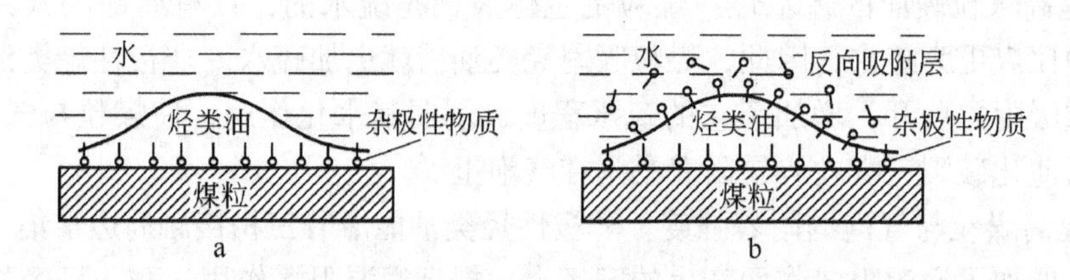

图 2-3 烃类油中杂极性物质在煤粒表面的作用

烃类油中杂极性成分的存在可使浮选活性大为提高，既可节约药剂用量，又可提高煤泥浮选效果。表 2-1 为杂极性物质含量对浮选指标的影响。从表 2-1 中数据可以看出：在一定范围内，增加杂极性成分的比例，对提高浮选效果有利，能提高浮选完善指标，特别对精产率和尾煤灰分提高比较明显。但杂极性比例增加后精煤灰分增加较大，杂极性含量过高时，精煤质量恶化。

表 2-1 烃类油中杂极性物质含量对煤泥浮选的影响

烃类油与杂极性物质比例	精煤产率/%	精煤灰分/%	尾煤灰分/%	原煤灰分/%	浮选完善指标/%
15∶1	71.22	8.01	35.50	15.92	42.09
9∶1	78.55	8.24	42.92	15.68	44.20
7.5∶1	81.00	8.60	46.86	15.87	44.11
5∶1	85.07	9.47	52.82	15.94	41.08

2.2.4.2 起泡作用

杂极性分子可以定向吸附和排列在气-水界面上，极性基朝水，非极性基朝气，气泡的外面形成水化膜，防止气泡兼并。因此，烃类油中的杂极性物质具有起泡作用。

2.2.4.3 乳化作用

杂极性物质的乳化作用是由于其分子吸附在油-水界面，形成非极性基朝油，极性基朝水的定向排列。由于极性基的水化作用，在油滴周围形成了阻止油滴合并的水化膜，并使油滴表面张力减少，使油滴的分散度大大提高。由于乳化作用，既可降低药剂量，又可提高药剂效能。

2.2.4.4 胶溶作用

当浮选矿浆中含有大量细泥时，细泥会覆盖在气泡、油滴和煤粒的表面，妨碍它们之间选择性地固着，使浮选效果变坏。但当矿浆中有杂极性物质，特别是醇类物质时，对细泥会有胶溶作用，使已凝聚的细泥重新分散开来，成为稳定的悬浮液，黏附在煤粒表面的细泥与煤粒分开。这样既增加了煤粒表面的疏水性，也提高了浮选的选择性。

由于杂极性物质的上述作用，国内外越来越多的用电化学、氧化、超声波等方法处理非极性烃类油，改变非极性烃类油的组分，使之形成不饱和烃或表面活性物质，达到提高非极性烃类油浮选活性的目的。如我国的 ZF 浮选剂，非烃组分含量达 40%。

2.2.5 非极性烃类油组成对捕收作用的影响

非极性烃类油的捕收性能与其化学组成关系密切，而其组成又随产地、加工方法、分馏温度的不同有较大差异。非极性烃类油按照烃族组成可分为芳烃、烯烃和烷烃。烷烃又可分为正构烷烃、异构烷烃和环烷烃。其中，还有一些含氧、含氮的化合物。非极性烃类油各组分的捕收作用（活性）按下列顺序递减：

芳烃 > 烯烃 > 异构烷烃 > 环烷烃 > 正构烷烃

上述规律是因为煤是多环芳香族高分子化合物，主体是芳香核，周围分布有脂肪链、脂肪环和含氧、氮、硫等官能团。碳网上的碳原子占煤中总碳量的 90% 左右。正构烷烃中只有 σ 键，属于完全对称的非极性分子，化学性质最稳定，疏水性最强。烯烃、芳烃除以 σ 键结合外，还有 π 键，电子密度集中在环和双键的周围，整个分子结构完全对称，电负性要比饱和烃、正构烃大。因此，浮选过程中活性大，捕收性能好。容易和煤粒表面的碳网、各官能团相互作用，更牢固地吸附在煤粒的表面上。芳烃的润湿热比烯烃、烷烃大。遵循热力学第二定律，系统自由能降低，吸附过程才能自发进行，且降低幅度越大，过程越容易进行。因此，芳烃的吸附活性大于烯烃和烷烃。芳烃组分活性较高的另一原因是它们的油-水界面张力较低，在其他条件相同时，有较好的分散度，浮选过程中，很容易乳化成很小的油滴固着到煤粒表面，提高其浮选活性。此外，芳烃化合物活性较高，容易和水分子结合，发生水化作用，亲水性也较强。芳烃的疏水性不如饱和烃，产生泡沫黏度也较高，选择性较烷烃低。为了改善药剂的性能，使芳烃和烷烃结合（如多烷基苯型或多烷基萘型），对煤有最佳的捕收性能。

烯烃双键处活性高，且有一定极性，容易和水结合，发生水化。因此，不饱和烃比饱和烃具有较高的捕收性能，但选择性稍差，而且泡沫带水量增多。

异构烷烃与相同碳数的正构烷烃相比，沸点和凝固点较低。侧链越多者，沸点和凝固点也越低；分子结构越不对称，凝固点也越低。侧链多的烷烃凝固时，不容易形成结晶，可以提高浮选效果。异构体的支链占有较大空间，每摩尔分子覆盖面积较大，可以提高矿物表面的疏水效果，并节省药剂用量。

煤是极为复杂的化合物，任何单一成分的非极性烃类油都不会是最佳的捕收剂，最佳成分应是各非极性烃类油组分合理配合的混合物。

2.2.6 非极性烃类油馏分对分选的影响

不同烃类油，其最佳馏分不同。芳烃活性最高部分温度范围为170～220℃，异构烷烃和环烷烃230～260℃、正构烷烃190～240℃、煤油170～245℃。石油各馏分中，活性最高的馏分180～240℃，碳链长8～15。非极性烃类油最佳的黏度范围是（1～2）$\times10^{-4}m^2/s$。

分馏温度对浮选活性的影响，实际上主要是碳链长度或相对分子质量的影响。分馏温度高，所得馏分物碳链长，其疏水性也强。但碳链越长，分子量越大，分子间的内聚力越大，黏度越大，浮选过程中不易乳化分散，在煤粒表面吸附速度慢，浮选活性降低。分馏温度低时，馏出物碳链较短，本身疏水性差，加之分子间凝聚力小，挥发性高，在煤粒表面不易形成稳定的油膜，从而降低浮选活性。

所以，药剂选择时应尽量考虑选用芳烃、烯烃或富含芳烃、烯烃的非极性烃类油；药剂中应含有适量的杂极性成分；分馏温度应是浮选活性高的烃类馏出温度，或这部分成分尽量高。

2.2.7 提高非极性烃类油浮选活性的途径

随着煤炭浮选技术的迅速发展，需要不断提高浮选药剂的活性、降低药剂用量，国内外对提高浮选药剂的活性进行了不少研究，有效方法如下。

（1）辐射化学作用。煤油的捕收性能主要由大于170 ℃馏分的含量及结构所决定。含量越高，组分中亚甲基与甲基的比值也越大，煤油的浮选活性就越高。采用高能射线辐射化学作用能够改善煤油的物理化学性质和浮选活性。辐射结果能使烃类中（包括饱和烃、不饱和烃、环烷烃和芳烃）大部分结构变得更加复杂，烃类分子中相当大的部分发生二聚或多聚作用，使低分子烃变为长链高分子化合物，还可产生异构化作用，并使亚甲基与甲基的比值发生变化。

（2）磁场处理。20世纪60年代后期，苏联、保加利亚、波兰和日本等进行过磁场处理浮选过程的研究。浮选前用磁场预选处理矿浆、浮选用水和药剂，能提高回收率，改善选择性，加快浮选速度，降低药剂用量和增进产品脱水的效果。

（3）电化学处理。非极性烃类油经电化学处理后可提高其活性。电化学处理的实质是：煤油吸附在阳极表面，放出电子，和水分子解离放出的烃基反应，使饱和烃氧化为羧基化合物，非极性烃类油中羧酸含量明显增加，大大提高了对矿物的捕收活性。该过程的反应式如下：

$$C_nH_{2n+1} + 6OH^- - 6e \longrightarrow C_nH_{2n-1}COOH + 4H_2O$$

（4）烃类催化氧化法。烃类在有催化剂时通入空气进行液相氧化，使其按照自由基进行连锁反应，根据反应的氧化浓度不同，可生成许多不同的含氧化合物，诸如烷基过氧化物、醇、酸、酮、酯以及复杂的含氧化物。采用此类方法可制备兼有起泡和捕收性的综合浮选药剂，使非极性烃类油的浮选活性大大提高。

2.2.8 常用的非极性烃类油

常见的非极性烃类油按其来源可分为石油类（煤油、轻柴油等），焦油产品类（轻油、中油、重油和脱酚轻中油等）和合成产品类（FS201、FS202）。煤泥浮选主要以煤油和轻柴油为主。

（1）煤油。煤油是煤泥浮选中应用最广泛的非极性烃类油捕收剂之一，为淡黄色或无色透明液体，密度在0.84g/cm^{3}左右。煤油分馏温度为200～300℃，其主要成分为C_{11}～C_{16}的烷烃。煤油基本不溶于水，只具有捕收性能。煤油中常含少量芳烃、烯烃等，但由于来源不同，其性质差异很大。当芳烃含量较大时，具有一定起泡性能。煤泥浮选时，煤油用量一般为0.5～2 kg/t煤泥。煤油用量过大，有显著的消泡作用。从经济角度考虑，煤泥浮选时一般使用灯用煤油。用于煤泥浮选时，煤油的选择性比轻柴油好，但价格高于轻柴油。

（2）轻柴油。柴油是目前最广泛使用的非极性烃类油捕收剂，按加工方法可分为催化柴油、直馏柴油、热裂化柴油和焦化柴油等，密度为0.74～0.95g/cm^3。除特殊需要外，通常根据用户需要，由上述各种柴油按一定比例调和而成。轻柴油是碳链为15～18个、分馏温度为165～365℃的产物，黄褐色有臭味。冬季用的柴油初馏点应比夏季的低。

轻柴油具有馏分重、密度高、黏度大、在水中分散的油珠尺寸大等特点，但疏水性强，被表面孔隙吸收的数量少，因此，作为低价煤浮选时的捕收剂较为有利。

煤泥浮选一般用0号或10号轻柴油，用量通常为1～3kg/t煤泥，这与煤泥浮选起泡剂用量有关。轻柴油的组成波动比煤油大，尤其是芳烃的含量变化大，如催化裂化轻柴油芳烃含量比直馏轻柴油高得多。轻柴油的捕收性能比煤油要高，但选择性不如煤油。

（3）页岩轻柴油。页岩轻柴油是由页岩焦油干馏所得馏出物，经冷压脱蜡，再经酸碱洗涤后的产品。按馏程可分为页岩1号轻柴油和页岩2号轻柴油。前者为小于340℃馏出物，后者为小于375℃馏出物。页岩轻柴油中含有较多的不饱和烃（烯烃、芳烃），存在较多的含氧、氮化合物的杂质，故页岩轻柴油具有较强的捕收性能和一定的起泡性能。通常用于分选易选煤或中等易选煤，用量为1.5～2kg/t煤泥。

（4）燃料油。燃料油是煤炭、石油和页岩加工所得的重质产品，分为1～6个等级。1号即煤油。燃料油号数越大，着火点越高。国外选煤厂常用燃料油作为捕收剂，多为5号燃料油。燃料油除用于选煤外，也可用于选矿。

（5）FS201和FS202。FS201是以180～280℃的烯烃与苯在三氯化铝催化剂作用下进行烷基化反应，其反应物经碱洗、水洗，再经脱苯、精馏，截取255℃以前的馏分即为FS201。255℃以后的馏分为精烷基苯。FS201的主要成分为轻质烷基苯，药剂用量比煤油低30%左右。

FS202是以直馏煤油为原料，经加氢、脱蜡并提取正构烷烃后的抽余油。其中捕收活性强的190～230℃馏分含量达84%，异构烷烃含量为70%～80%，芳烃含量占20%左右。由于异构烷烃和芳烃含量较高，捕收性能较一般煤油和轻柴油高，吨煤耗油量低，油耗比煤油低40%左右。

（6）ZF浮选剂。ZF浮选剂组成中浮选活性强的170～230℃馏分含量高，230℃以上的重馏分含量低，仅占15.8%。烃类氧化后可得到酸37.41%、醛和酮23.77%、醇38.82%、烃和氧化烃的比例为60∶40的浮选剂。该药剂兼具有起泡性和捕收性，其中烃氧化物含量较高时，醇、醛、酮的含量对改善浮选药剂的选择性有利。浮选剂的浮选活性与馏分有密切的关系。87～100℃和100～130℃馏分的药剂用量较低，说明这两种馏分的烃氧化物浮选活性最高。在技术指标相同的条件下，ZF浮选剂可比其他药剂的用量（起泡剂和捕收剂的总量）降低一半左右，并可降低浮选精煤水分，但价格较高。如能脱除产品中羧酸和羟基酸，不仅有利于改善药剂的活性和选择性，而且还可降低成本。

（7）MZ浮选剂。MZ浮选剂为棕色均匀透明液体，密度约为0.88g/cm^3。MZ浮选剂的主要组分是C_8～C_{13}烷烃、芳烃、脂肪醇、其他烃类衍生物及少量的表面活性剂。

MZ系列浮选剂的特点是以捕收性能为主，集捕收、起泡、分散和增溶于一体的多功能浮选药剂，具有较高的捕收性和选择性，可大幅度降低用量。其中MZ101型适合难浮的高灰细泥较少的煤泥，MZ102型适合易浮高灰细泥较多的煤泥，MZ103型适合难浮、高灰细泥中等的煤泥，MZ104型适合难浮、高浮细泥较多的煤泥。

2.2.9 捕收剂的选择

煤泥浮选的捕收剂，主要是非极性烃类油。烃类油的品种不同，碳氢化合物的分子量不同，浮选效果也不同。低分子量的油，容易在煤粒表面展开，但油膜不稳定，并可渗透到煤的孔隙中去，使得浮选药剂耗量增加。

煤油和轻柴油因石油产地和加工方法不同，化学组成也不同，因而具有不同的捕收性和选择性。例如，直馏煤油和裂化煤油、加氢煤油，直馏轻柴油和裂化轻柴油等的浮选效果都不相同。一些油的捕收能力较弱，但选择性却较高。而另一些油却正好相反，捕收能力较强，但选择性较差。凝固点不同的油，浮选效果也有差别。

油中的芳烃化合物捕收作用强，但产生的泡沫黏度也较高，选择性比烷烃低。烯烃具有双键，捕收性能比饱和烃要高，但选择性稍差，且泡沫含水量较多。异构烷烃与相同碳数的正构烷烃相比，由于侧链多，沸点和凝固点较低，可以提高浮选效果。异构体的支链还占有较大空间，能提高煤粒表面的疏水效果，并节省浮选药剂用量。

对于煤泥浮选来说，芳烃和烷烃组分合理配合的混合物应是最好的捕收剂。最佳化学组成为：芳烃45%～75%，正构环烷烃25%～55%，其他不饱和烃5%～10%。

2.3 起泡剂

浮选矿浆经捕收剂和调整剂处理后，煤粒表面的疏水性得到提高。此时如果煤浆中存在性质良好的气泡就能使煤粒黏附在气泡上形成矿化气泡，借助气泡的上浮力，矿化气泡进入泡沫层，实现煤粒与矸石的有效分离。

然而，普通的水或煤浆中通入气体只能形成少量大而易碎的气泡，气泡相互接触易兼并形成大泡，上升到液面容易破灭，不能形成稳定的泡沫，这种性质的气泡不能实现浮选。但往水中加入少量异极性表面活性物质，便可以得到小而不易兼并的气泡，气泡上浮到液面，生成具有一定稳定性的泡沫。这些具有起泡作用的表面活性物质称为起泡剂，具有起泡性能的化合物很多，如醇类、酚类、酮类、醚类、酯类、羧酸类等有机异极性表面活性剂。

2.3.1 起泡剂组成及其对起泡性能的影响

起泡剂是一种异极性表面活性物质，一端为极性基，亲水；另一端为非极性基，亲气。因此，起泡剂能在气-液界面上定向吸附和排列，降低气-液表面张力，促使气体在矿浆中形成大量大小适中具有一定稳定性的气泡。起泡剂起泡性能与极性基和非极性基的结构有密切的关系。

2.3.1.1 非极性基对起泡性能的影响

煤浆中加入表面活性剂后，气-液界面张力降低越明显，表面活性剂的起泡能力就越强。起泡剂的非极性基亲气，它可以由不同的烷烃基构成，其碳链长度、相对分子质量大小、结构特性以及几何状态都对起泡性能产生影响。

A 正构烷基

正构烷基对起泡性能的影响主要是碳链长度，对一定的极性基而言，同系列的表面活性剂，烃基每增加一个碳原子（即—CH_2—），表面活性可以增大3.14倍，溶解度按同样规律递减。表面活性越大，起泡能力就越强。因此，起泡剂的非极性基越长，起泡能力就越强。但是非极性基过长，溶解度会显著降低，起泡能力反而下降，而且形成的泡沫稳定性过大、发黏，不易消泡。

对于醇类起泡剂，当非极性基烃链过短（$C_1 \sim C_4$）时，起泡剂分子受到水分子的吸引力相对增大，可以与水任意混合，不在气-液界面上定向吸附，不具有起泡性能。而碳原子数超过8个的高级醇由于溶解度小，起泡性能也较差。因此，醇类起泡剂非极性基中碳原子数5~8个为最佳。

B 烷氧基（醚基）

含烷氧基的起泡剂，由于分子存在醚基，烃基的极性有所增大，亲水性也增强，药剂的水溶性得到改善。烷氧基聚合度（n值）较小时，起泡剂的起泡性能随n值增大而增强。

C 异构烷基

通常，正构烷基的起泡性能好于烃基中碳原子数相同的异构烷基。但是当起泡剂分子量较大时，带有支链的异构物因烃链间的范德华作用较小，溶解度比正构烷基要大，因而起泡性能得到提高。

D 不饱和烃基

对于直链烃链基中含有不饱和双键时，起泡性能与饱和烃相比略有增加。对于环烃化合物分子（如萜烯醇、树脂酸、脂环醇等），由于不饱和双键的存在使非极性基彼此的缔合程度降低，增加了水溶性，烃基可以更长一些，起泡性能有显著增强。

E 芳香基和烷基-芳基

非极性为芳香基或烷基-芳基的起泡剂，表面活性没有脂肪烃大，起泡性能较差，但具有一定的捕收性能。这类起泡剂主要是甲酚、烷基苯磺酸钠类。

此外，烃基属性对起泡能力也有影响，烃基为芳香烃的表面活性没有脂肪烃大。带支链的异构药剂应用较多，如萜烯醇、甲基异丁甲醇等。

不同极性基的起泡剂适宜的烃基长度范围也不一样。如十六烷醇（$C_{16}H_{33}\cdot OH$）由于溶解度很小，基本上没有起泡作用；而十六烷基硫酸酯（$C_{16}H_{33}\cdot SO_4H$）却具有很强的起泡能力。所以非极性基的长短要与极性基配合。

2.3.1.2 极性基对起泡性能的影响

极性基是起泡剂分子的重要组成部分，是决定药剂性能的关键因素。起泡剂极性基有—O—、—OH、—COOH、$>C=O$、$-NH_2$、$-SO_4H$、$-SO_3H$ 几种。极性基的结构和数量影响起泡剂的物理性质（如溶解度、解离度、黏度等）和化学性质（如对矿物表面活性、与矿浆中离子的化学反应等），因此，对起泡剂性能有很大影响。

A 极性基对起泡剂溶解度的影响

主要取决于其性质和数量，极性基与水分子作用越强，其溶解度越大。几种常见极性基对水作用力的顺序为：—O— < —COOH < —OH < $-SO_3H$ < SO_4H。因此，当非极性基相近时各类起泡剂溶解度按上面的顺序逐渐增大。此外，极性基数目越多，溶解度越大。如，醇分子中只有一个羟基，醇醚类分子中除一个羟基外，还有醚基。因此，醇醚类的溶解度比醇类大。而氧烷类只有醚基，没有羟基，醚基与水作用力较小，所以溶解度较低。表 2-2 为常见起泡剂的溶解度。

表 2-2 常见起泡剂的溶解度

起泡剂	溶解度/$g\cdot L^{-1}$	起泡剂	溶解度/$g\cdot L^{-1}$
正戊醇	21.9	松油	2.50
异戊醇	26.9	α-萜醇	1.98
正己醇	6.24	樟脑醇	0.74
甲基异戊醇	17.0	甲酚酸	1.66
正庚醇	1.81	1，1，3-三乙氧基丁烷	≈8
正壬醇	0.586	聚丙烯正二醇醚（分子量 400～450）	全溶

溶解度高的起泡剂溶于水中之后，溶质分子大部分处于溶液内部，在气-液界面吸附量较小，表面活性较低。这类起泡剂可以迅速产生大量气泡，但气泡直径较大，气泡较脆，泡沫结构疏松，寿命短，不能持久。必须多次不断地添加起泡剂才能维持起泡作用，但是能较好地避免高灰细泥夹带，对提高精煤质量有利。溶解度低的起泡剂，起泡速度慢，泡沫延续时间长，气泡直径较小，泡沫较黏，泡沫结构致密，泡沫层较稳定，有利于提高精煤回收率。但过于稳定时，将给后续脱水作业带来困难。

B 极性基对起泡剂解离度的影响

各种醇类、醚类等非离子型起泡剂在水中不能解离。羧酸类由于—COOH 基中—CO

对—OH 基有诱导效应和共轭效应，氢有一定程度的解离，使之具有酸性。酚虽然和醇一样有极性基—OH，但酚的羟基连在苯环上，由于苯环的共轭作用，羟基中的氢易解离，使酚呈酸性。磺酸盐和硫酸盐类起泡剂则是较强的电解质。

离子型起泡剂在水中的解离度受溶液 pH 值的影响，故起泡能力也受 pH 值的影响。解离后使溶液呈酸性的起泡剂称作酸性起泡剂。酸性起泡剂在碱性介质解离度较高，使其表面活性降低，对起泡剂的使用不利。所以，酸性起泡剂一般在酸性介质中使用为好。同理，碱性起泡剂在碱性介质中使用较理想。

非离子型起泡剂，如松油和醇类，虽然不解离，但分子中有羟基，可视作碱性物，一般在碱性介质中使用较好。

C 极性基水化能力对起泡性能的影响

起泡剂分子或离子在水中发生水化作用，在气泡表面形成一层水化膜，使气泡不容易破裂，提高气泡的稳定性。因此，极性基水化能力越强，气泡稳定性就越强。根据极性基在气-水界面吸附自由能的大小，大致可以判断各种极性基水化能力的强弱。—COOH 吸附能最大，最容易吸附到气-水界面上，但泡沫发黏，选择性差，二次富集作用差；$—SO_4$、$—NH_2$ 吸附能小，形成的泡沫性脆，选择性好；—OH 居中。

此外，极性基的数目对起泡剂的性能也有影响。极性基数目越多，起泡剂的水溶性越好，但表面活性有所下降。通常，作为浮选使用的起泡剂，分子结构中只需一个极性基就可以了。

2.3.2 起泡剂的作用

起泡剂本身不产生气泡。在向充气煤浆中添加起泡剂后，它能将气流分散成大量直径合适、并具有一定稳定性的小气泡，气泡与疏水性煤粒黏附，实现气泡矿化，升浮到液面，形成泡沫层。起泡剂的主要作用有以下几个方面：

（1）使空气在煤浆中分散成小气泡，防止气泡兼并。煤泥浮选时，希望生成的气泡直径较小，而且具有一定的寿命。在煤浆中，气泡直径大小与起泡剂浓度有关。试验表明，煤浆中没有添加起泡剂时，气泡的平均直径约为 3 ~ 5mm，添加起泡剂后，平均直径缩小为 0.5 ~ 1mm。气泡越小，越有利于煤粒的黏附。但气泡直径也不能太小，太小过于稳定，对分选不利。因此，煤浆中的气泡要有适当的大小和粒度分布。浮选过程中希望气泡不兼并，升浮到煤浆表面后，也不立即破裂，能形成一定稳定性的泡沫，保证浮选过程的顺利进行。这些都是靠起泡剂来实现的。加入起泡剂后，表面活性物质以其疏水基插入气中，亲水基插入水中，定向紧密排列成一层护膜，有一定机械强度能抵抗外力破坏作用，且其亲水基有电性，在水中形成双电层，能使水化膜稳定，也可阻碍气泡接触兼并，如图 2-4a 所示。空气中的气泡外面有一层水膜容纳两层起泡剂分子定向排列，两层起泡剂分子的极性基都在这一水膜中，而非极性基分别插入内外两个气相中，如图 2-4b所示。

（2）增大气泡机械强度，提高气泡的稳定性。气泡为了保持最小面积，通常呈球形。起泡剂在气-液界面吸附后，定向排列在气泡的周围。气泡在外力的作用下变形时，气泡表面的起泡剂分子吸附密度发生变化。变形地区表面积增加，起泡剂密度降低，表面张力增大。但降低表面张力，是体系的自发趋势。因此，就会自动压缩来保护气泡，以免气泡

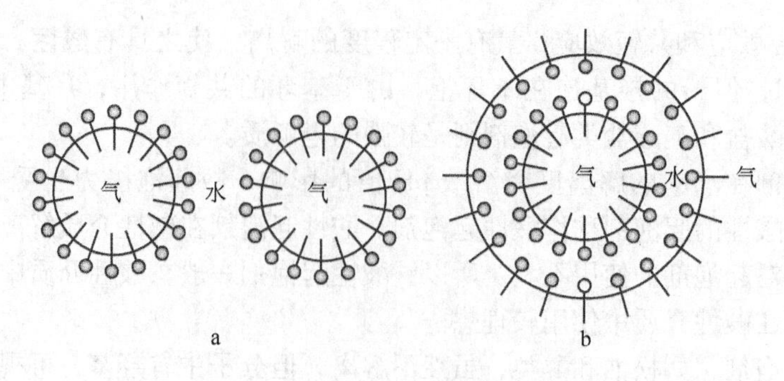

图 2-4 起泡剂的作用（定向排列）

破裂，如图 2-5 所示。因此，气-液界面存在有起泡剂，增强了抗变形的能力。如果变形力不大时，气泡将不致破裂，并恢复原来的球形，增加了气泡的机械强度。这种弹性作用随表面活度减小而减小，当起泡剂浓度过大，表面活度变小，从而削弱了弹性作用时，气泡就易破裂。所以，起泡剂不宜过量使用。

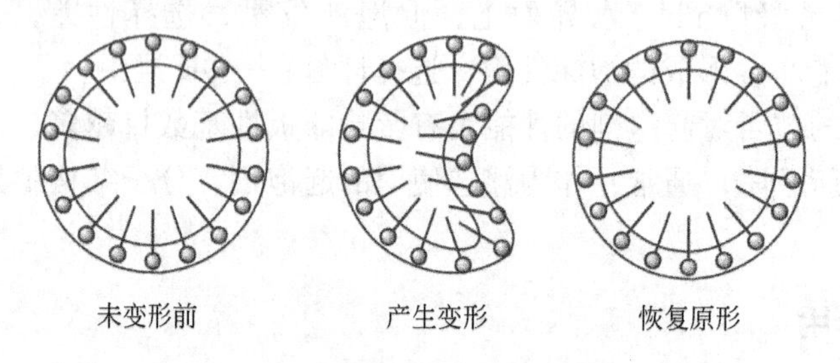

图 2-5 起泡剂增大气泡机械强度示意图

（3）降低气泡的运动速度，延长气泡在煤浆中停留时间。首先，起泡剂极性端有一层水化膜，气泡运动时必须带着这层水化膜一起运动，由于水化膜中水分子与其他水分子之间的引力，将减缓气泡运动速度。其次，为了保持气-液界面张力为最小，气泡要保持其球形，不容易变形，增大了运动过程的阻力，使气泡运动速度降低。最后，由于起泡剂作用的结果，产生的气泡直径小，数目多，小气泡的运动速度通常较慢。因此，增加了气泡在煤浆中的停留时间，使煤粒与气泡的碰撞机会增多，有利于气泡矿化，提高了分选效果。实验表明，若以加入丁黄药后气泡上升速度为 100%，则其他起泡剂的气泡上升速度相对百分数为：酚 93.4%，甲酚 90.8%，松油 88.3%，环已醇 88.2%，二甲基苯二酸 80.7%，庚醇 76.8%，辛醇 75.8%，已醇 76.2%，四丙烯乙二醇甲醚 72.9%，三乙氧基丁烷 72.3%。

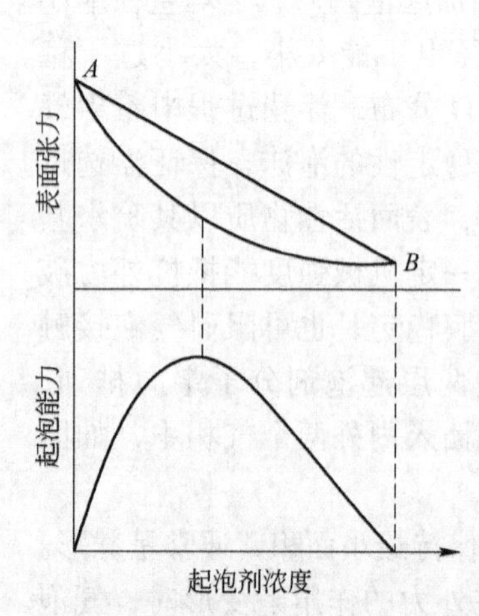

图 2-6 起泡剂浓度与溶液表面张力及其起泡能力的关系

实践表明，起泡剂用量不宜过大，否则会降低起泡能力。起泡剂浓度、溶液的表面张力和起泡能力之间的关系如图 2-6 所示。由图 2-6 可见，当起泡剂浓度开始增大时，溶液的表面张力降低比较明显，起泡能力显著增大。当起泡剂浓度达到饱和状态（*B* 点）时，和纯水（*A* 点）一样，溶液不能生成稳定的泡沫层。因此，溶液的起泡能力不完全由表面张力降低的绝对值决定。

（4）增大水的黏度。加入起泡剂后，可以增大水的黏度，从而减小气泡游动速度及碰撞机会，并可阻碍气泡壁流失，减小气泡破裂的可能性。

2.3.3 起泡剂的选择

具有起泡性质的物质很多，如醇类、酚类、酮类、醚类及酯类等。但作为煤泥浮选用的起泡剂，对其有一定的要求。选择起泡剂的标准为：

（1）用量低，能形成量多、分布均匀、大小合适、韧性适当和黏度不大的气泡。护膜及弹性作用太强时，气泡太稳定，刮出还不破裂，就会妨碍煤浆输送和精选，甚至难于脱水。

（2）起泡剂应有好的选择性，只要求有起泡性能，不要求有捕收性。选择适当的极性和非极性就能达到此目的，一般要求疏水基的成链 C 原子数为 5 ~ 12，亲水疏水性 HLB 为 7 ~ 13。对矿浆 pH 值及各组分有较好的适应性。

（3）具有良好的流动性，适当的水溶性，便于使用，并可降低药剂用量。

（4）受影响小，适应性强。起泡剂受煤浆的 pH 值变化、煤浆中的难免离子和其他浮选药剂的影响要小，不因外界条件变化而影响起泡性能，即具有较好的适应性。

（5）无毒，无臭，无腐蚀，易使用。起泡剂应便于使用，不对环境造成污染，对人体无害。

（6）价格低廉，来源广。不能因缺货而影响生产，生产成本要低。

通常，醇类是煤泥浮选比较合适的起泡剂。醇在水中不解离，起泡性能强，没有捕收性能，在水中的溶解较大，分散好，药剂用量小；煤浆 pH 值改变对其影响较小。

2.3.4 常用的起泡剂

起泡剂可分为天然类、工业副产品和人工合成品三大类。

2.3.4.1 天然起泡剂

该类起泡剂是由林木直接蒸馏和加工后的产品。

A 松油

松油是最早的天然起泡剂，主要成分为 α-萜烯醇（$C_{10}H_{17}OH$），结构为：

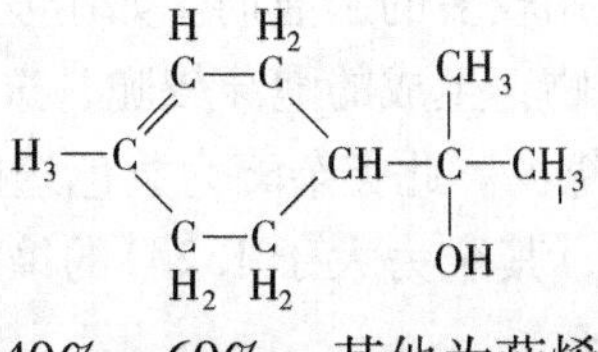

```
        H   H2
        C — C              CH3
      //      \             |
H3 — C         CH — C — CH3
      \       /             |
        C — C              OH
        H2  H2
```

萜烯醇含量随原料而异，约 40% ~60%，其他为萜烯和醚化合物。松油为淡黄色或棕色液体，密度为 0.9 ~ 0.95 g/cm^3。起泡能力较强，一般无捕收性。但萜烯醇含量较低、杂质含量较高时，有一定捕收性。

松油有较强的起泡能力，因含有一些杂质，具有一定的捕收能力，可以单独使用松油浮选辉钼矿、石墨和煤等。

由于松油黏性较大、选择性差及来源有限，现已逐渐被人工合成的起泡剂所代替。

B 松醇油

亦称2号油，是我国选矿厂应用最广泛的一种起泡剂，占起泡剂总用量的95%以上。2号油以松节油为原料，经水合反应制得，为淡黄色油状液体，密度为0.9～0.91g/cm³。主要成分为α-萜烯醇（$C_{10}H_{17}OH$），含量为40%～60%，高者可达80%，其余为萜烯类化合物。结构式为：

```
          CH—CH2          CH3
         //      \       /
CH3—C            CH—C
         \       /    |  \
          CH2—CH2     OH  CH3
```

松醇油起泡能力强，能生成大小均匀、黏度中等和稳定性合适的气泡。当其用量过大时，气泡变小，影响浮选指标。松醇油起泡能力较松油稍弱，泡沫稍脆，无捕收能力，组成和性质较稳定，每吨原矿中，松醇油用量在20～100 g之间。

C 樟脑油

樟树的枝、叶、根干馏后得到原油，提取樟脑后再分馏便得到各种樟脑油，分红、白、蓝三种：白色油可代替松油作起泡剂，选择性较松油好，并可用于优先浮选，每吨原矿中，樟脑油用量为100～200 g；红色油生成的泡沫发黏；蓝色油则兼具起泡性和捕收性，可用于浮选煤泥或与其他起泡剂配合使用。

D 桉叶油

桉树叶经蒸馏得到桉叶油，其主要成分为桉叶醇，含量为50%～70%。起泡能力比松油弱，但选择性好，用量较大。

我国南方盛产樟树、桉树，可充分利用其枝叶提取樟脑油和桉叶油。

2.3.4.2 工业副产品起泡剂

该类起泡剂主要用于选煤厂。

A GF油

GF油以丁醇、辛醇为原料再经特殊加工所得，主要成分为2-乙基己醇、二甲基己醇、2-乙基丁醇、三丁基醚，密度为0.88～0.91g/cm³，红棕色油状液体，它兼有一定的捕收性能。GF油起泡能力强，用量少，选择性好，在我国选煤厂广泛使用。

B 杂醇

杂醇来源较广，是选煤厂应用较多的起泡剂。如用发酵法制酒精时的副产品，其主要成分为丙醇、丁醇和戊醇的混合物，生成的泡沫较脆，选择性好，可以用于难选煤和高硫煤的浮选，用量为200～300g/t煤泥。此类杂醇为黄色透明液体，密度在0.8 g/cm³左右。其中，80～132℃的馏分占95%，其余为大于132℃的馏分。此外，糖厂、酒厂用一氧化碳和氢合成甲醇工艺也有此类杂醇。

C 仲辛醇

蓖麻子生产癸二酸时的副产品，仲辛醇含量为70%～80%，辛酮为10%～20%。密度为0.81g/cm³左右，淡黄色液体。由于仲辛醇用量较小、选择性好、能产生较小的气泡和较脆的泡沫层，是我国选煤厂广泛使用的起泡剂。起泡性能较杂醇强，用量一般为

100g/t煤泥。

D 杂醇油

杂醇油为生产丁醇的高沸点残留液，主要成分为伯醇、仲醇和少量酮类化合物。

E 混合醇

C_6 ~ C_8 混合醇有两个来源，一是乙炔法生产丁醇、辛醇的副产品分出丁醇后的剩余馏分；二是石油工业混烯烃羰基合成产品，主要成分为已醇、庚醇、辛醇的混合物。C_8 ~ C_{16}醇，主要成分为辛醇和辛醚。该类起泡剂泡沫多，脆而不黏，对过滤脱水有利，用量为 100 ~150g/t 煤泥。

F 酯油

高压法羰基合成丁醇、辛醇时得到大量带支链结构的残液，以浓硫酸为催化剂，使之反应生成酯类化合物，主要含 C_4 ~ C_8 支链的酯油。工业试验证明，酯油作煤泥浮选的起泡剂，其效果与仲辛醇类似，代号为酯油 190，具有价格低、气味小、毒性低的优点。

充分利用工业副产品，寻找新的品种，并进行加工和调整作为起泡剂使用，这是浮选药剂的一个发展方向，具有很高的经济和社会意义。

2.3.4.3 人工合成起泡剂

该类起泡剂是人工合成专门生产用作起泡剂的化工产品。

A 醚醇类起泡剂

这是由石化产品合成的新型起泡剂，有甲基醚醇、乙基醚醇、丁基醚醇等。我国生产的乙基醚醇是由环氧丙烷和乙醇在苛性钠催化下聚合而成的，也称醚醇油，其结构式为 $C_2H_5—(OC_3H_6)_n—OH$，平均分子量为 200。国外金属矿浮选大量使用醚醇油，几乎占起泡剂用量的一半。

这也是一种可以严格按照环氧丙烷数目和碳链长度由人工合成的起泡剂，其起泡性能可以预先设计，并在过程中进行调节。起泡能力随环氧丙烷数目及醇的烃链碳原子数增加而提高。同时捕收性能增加，选择性降低。

该类起泡剂水溶性较高，泡沫结构致密，不黏，选择性好，消泡快，用量少，每吨原矿中仅用 10 ~80 g，并能生成大量对浮选有利的小于 0.2 mm 的微泡，但价格较贵。

B 醚类起泡剂

这是一种新型起泡剂，国内的 4 号油属此类，成分为三乙氧基丁烷，又称丁醚油，主要原料是合成聚乙烯醇过程中的副产品，来源广泛，其结构式为：

$$CH_3—\underset{\underset{OC_2H_5}{|}}{CH}—CH_2—CH\begin{matrix}\diagup OC_2H_5\\ \diagdown OC_2H_5\end{matrix}$$

纯 4 号油是无色油状液体，工业品含少量树脂杂质，带水果香味。4 号油的价格低，纯度高，起泡能力较 2 号油强，用量仅为 2 号油的一半，生成的泡沫脆。4 号油能在尾矿水中很快分解、氧化，失去有害作用，是一种毒性较小的起泡剂。

C 甲基异丁基甲醇

亦称甲基戊醇，代号 MIBC，美国大量使用。MIBC 由丙酮经缩合脱水和常压加氢制

得，结构式为：$\begin{array}{l} CH_3 \\ \quad \diagdown \\ \quad CH—CH_2—CH—OH \\ \quad \diagup \qquad\qquad\quad | \\ CH_3 \qquad\qquad\quad CH_3 \end{array}$ 。

MIBC 为无色透明液体，20 ℃时密度为 0.8 g/cm^3，在水中的溶解度为 1.79%。特点是选择性强，活性好，生成的泡沫细且脆而不黏，消泡容易，不具捕收性，用量少，每吨煤泥中仅用 20～40 g。由于丙酮取自粮食，我国尚未在工业上应用，只作为实验室浮选标准起泡剂。

人工合成起泡剂有很多优点，现已逐步取代天然起泡剂，同时一些化工副产品起泡剂仍在选煤厂广泛应用。

2.4 调整剂

浮选过程所使用药剂除捕收剂和起泡剂以外均可称为调整剂。根据调整剂在浮选中所起的作用，调整剂可分为活化剂、抑制剂、pH 值调整剂、分散剂和絮凝剂。煤泥浮选过程中，为获得比较好的技术指标，浮选中除了使用捕收剂和起泡剂外，必要时可配合使用合适的调整剂。可能使用的调整剂主要有 pH 值调整剂和抑制剂，在浮选尾煤水处理中可使用絮凝剂。

2.4.1 pH 值调整剂

煤浆 pH 值对煤与矿物杂质的可浮性影响很大，通常矿物和浮选药剂只有在一定的 pH 值范围内，浮选过程才有最佳的选择性。

2.4.1.1 pH 值调整剂的作用

pH 值调整剂主要作用如下：

（1）调整煤浆 pH 值。煤粒表面与非极性烃类油之间的作用属物理吸附，煤粒表面电性决定了非极性烃类油能否与其吸附。煤浆的 pH 值直接影响煤粒表面电性，决定了烃类油能否有效吸附在煤粒上。煤粒只有在中性或弱碱性煤浆中，才能有最佳的可浮性，所以当煤浆呈酸性时（在我国属极少数现象），就应该考虑添加 pH 值调整剂来调整煤浆的 pH 值。

（2）消除有害成分的影响。煤泥浮选脱硫，可采用浮煤抑硫正浮选法，也可采用浮硫抑煤反浮选法。由于煤系黄铁矿的可浮性较好，捕收煤用的捕收剂也都能捕收黄铁矿。因此，采用常规的浮煤抑硫正浮选法脱硫时不仅抑制剂用量多、费用高，而且效果也不太显著。为提高煤中黄铁矿的脱除率，可采用两段浮选法：第一段为常规浮选，浮出精煤，但含硫量较高；第二段为精煤反浮选，抑制精煤，浮黄铁矿。pH 值小于 6 时，黄药易于捕收黄铁矿。所以，反浮选时用硫酸将煤浆的 pH 值调整到小于 6，使用黄药作为捕收剂。

（3）调整细泥的分散与凝聚。煤泥浮选中有不少黏土类细泥，它们在煤粒表面形成覆盖，使浮选精煤产率降低，灰分增高。通过改变煤浆 pH 值来控制细泥在煤粒表面的覆盖，实际中应用的 pH 值调整剂多数是细泥的分散剂或凝聚剂。

2.4.1.2 常用的 pH 值调整剂

A 石灰

又称白灰，有效组成为 CaO，是一种最廉价、最广泛的 pH 值调整剂，特别是在硫化矿浮选上。石灰除调节矿浆 pH 值外，还可作为黄铁矿与磁黄铁矿的抑制剂。石灰是一种强碱，可使矿浆 pH 值提高到 11～12 以上。石灰的作用一方面是 OH^- 的作用，另一方面是 Ca^{2+} 的作用。黄铁矿与磁黄铁矿在碱性介质中表面可生成氢氧化铁亲水薄膜。当有黄药存在时黄药阴离子和 OH^- 发生竞争，降低了黄药的捕收性能，提高了矿浆 pH 值，从而加强了对硫化铁的抑制。Ca^{2+} 可在黄铁矿表面生成 $CaSO_4$ 难溶化合物，也可起抑制作用。石灰对泡沫的性质也有明显的影响。因石灰还是一种凝聚剂，能引起矿浆中微细矿粒的凝聚，所以当石灰用量适当时，泡沫有一定黏度，较稳定。但用量过大时，由于微细矿粒的凝聚，会使泡沫发黏，甚至“跑槽”。使用时应将石灰配成石灰乳后再加入矿浆中。

B 苏打

苏打即碳酸钠，是一种强碱弱酸盐。在矿浆中水解后得到 OH^-、HCO_3^- 和 CO_3^{2-} 等离子。它是比石灰弱得多的一种强碱弱酸调整剂，调整范围在 8～10 之间。苏打有一定的缓冲作用，调整的 pH 值较稳定。

石灰和苏打都可调整矿浆 pH 值。由于石灰便宜并且对黄铁矿有抑制作用，因而在硫化矿的浮选中得到广泛的应用。非硫化矿浮选中苏打是极为重要的 pH 调整剂。在采用脂肪酸类捕收剂时，苏打能消除矿浆中 Ca^{2+}、Mg^{2+} 等有害离子的影响，并且对矿泥有分散作用，能减弱或消除矿泥的不良影响。

C 苛性钠

苛性钠即强碱，因价格贵而较少使用，只有在不能用石灰但又必须在强碱矿浆中浮选时才使用。

D 硫酸

无色液体，是一种强酸，在水溶液中电离出大量的氢离子。浮选时可用硫酸作酸性调整剂，一般配成 1%～10% 的浓度，直接加入浮选机或矿浆预处理装置中，调节煤浆的 pH 值。

2.4.2 分散剂

为使矿浆中矿粒处于分散状态必须加入分散剂。常用的分散剂有苏打、水玻璃、三聚磷酸盐、丹宁、木素磺酸盐等。分散作用的共同特征是使矿粒表面的负电性增强，增大矿粒之间的排斥力，并使矿粒表面呈现强的亲水性，防止矿粒聚结。需强烈分散矿泥时要在加入分散剂前先加苛性钠，使矿浆 pH 值升高，在强碱介质中矿泥才具有高分散性。

（1）水玻璃。水玻璃价廉效果好，是最广泛使用的分散剂。水玻璃在水中生成 H_2SiO_3 分子、SiO_3^{2-} 和 $HSiO_3^-$ 离子及水玻璃胶粒，它们能吸附在矿粒表面，使矿粒表面电位和水化膜显著增大而起分散作用，故水玻璃是良好的分散剂。水玻璃作分散剂时，用量稍大。当水玻璃与酸（或碱）配制成酸化（或碱化）水玻璃时，其分散效果显著增大。

（2）苏打。苏打既可调节矿浆 pH 值，又具有分散作用。当要求矿浆 pH 值不太高，又希望矿粒分散时，苏打是一种有效的药剂。有时为增强苏打的分散作用可配合使用少量水玻璃。

(3) 聚磷酸盐。聚磷酸盐是一种离子型长链高分子分散剂，有很强的吸附活性，可吸附在许多种矿粒的表面。它的分散能力非常强，在生产中用量少，常常用它来完成其他分散剂所不能胜任的分散任务。常用的有三聚磷酸和六偏磷酸盐。

(4) 单宁。它是一种有机高分子聚合物，是多酚化合物与糖类结合的产物。活性基主要是酚上的羟基，此外也有羧酸基及磺酸基。它的分子结构根据产地的不同而有不同。单宁是以它的吸附层产生的空间效应而起分散作用的。单宁的用量小，分散能力很强，能分散许多种矿物微粒悬浮体。

(5) 木质素类。它是存在于木材、芦苇等天然植物中的高聚物，经过处理后可得磺化木质素、氯化木素等。它主要用于硅酸盐矿物、稀土矿物的分散。

2.4.3 絮凝剂

能使矿浆中细粒物料产生聚结的有三类物质：(1) 无机电解质，如石灰和明矾等；(2) 有机捕收剂，如非极性烃类油；(3) 有机高分子絮凝剂。有机高分子絮凝剂就其来源又分为天然和人工合成两类。天然类有淀粉、糊精、羧甲基纤维素等；人工合成类主要是聚丙烯酰胺及其他类型的水溶性高分子聚合物。

聚丙烯酰胺为白色粉末，产品是纯含量7% ~8%的含水聚合物，外观为无色透明胶体。主要活性基团是酰胺基（—$CONH_2$）。非离子型聚丙烯酰胺（简称PAM）和常用的阴离子型聚丙烯酰胺（简称PHD）的分子式为：

$$\left[\underset{\displaystyle CONH_2}{CH_2-\underset{|}{CH}} \right]_n \qquad \left[\underset{\displaystyle COONa}{CH_2-\underset{|}{CH}} \right]$$

（PAM） （PHD）

其中 n 是聚合分子数。它的平均相对分子质量可达几十万至上千万，一般在 3×10^6 ~ 8×10^6 之间。非离子型聚丙烯酰胺通过酰胺基反应可以制成阴离子型或阳离子型聚丙烯酰胺。水解的或磺化聚丙烯酰胺，在分子上都有阴离子活性基团，属于阴离子聚丙烯酰胺。由于阴离子官能团的作用，增强了选择性。高分子絮凝剂的共同特点是分子量大、链长、链上有大量活性官能团，它可以吸附于几个或几十个或更多的矿粒上，通过桥联作用把矿粒联结在一起，构成松散、多孔的大絮团。

由于合成的高分子絮凝剂絮凝能力强、用量少、价格廉，目前已广泛用于尾矿水净化、循环水澄清等方面。选煤厂的尾煤浓缩机一般都使用聚丙烯酰胺作絮凝剂。使用时配成0.1% ~0.5%的水溶液，用量为2~50g/m^3 矿浆。加得太少达不到生产要求，加得太多既造成浪费，又会使循环使用的澄清水中含有过多的聚丙烯酰胺，从而影响到煤泥的可浮性。

2.5 煤泥浮选的药剂制度

煤泥浮选的药剂制度包括确定浮选药剂的种类及用量、浮选药剂的加药方法、加药地点和顺序。药剂制度的确定要根据浮选试验结果，同时结合考虑煤泥的可浮性、浮选指标、浮选工艺流程和药剂性能等因素的影响。

2.5.1 浮选药剂的种类

煤泥浮选通常只使用捕收剂和起泡剂，少数加调整剂或兼具捕收和起泡性能的复合药剂。

煤泥浮选的捕收剂主要是非极性烃类油，最广泛使用的是煤油和柴油。石油产地和加工方法不同，煤油或柴油化学组成也不同，具有不同的捕收性和选择性。易浮煤可采用活性低的，难浮煤、细泥煤多时采用活性高的。

煤泥浮选的起泡剂多为化工副产品，我国没有专门产品作起泡剂供煤泥浮选。这些副产品化学组成和性质差别大。极性基比例高的起泡剂具有较高的亲水性和较低的浮选活性；非极性基比例高的起泡剂具有较高的表面活性。起泡剂的选择对精煤质量有较大的影响，选择时应考虑煤泥中高灰细泥含量及浮选机的充气情况。当煤泥中精煤含量大，应选用起泡多、气泡小、寿命长的起泡剂，以利于粗粒在气泡上的固着和回收；当细粒含量高，应选用气泡大、性脆、寿命不太长的起泡剂，以增加二次富集作用，提高浮选的选择性。

2.5.2 加药方式和地点

加药有一点（集中）加药和多点加药两种。一点加药常将捕收剂和起泡剂同时加到矿浆准备器（或搅拌桶）中，会加快浮选的起始速度，可能加剧对泡沫产品的污染，影响精煤质量，同时大部分药剂随泡沫产品从前段刮出，后室常出现药剂不足现象，致使精煤、尾煤质量都难以保证；多点加药则将药剂按比例分别加到矿浆准备器（或搅拌桶）和浮选槽中，有利于控制浮选速度并提高产品质量，对于难浮煤泥采用分段加药方式是很有必要的。

分段加药具有以下优点：

(1) 能有效地控制和调整煤泥的浮选速度；

(2) 能最有效、最充分地发挥浮选药剂的作用；

(3) 能可靠地保证各产品的质量指标，提高精煤抽出率，改善精煤脱水效果；

(4) 能降低浮选药剂消耗量。

采用何种方式与地点加药主要取决于煤泥性质。易浮煤常采用一点加药，难浮煤或浮选活性较高的药剂应采用多点加药，将药剂总量的60%～70%加到矿浆准备器（或搅拌桶）中，其余加到浮选机的中矿箱或搅拌机构中。对于六室浮选机，可分2～4段添加。第一段加在矿浆准备器（或搅拌桶）中，第二段加在第二室中矿箱，以后每隔一室添加一次。但起泡剂不应在矿浆准备器（或搅拌桶）加入过多，以免造成前室泡沫过多。分批加药通常比一点加药的回收率高、选择性好。对于难于分散，需要较长接触时间的药剂，应尽量加在矿浆准备器（或搅拌桶）中，不宜过多分段加药。反之则可考虑加在浮选机中。

加药点多会增加操作管理的困难，同时加药点多了，药剂与煤浆的搅拌、接触时间相对缩短，分散度降低，容易出现药剂浪费现象。

2.5.3 药剂消耗与油比

药剂消耗与药剂种类、煤泥表面性质、粒度组成及煤浆浓度等有关。我国选煤用捕收剂药剂用量一般为0.5~3kg/t煤泥，醇类起泡剂的用量一般为100~300g/t煤泥。通常煤化程度低、氧化程度高、疏水性差的煤浮选药剂耗量较大。粒度越细，矿浆浓度越低，耗量也越大。

油比是指捕收剂和起泡剂用量的质量比，油比大小与煤泥的性质及流程有关。我国煤泥浮选的油比一般为5:1~10:1。疏水性强、可浮性好、细泥少、粒度较粗的煤泥可用小油比，甚至于1:1，反之用大油比，可超过10:1；直接浮选时油比达20:1。油比大，泡沫层入料变化的缓冲性较大，即反应不敏感，浮选过程比较稳定，因此，入料性质和浓度变化较大时应用大油比，但过大会浪费捕收剂。

2.6 煤泥浮选药剂的储存

浮选药剂的消耗费用在选煤厂的材料费用中占有很大的比例，为尽可能降低选煤成本。因此，无论是在油脂库的浮选药剂还是在生产车间储存罐的浮选药剂都必须加强计量管理，建立、健全交接班盘点制度，减少损耗。除此之外，还要做好储存及使用的防火、防爆和防护。

2.6.1 防火、防爆

不论是捕收剂还是起泡剂均属油类或有机化合物，都具有一定的挥发性、易燃性。所以，浮选药剂在储存和使用中的防火、防爆非常重要。为此，应做到：

（1）浮选药剂耗量较大，要在主厂房外远离火源而又方便输送的位置设立油脂库。根据货源供应及输送情况，储备足够数量的浮选药剂。

（2）在生产车间顶部，分别设置捕收剂和起泡剂的储存罐，其容积能储备3~5天用量为宜，并隔离成间。

（3）油脂库和车间油脂间的建筑及周围环境应符合防火条例规定，并设有数量足够、性能良好的消防灭火设施。

（4）抽取和运送药剂可使用压缩空气、蒸汽泵或齿轮泵，油脂库、泵房和车间油脂间的所有电器设施必须符合防爆要求，避免漏电而产生电火花。

（5）油脂库和车间油脂间内及其周围不能堆放易爆、易燃物；不能吸烟弄火；未经消防部门批准和采取可靠的防火措施，不能进行电焊、气焊作业。

（6）浮选药剂各类储存罐和输送管道、阀门不得有渗漏现象。处理管道堵塞时，禁止用重锤敲打。

（7）输送浮选药剂或清扫储存罐时，洒在罐外或楼板等处的浮选药剂，应及时擦拭干净；清扫储存罐时放出的油渣要及时清除干净。所有储存罐均应设有密封盖。

2.6.2 卫生防护工作

起泡剂挥发性较强，都有一定的臭味，会不同程度地刺激人的呼吸系统和皮肤，所以在使用浮选药剂时做好卫生防护很重要。为此，应做到：

（1）油脂库、车间油脂间和浮选车间应保证通风良好，以减少挥发的浮选药剂对人体的刺激。降低空气中浮选药剂挥发浓度也是消防工作的要求。

（2）接触或处理带有刺激性的浮选药剂时，最好带上乳胶手套，必要时还需戴上防护眼镜。

（3）人身沾上有腐蚀性或强烈刺激性的浮选药剂时，应立即洗涤干净，以免灼伤皮肤。

（4）不宜在油脂库和车间油脂间内放置食物或进餐，浮选操作者在进餐前必须洗手。

3 影响煤泥浮选的主要因素

煤泥浮选是一个极其复杂的物理化学过程，影响浮选工艺效果和技术经济指标的因素很多。这些因素相互联系又相互制约，使得煤泥浮选过程极为复杂。只有这些因素相互配合，均处于最佳的工艺条件，才能获得良好的浮选效果。

3.1 原煤性质

3.1.1 煤的变质程度

按成煤过程中煤的变质程度（或煤化程度）不同，煤可分为低变质程度煤、中等变质程度煤和高变质程度煤。不同煤阶或煤种具有不同的表面性质和可浮性。

通常，低变质程度的煤具有较高的表面孔隙度和较多的含氧官能团，亲水性较强，可浮性较差；随着煤的变质程度增大，煤的排列变得致密，孔隙度降低，表面含氧官能团减少，疏水性增强，可浮性变好，在焦煤时可浮性最好；煤变质程度进一步增高至无烟煤时，煤中官能团支链显著减少，芳香核环缩合程度增高，相应的煤核结构单元的尺寸减小。但是网面间距增大，孔隙度又增加，侧链减少，碳链变短，因此，高变质程度煤的疏水性又降低，可浮性变差。因此，中等变质程度的煤具有最好的可浮性，如图 3-1 所示。

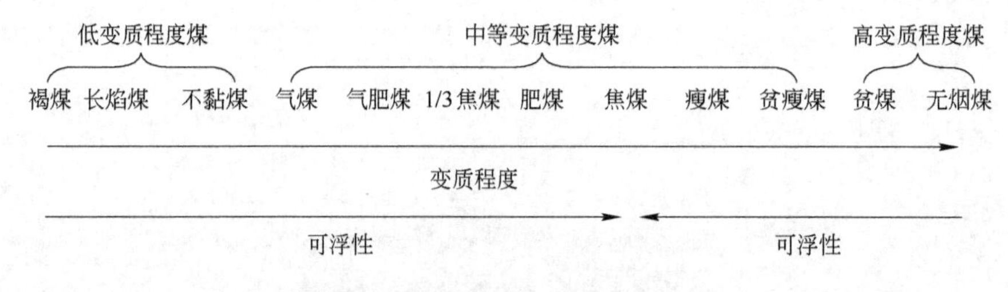

图 3-1 煤的变质程度与可浮性关系

煤的可浮性可由煤的接触角大小定性说明，图 3-2 为煤的接触角、孔隙度、挥发分、氧含量与煤变质程度的关系。可以看出：大约在碳含量为88%时，煤的接触角最大，煤的疏水性最好，煤的可浮性最好。碳含量继续增加或继续减小，接触角逐渐变小，煤的疏水性变差，可浮性也随之变差。

3.1.2 煤的孔隙度

不同变质程度的煤，具有不同的孔隙度。变质程度低的煤具有较高的孔隙度，中等变质程度的煤具有最低的孔隙度，而变质程度高的煤孔隙度又增加，如图 3-2a 所示。例如，肥煤、焦煤的平均孔隙度为5% ~7%，贫煤为7%，长焰煤在10%左右。此外，镜质组分的孔隙度较小，丝质组分的孔隙度最大。

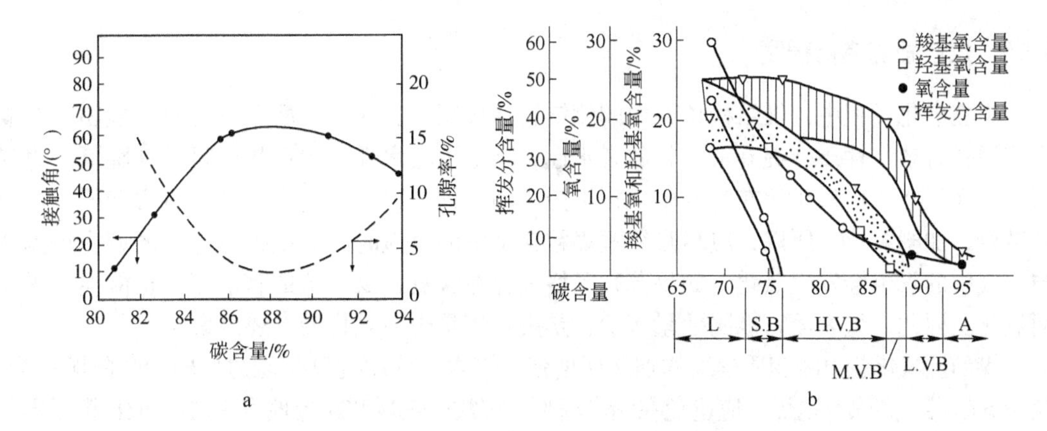

图 3-2 煤的接触角、孔隙度、挥发分、氧含量与变质程度的关系

a—各煤阶煤的接触角和孔隙率；b—各煤阶煤的挥发分、氧、羧基氧和羟基氧的含量

L—褐煤；S. B—次烟煤；H. V. B—高挥发分烟煤；M. V. B—中等挥发分烟煤；

L. V. B—低挥发分烟煤；A—无烟煤

孔隙度对煤的浮选影响很大，孔隙度大的煤，孔隙总面积大，具有很强的吸附能力，必然增强煤粒表面对水和药剂的吸附作用，降低煤的可浮性。同时孔隙吸附的水也会增加煤粒的亲水性，降低煤的可浮性。此外，孔隙度增大也会增加浮选药剂消耗量，降低煤泥分选的选择性。

3.1.3 煤的密度组成

通常煤泥中密度越低的部分灰分越低，可浮性越好。所以，我国传统上根据煤泥的小浮沉试验来判断煤泥的可浮性及浮选效果。通常，煤泥浮选中的可燃体回收率随密度的增高而降低，而且变质程度越低，其影响越大。

低密度级的煤泥中，多数是镜煤和亮煤，因而其可浮性好。即使是可浮性较差的煤泥，对于小于 $1.3g/cm^3$ 密度级煤，只使用一种起泡剂，也具有较好的可浮性。随着密度级增高，可浮性变差。增加烃类油用量，可提高高密度级的回收率。中间密度级的物料，多数是疏水性煤粒和矿物杂质的连生体，因而疏水性较差，将降低浮选过程的选择性。所以，当中间密度级含量高时，较难以同时得到低灰精煤和高灰尾煤。

煤阶越低的煤可浮性受相对密度影响越明显。密度增高对可浮性的影响不仅仅是质量偏大造成的结果，更主要是由于表面疏水性降低所致。但必须注意，由于煤种和产地不同，同一密度级的基元灰分可能不同，可浮性也就不同。

3.1.4 煤岩组分

煤的四种煤岩组分中，镜煤和亮煤中的矿物质来源于成煤的原始植物本身，灰分较低。其中镜煤成分单一，表面平整，含有大量性质不活泼的无结构基质，孔隙度低，可浮性最好；暗煤、丝炭中的矿物质主要是成煤过程中矿物质的混入，灰分高，亲水性强。其中丝炭表面孔隙多，亲水性强，可浮性最差。煤岩成分的可浮性由好变差的排列顺序为：镜煤 > 亮煤 > 暗煤 > 丝炭。所以，镜煤含量越高，煤的可浮性越好。

3.1.5 煤表面的氧化程度

煤在氧化过程中，煤结构单元中的侧链转变成羰基、羧基、醌基等含氧官能团。含氧官能团具有亲水性质，提高了煤粒的亲水性，降低了疏水性，因而煤的可浮性降低。煤易氧化，而且在水中氧化比在空气中氧化更为激烈，这是因为水和煤中的含氧官能团产生氢键结合，加剧氧化。所以，应尽量缩短煤粒在水中的浸泡时间。此外，煤中的芳香烃侧链与空气中的氧也会发生氧化。如果芳香网格上存在含氧、氮、硫的官能团，也能促使煤表面氧化。因此，煤表面官能团数量多少，是决定煤是否易氧化的主要因素。

煤的抗氧化能力随变质程度的加深而增强。煤岩成分的抗氧化能力由弱到强的顺序为：丝炭 > 暗煤 > 亮煤 > 镜煤。应避免在储煤场长久堆放的煤炭和靠近地表煤层的风化煤入浮。

3.1.6 煤中矿物质组成

煤中伴生矿物的性质对煤的可浮性影响较大，直接关系到煤泥浮选效果。煤中矿物质对煤的可浮性影响有两点：一是煤中矿物类型；二是矿物质在煤中的嵌布特性。

3.1.6.1 易泥化的矿物

煤中易泥化的矿物质，如高岭土、泥质页岩、黏土等，在浮选过程中与水浸泡和搅拌，易产生泥化现象，形成微细颗粒并吸附于煤粒表面，使煤粒表面失去疏水性或部分失去疏水性，降低了煤粒的可浮性。煤中矿物质泥化一方面会阻止煤粒与气泡的黏附，使煤粒损失在尾煤中，另一方面会随浮起的煤粒进入精煤，降低精煤灰分。矿物质严重泥化使分选过程的选择性降低，可以采用脱泥浮选、降低浮选浓度、加强泡沫二次富集作用或精煤再选的措施来消除这类不利影响。

3.1.6.2 硫化矿物

与煤伴生的硫铁矿，含有一定数量的有机物质，比自然界的硫铁矿要有更好的可浮性，与煤的可浮性相近。常规的煤泥浮选很难将其与煤粒分离开来，硫铁矿必将污染精煤，尤其采用过量起泡剂时，污染更为严重。加大充气量和提高叶轮转速，也会促使硫铁矿浮起。由于大部分硫铁矿在浮选过程的最后阶段浮起，因此，延长浮选时间也不利于煤的分选。

为了在浮选中脱除无机硫，必须采用经济、安全、高效的抑制剂来抑制硫铁矿物的浮起。如我国进行的 PF 抑制剂和联苯双酚的试验研究，均取得了一定的效果。

目前正在研究微生物处理与浮选相结合的脱硫工艺，即利用具有一定亲水性的细菌微生物，如氧化硫杆菌或氧化亚铁菌等，对硫铁矿物的选择性吸附，使硫铁矿物表面亲水性增强（即被抑制）。这种微生物脱硫技术目前存在的主要问题是细菌生长和作用多数在酸性条件下进行且细菌生长速度较慢。因此，发现和培育能在中性条件下快速生长和改性的微生物是该技术能否应用的关键性所在。

3.1.6.3 矿物质炭化程度

煤中伴生的另一部分矿物质，如炭质页岩、油页岩和泥板岩等，由于受到炭化程度的影响，含有一定数量的有机物质，具有一定的疏水性，在浮选过程中有一部分混入泡沫而污染精煤。影响程度与它的解离程度、炭化程度、药剂制度等有关。

3.1.6.4 可溶性矿物质

煤中的可溶性矿物质，如硫酸盐或其他盐类，在泡沫浮选时，将增加煤浆中的电解质的浓度，电解质吸附在煤粒表面，形成亲水膜，降低煤粒的可浮性。

3.1.6.5 非极性矿物质

煤中伴生的非极性矿物质，如硅酸盐、碳酸盐、氯化物和白云石等，这类矿物质不含有机物，溶解度低，在煤浆中不泥化，表面亲水，易从尾煤中排出，对煤泥浮选不会产生有害影响。

3.1.6.6 矿物质的嵌布特性

煤中极性矿物质嵌布粒度较大时，对煤的可浮性影响不大，容易与煤粒分离。极性矿物质呈微细粒嵌布时，将会降低煤的可浮性，与煤粒难以分离。

3.2 煤粒粒度

煤泥浮选的粒度上限一般为0.5mm，是煤在开采、运输、分选过程自然形成，并由选煤的工艺技术所确定的。通常，浮选不需专门磨矿工艺。但随着洁净煤技术的发展，尤其是脱硫（黄铁矿）的需求，对煤泥进一步磨矿解离也是一个趋势。

不同粒级煤的浮选行为有较大的差别：通常粗粒级浮选速度慢，但选择性较好，但过粗时浮不出，易损失在尾煤中，俗称“跑粗”；细粒级浮选速度快，选择性差，过细时则失去选择性；只有中等粒度级才具有最佳可浮性。

煤泥浮选前通常经重（水）力分级作业控制其粒度上限，大于上限的粒度控制在重选作业。但有时水力分级作业会因负荷过大、面积不够、浓度过高等使煤粒沉降效率降低，导致部分大于0.5mm煤粒去浮选，造成粗粒煤的损失。

不同粒级物料具有不同选择性，对浮选精煤污染最严重的是细粒杂质，高灰粗粒物料对精煤污染较小，但易损失在尾矿中，故浮选时选择性随粒度减小而降低。通常浮选精煤灰分随粒度减小逐渐增加，而尾煤灰分随粒度增加有时降低。细粒杂质由于巨大的表面积，首先吸附大量药剂，占据大量气泡表面并覆盖粗颗粒表面，更加剧了粗粒的“跑粗”。这些高灰细泥对精煤的影响是随着浮选室从前到后逐室增加，可使精煤灰分增加2%～3%，甚至4%～8%。我国浮选入料绝大部分细粒级含量较大，灰分较高，这些高灰细泥对精煤的数质量、药剂量影响较大，且这种趋势随采煤机械化程度提高还会有所发展，所以，提高细粒级选择性和粗粒级回收率是煤泥浮选的重要任务。

3.2.1 不同粒级煤的可浮性

煤泥浮选中，根据粒径大小可将煤粒分成以下几种类型：

（1）超粒：指粒径大于0.5mm的煤粒。这部分煤粒灰分低，有的可能已是合格的精煤。不应该进入浮选作业重复分选，若进行浮选，易造成“跑粗”而损失在尾煤中。为防止超粒低灰煤粒进入浮选，须在选煤生产中设置分级作业（水力分级或筛分设备分级）予以控制。

（2）粗粒：指粒径在0.25～0.5mm之间的煤粒，灰分也较低，一般为合格精煤。目前重介质旋流器的分选下限可达0.2～0.3mm，因此，粗粒精煤可在煤泥回收作业中予以回收。但是这会造成浮选泡沫粒度组成变细，给真空过滤脱水回收带来一定的难度。

（3）中等粒：指粒径在0.075～0.25mm之间的煤粒，灰分也比较低，用浮选法回收。

（4）细粒：指粒径在0.045～0.075mm之间的煤粒，灰分较高，浮选时应着重提高其选择性。

（5）细泥：指粒径小于0.045mm的煤粒。该粒级是浮选的主导粒级，灰分较以上诸粒级有大幅度提高。浮选时，应尽力降低该粒级的非可燃体混杂率，保证浮选精煤质量。

不同粒度的煤颗粒对浮选的影响主要有以下几个方面。

（1）浮选回收率。不同粒度，浮选中有不同的回收率。粒度越大，回收率越低，只有在适宜的粒度下可获得最大的回收率，通常0.074～0.5mm的颗粒在不同浓度下均有最高的回收率，过粗或过细回收率均下降；当粒度超过0.5mm时，可燃体回收率急剧下降，粒度小于0.074mm时，回收率也下降。

（2）浮选速率。不同粒度的煤具有不同浮选速度，通常前两室浮起的粒度较细，粗粒煤总在后几室浮出。工业生产连续浮选情况下，不同粒级煤的浮选速率与实验室浮选结果相符，浮选速度由快至慢顺序为：74～96μm > -74μm > 96～120μm > 120～250μm > +250μm的煤粒。微细煤粒的浮选速率比其他煤粒慢很多。

浮选速率同时还受到药剂用量的影响，在药剂用量足够的情况下，150～380μm的煤粒具有最快的浮选速率；而在药剂用量不足时，细粒煤容易首先浮起。

（3）浮选选择性。细粒泥质杂质对浮选精煤污染影响很大，高灰粗粒物料对浮选精煤造成污染的可能性较小。因此，煤泥浮选中，选择性随粒度减少而降低。浮选精煤产品中，经常可以发现，随着粒度减少，精煤灰分逐渐增加。也就是说，细粒煤的浮选选择性比粗粒煤的要差。

粗粒煤容易“跑粗”损失在尾煤中，降低浮选精煤的回收率，同时也导致浮选尾煤灰分降低。其原因主要是：

1）煤粒粒度越大，煤粒的诱导时间将会延长，不利于煤粒附着到气泡上；

2）煤粒附着在气泡上后，当煤粒在气泡上的附着力小于脱落力时，煤粒就从气泡上脱落。粒度越大，其脱落力也越大，容易脱落；

3）细粒煤具有巨大的表面积，吸附了大量的浮选药剂，并占据了大量的气泡表面，致使粗粒煤吸附浮选药剂量不足，煤粒表面疏水性得不到有效增强，不利于黏附到气泡上。同时，气泡表面积不足，影响了粗粒煤的浮选。

细粒通常对药剂呈无选择性吸附，因此，浮选选择性差，对精煤质量影响较大。尤其是细泥，在浮选中常以下列几种形式进入到精煤：

1）以机械夹带形式进入精煤，即细泥被气泡-煤粒的絮团包裹进入精煤。这部分细粒物料除高灰的矿物杂质外，也有低灰分的物料。影响的严重程度随煤浆浓度增加、黏度增加、药剂用量过高和泡沫稳定性过高而变得更加显著。

2）随矿化气泡之间的夹带水混入精煤。尤其是黏土类矿物质遇水浸泡碎散为带负电的微小颗粒，均匀地分布在水体之中。因此，泡沫夹带水中也包含有这些微粒。

3）在粗颗粒或气泡上形成细泥覆盖，并随其进入精煤。

细泥分选选择性差，同时还影响精煤产率。一些低灰细泥可能覆盖在粗粒的矸石上造成损失，降低精煤的回收率。

细泥进入精煤，不仅影响精煤质量，还恶化过滤效果。粒度过细，增加了泡沫的黏度、堵塞滤饼的水分通道及滤布的孔眼，结果使滤饼水分增加、过滤机处理能力下降。

（4）浮选药剂的消耗。细粒煤的表面积大，吸附的浮选药剂量比粗粒煤多得多。因此，不同粒级的煤浮选所消耗的浮选药剂是不同的。此外，细泥对精煤灰分影响很大，即使减少药剂用量，有时也很难保证精煤质量。

3.2.2 改善粗粒煤浮选的技术措施

粗粒煤浮选主要应解决在尾煤中的损失问题，即增加粗粒与气泡的附着并防止其脱落。可以采取以下措施：

（1）提高煤泥入浮煤浆浓度，以增加煤粒与气泡的接触机会。

（2）加大药剂用量（包括捕收剂和起泡剂），提高捕收能力，造成煤粒更多的疏水表面。增加药剂与煤粒的接触机会，如适当加大药剂浓度、完善加药方式（气溶胶加药、药剂乳化等）、用矿浆准备器或预处理器等调浆设备提高煤粒与药剂的接触机会。

（3）改善浮选机充气。最主要的是提高充气质量，应有适当小气泡。对粗粒煤，为保证足够的浮力，可用气泡群进行浮选，以保证有足够的浮力，并能加强粗粒与气泡的附着强度。

（4）采用分级或脱泥浮选。粗粒分选时为避免大量细泥存在，将浮选入料分成粗细两个级分别浮选，采用不同的、符合各自特点的工艺条件可提高效果，降低药耗。也可将高灰细泥脱除，单独处理粗粒物料，消除细泥对粗粒的影响。

（5）浮选机的搅拌强度适中。浮选机设计时既要考虑粗粒悬浮所需的搅拌强度，又要考虑防止已附着的颗粒从气泡上脱落。

3.2.3 改善细粒煤浮选的技术措施

细粒煤泥浮选主要是解决浮选过程中选择性差的问题，即提高浮选选择性。可以采取以下措施：

（1）尽量采用选择性好的药剂，并严格控制用量。由于细泥对药剂的吸附没有选择性，因此，细粒煤泥浮选时，应采用选择性较强的药剂，并具有适当的活性。选用起泡剂产生的泡沫应有脆性，以便增强二次富集作用，可以减少细泥夹带；严格掌握捕收剂与起泡剂的比例；采用分段加药方式，使药剂处于亏量状态；延长细粒浮选时间，提高其分选效果。

（2）降低浮选入料煤浆浓度。入浮煤浆浓度的降低，可以降低煤浆和泡沫层黏度，减少细粒泥质的夹带。

（3）在泡沫层上适当加喷水淋洗。在泡沫层上适当加喷水淋洗，可以减少细粒泥质的夹带，加强泡沫的二次富集作用。特别是细泥较多时，其效果更好。

（4）添加抑制剂。选择合适、有效的黏土抑制剂。

3.2.4 粗煤泥回收工艺

超大煤粒进入浮选过程系统的可能原因有：(1) 捞坑、浓缩机面积不够，分级设备效果不好；(2) 离心机筛网、过滤机或压滤机滤布、脱泥筛筛网等破损，生产中没有及时维修和更换。

为防止粗煤粒进入浮选系统，所有煤泥进入浮选前必须进行截粗、粗煤泥单独回收或分选。目前比较成功的粗煤泥回收工艺和设备如下：

(1) 分级旋流器分级截粗，其底流粗煤泥直接回收掺入水洗系统精煤，或者进入粗煤泥分选设备（如螺旋分选机、小直径重介质旋流器、摇床、Teeter Bed 干扰床分选机或 Falcon 离心分选机等）分选。该流程的特点是：分级旋流器的处理能力大且可调（设备结构参数、工作压力等都可调节），但分级粒度不严。

(2) 煤泥离心机、高频筛、电磁筛等回收粗粒。特点是：分级粒度严但不可调，尤其是当使用一段时间后，设备磨损会影响分级粒度大小，并且处理量小。

3.3 煤浆浓度

煤泥在不同浓度下浮选，其产品的数量、质量指标有明显的不同。煤浆浓度对精煤产率、精煤和尾煤的灰分均有影响。主要表现在：

(1) 煤浆浓度对浮选产品的数质量指标的影响。提高入浮煤浆浓度，精煤产率、精煤和尾煤灰分也相应增加，浓度过高时其变化比较平缓。实际浮选时，过高的浓度会导致精煤产率下降，精煤灰分增高，尾煤灰分下降。尤其当煤浆入浮浓度超过 200g/L 时，浮选机充气性能急剧变差，气泡兼并严重，泡沫层缺乏流动性，二次富集作用降低，严重恶化分选过程；较低的煤浆浓度有利于提高分选精度，消除细泥污染、降低浮选精煤的灰分。

(2) 煤浆浓度对药剂耗量的影响。低浓度时，单位容积矿浆中药剂浓度显著降低，必须增加入料干煤量的药剂用量。此外，低浓度浮选时，浮选速度较快，矿浆通过量较大，煤泥浮选时间较短，需增加药剂用量来强化浮选效果。

(3) 煤浆浓度对浮选机处理量的影响。低浓度浮选时，浮选速度快，矿浆通过量大。高浓度浮选时，矿浆处理量低，但干煤处理量高。

(4) 煤浆浓度对浮选后续作业的影响。煤浆浓度较高，浮选精煤的浓度也较高，可提高精煤过滤机的生产能力，降低滤液中的固体损失。但是，过高的煤浆浓度会导致泡沫产品浓度太高，精煤的脱水也不好。

(5) 浓度对水电耗的影响。入浮煤浆浓度越大，单位处理量的水电消耗都会下降，有利于降低选煤成本。

煤泥浮选的煤浆质量浓度控制在 10% 左右，固体含量控制在 80 ~ 100g/L 左右比较合适，太高或太低均不正常。一般原则是：

(1) 入料可浮性好、灰分低、粒度较粗时可适当提高入浮煤浆浓度；工艺指标允许时，为降低药耗和提高处理量，应尽量提高入浮煤浆浓度。

(2) 难浮煤，精煤质量要求高，应适当降低入浮煤浆浓度。

(3) 细泥含量高，精煤质量要求高时，应降低入浮煤浆浓度。

(4) 粗选作业可采用高浓度煤浆浮选，以保证较高的回收率和较少药剂用量。精选宜采用低浓度煤浆浮选，有利于降低精煤灰分。

（5）直接浮选工艺煤浆浓度较低，在条件许可时应尽量提高入浮煤浆浓度以更有利于分选，此时只要保证其煤浆处理量即可；浓缩浮选时，煤浆浓度可提高，但必须同时满足煤浆处理量和干煤处理量。

3.4 搅拌、充气和刮泡

3.4.1 搅拌作用

搅拌作用在煤泥浮选过程中起着非常重要的作用，主要体现在以下几个方面：

（1）确保煤粒在煤浆中处于悬浮状态。浮选时，煤粒依靠搅拌作用在煤浆中保持悬浮状态，并均匀地分散在浮选槽中，为煤粒与气泡的碰撞和接触创造良好条件。对于粗粒煤浮选，由于粒度较大，颗粒易沉降，应适当增加搅拌作用。

（2）搅拌作用有利于气泡和颗粒的碰撞接触，提供煤粒和气泡表面水化膜的薄化破裂所必需的能量，促使完成气泡矿化过程，疏水煤粒黏附在气泡上。然而，过分强烈的搅拌作用将导致矿化气泡上煤粒的脱落力增大，增加了矿化气泡上浮选过程中煤粒脱落概率，降低了精煤回收率。

（3）促进浮选药剂在煤浆中的分散。药剂越分散，越有利于降低浮选药剂的消耗。同时，搅拌作用有利于烃类油在煤粒表面的吸附。

（4）对机械搅拌式浮选机来说，浮选的充气是依靠叶轮的高速旋转，叶轮周边形成负压而吸入空气，完成浮选机的充气过程。因此，搅拌作用越强，煤浆的充气量增加，产生的气泡数量越多，有利于气泡矿化。

（5）搅拌作用对泡沫层的稳定也有影响，过分强烈的搅拌作用将使液面不稳定，泡沫层也处于不稳定状态。

从上述分析可以看出：只有合适的搅拌强度才具有最好的浮选效果，过低或过强的搅拌作用都将导致浮选效果变差。

3.4.2 浮选机充气

浮选过程中，气泡担负着运载煤粒的任务。因此，必须保证煤浆中含有足够数量、大小适合的气泡。

好的充气性能是指：有足够的充气量、弥散快、槽内气泡分布均匀、有利于煤粒与气泡的碰撞。

充气的大小对浮选有重要意义。增加充气量可使浮选机处理量增加，但实践表明，充气量并不是越大越好，而是要根据具体的生产条件，提出不同的要求。

3.4.3 刮泡

刮泡直接影响到浮选精煤的数质量指标，泡沫层如果不及时从浮选机中刮出，泡沫层积压，低灰煤粒将从尾煤中损失掉。同时也影响浮选机的处理量。反之，在刮取泡沫的同时将煤浆刮出，一些高灰细矿粒必然会污染精煤，并降低泡沫浓度，使得浮选精煤脱水回收作业的工作指标变坏。刮泡量的大小与浮选机液面的高低直接相关。当液面调高时，刮泡量变大，泡沫层变薄。当液面降低时，刮泡量变小，泡沫层变厚。

可见，刮泡对泡沫层的二次富集作用具有重要影响，刮泡的深度和速度决定了泡沫层的厚度和停留时间。

3.5 煤浆液相组成

煤浆中的无机电解质、残余的浮选药剂和絮凝剂对煤泥的浮选效果都会产生一定的影响。

3.5.1 无机盐离子

煤浆中的无机电解质有两个来源：(1) 煤炭中的矿物型盐类在湿法选煤过程中溶于水中；(2) 选煤生产用水中含有数量不等的钾、钠、钙、镁等带正电的金属阳离子和氯根、硫酸根、硝酸根、碳酸根等带负电的阴离子。煤浆中盐离子对浮选的影响表现在起泡能力上。各种离子的起泡能力是不同的，浮选介质中阳离子的起泡能力差别不大，阴离子的起泡能力差别较大，其顺序为：

$$SO_4^{2-} > Cl^- > NO_3^-$$

煤泥浮选中，添加一定浓度无机电解质，可以强化浮选过程。其原因是：(1) 无机电解质具有一定的起泡性能；(2) 无机电解质可以改变煤粒表面的电化学性质，从而改变煤粒的可浮性。

图 3-3 和图 3-4 是钙离子对起泡性能和泡沫稳定性的影响。可以看出：当钙离子浓度为 100mg/L 时，影响极为显著。钙离子可明显加强起泡性能，泡沫稳定性提高，对强化浮选过程有一定作用。当溶液中钙离子浓度增高到 400mg/L 时，这种影响几乎消除。此外，钙离子对煤粒的可浮性也产生影响，其主要作用是改变煤粒表面电位。当钙离子含量不高时，钙离子在煤粒表面吸附，煤粒表面电位降低，削弱了煤粒表面的水化作用，浮选活性提高，对煤粒的可浮性有所改善。但如果钙离子过多，煤粒表面吸附量增大，可导致煤粒表面电位反向增高，增强了水化作用。煤粒的浮选活性和选择性都有所降低，精煤灰分增高。因此，煤泥浮选时，应注意煤浆中的钙离子浓度，将其控制在适宜的范围内，有利于提高煤泥浮选效果。

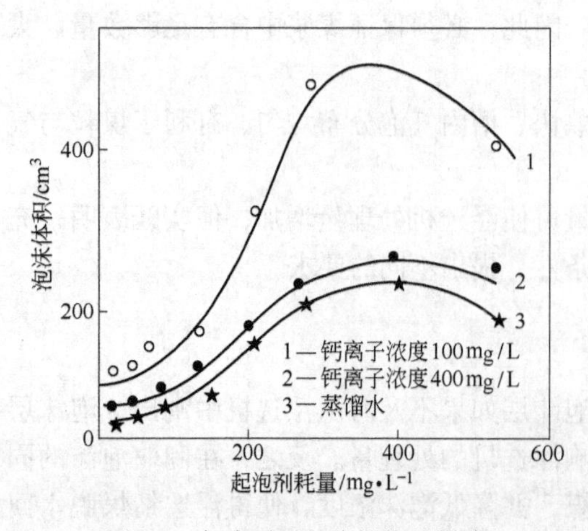

图 3-3 钙离子对起泡性能的影响

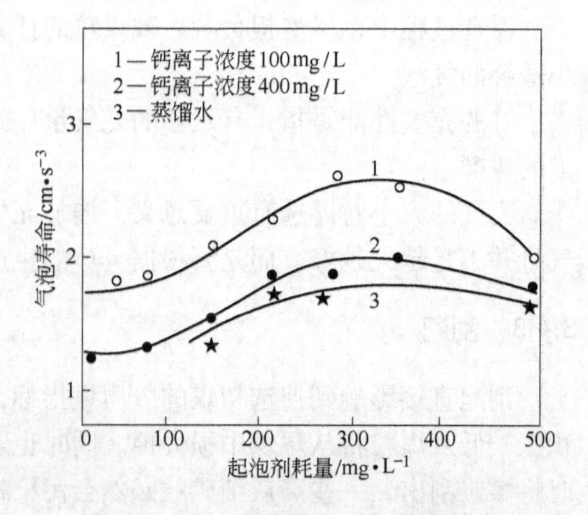

图 3-4 钙离子对泡沫稳定性能的影响

水中溶有的各种离子、分子的总量称为水的矿化度，常以“mg/L”表示。地下水、矿井水的矿化度常常是比较高的。选煤厂实现洗水闭路循环后，无机电解质在循环水中不断积聚，矿化度增高。无机电解质的积聚速度以及各种离子在液相中的组成与原料煤中所含的可溶解的矿物类型及其数量有关。煤浆中矿化度对浮选影响结果如表3-1所示，可以看出：随着循环水的循环次数增加，矿化度也随之增加，致使分选时间缩短，浮选速度提高，与此同时精煤产率、尾煤灰分也相应逐步提高。

表3-1 煤浆的矿化度对浮选的影响

循环水的循环次数	循环水的矿化度/mg·L^{-1}	计算入料灰分/%	精煤		尾煤灰分/%	浮选时间/min	浮选完善指标/%
			产率/%	灰分/%			
1	3170	24.69	68.09	9.13	57.90	5.0	56.98
6	3520	24.38	70.46	9.28	60.40	5.0	57.70
11	4050	24.66	71.11	9.13	62.70	5.0	59.36
16	4330	24.64	71.91	9.47	63.50	4.5	58.75
21	4540	24.80	70.68	9.84	64.40	4.0	58.22
26	5130	24.40	74.24	9.55	67.20	4.0	59.76
30	5920	24.54	75.74	9.86	70.40	4.0	60.04

3.5.2 残余浮选药剂

浮选过程添加的药剂往往不能被煤泥全部吸附，总有部分随尾煤排出，当尾煤水澄清后作生产循环水复用，循环水携带的残余浮选剂又返回到浮选作业。随着尾煤水不断循环使用，循环水中残余药剂不断积累，含量不断提高。这样，浮选过程中新加入的浮选药剂和残余的浮选药剂共同作用。因此，煤浆中残余的浮选药剂必然会对精煤、尾煤的质量和产率产生影响，如表3-2所示。

表3-2 残余浮选药剂对浮选的影响

循环水的循环次数	残余浮选药剂浓度/mg·L^{-1}	计算入料灰分/%	精煤		尾煤灰分/%	浮选时间/min	浮选完善指标/%
			产率/%	灰分/%			
1	62	24.61	53.01	7.40	44.02	6.0	49.17
2	75	25.78	70.68	8.99	66.28	4.0	62.02
3	86	22.87	77.88	9.02	71.64	3.5	61.15
5	94	26.04	74.20	9.89	72.52	3.5	62.22
6	112	24.69	75.88	9.66	71.99	3.5	61.35
8	120	25.50	76.39	10.26	74.80	3.5	61.28
9	132	26.03	77.40	10.59	78.91	3.5	62.07
10	147	26.83	76.81	10.76	80.06	3.0	62.88

浮选尾煤水中残余的非极性油类捕收剂数量远远小于醇类起泡剂的数量。醇类起泡剂

随初始用量增加，尾煤水中残余的醇类起泡剂含量增加，而且碳链长度不同，残余含量也不同，碳原子数少的起泡剂在尾煤水中的残余量较多。

浮选尾煤中的药剂剩余含量与药剂的初始浓度和化学性质有关。脂肪醇类起泡剂随初始用量增加而增加，且碳链长度不同，剩余含量也不同；非极性捕收剂的剩余含量比杂极性药剂低得多。对于同一类浮选药剂来说，尾煤中剩余浓度越小，浮选效果越好。

3.5.3 残余絮凝剂

絮凝剂已广泛应用于浮选尾煤的澄清作业，经澄清的循环水中也必然溶有残余的絮凝剂分子。这些残余的絮凝剂随循环水经重选作业后，返回到浮选生产系统中。关于其在水中的残余量对浮选的影响，意见不一。有的认为它会被块煤和末煤吸收，循环水中残余量不至于影响浮选过程；有的认为它会被煤浆中大量的黏土类矿物颗粒吸收，对煤粒不会产生抑制；也有的认为它的浓度会积累，达到一定量后会对煤粒产生抑制。

实验研究结果表明：聚丙烯酰胺浓度低于2.5g/m^{3}时，对浮选指标影响不明显；浓度为5g/m^{3}时，浮选选择性降低，精煤产率开始下降；浓度继续增加，精煤灰分明显增高，产率进一步下降；浓度达50g/m^{3}时，浮选过程完全破坏，没有分选作用；浓度达100g/m^{3}时，精煤的灰分甚至高于尾煤灰分。

实践中，絮凝剂用量一般较小，仅为0.3～3g/m^3，聚积速度较慢，对浮选过程影响甚微。但是，絮凝剂用量较大的选煤厂，应将进入浮选的絮凝剂浓度控制在2.5g/m^{3}以下。

3.6 煤浆的温度和酸碱度

3.6.1 煤浆的温度

提高入浮煤浆温度，有利于提高煤泥浮选效果，主要表现在：

（1）煤浆温度提高，水的黏度降低，有助于煤浆中溶解的气体呈微泡形式析出和气泡的分散。

（2）煤浆温度提高，非极性油类的黏度减小，有利于其在煤浆中的分散。

（3）提高煤浆温度可加快煤粒表面吸附非极性烃类油捕收剂和气泡表面吸附起泡剂分子的速度。

但是，只有将入浮煤浆温度升高到20℃以上时，浮选效果才有显著性的改善。综合考虑选煤成本和经济效益，提高入浮煤浆浓度不太现实。

选煤厂生产实践表明，夏季的浮选生产指标要好于严寒季节的指标。

3.6.2 酸碱度

一些试验资料表明：

（1）当入浮煤浆的酸碱度pH=6.9～7时，能选出灰分最低的精煤。

（2）在中性和微碱性（pH=7～7.5）的煤浆中浮选，有利于提高精煤产率和质量。

我国绝大多数选煤厂的生产用水属中性或接近中性，不必将酸碱度作为浮选操作的一项主要调整因素。

4 煤泥浮选工艺流程

煤泥浮选一般没有磨矿作业，流程较为简单。煤泥浮选工艺流程包括煤泥水原则流程和浮选流程（内部结构）两个部分。

4.1 煤泥浮选原则流程

煤泥浮选是煤泥水处理系统中一个作业环节，根据原料煤中煤泥性质和数量以及选煤厂厂型等具体情况确定煤泥水处理原则。煤泥水原则流程主要有以下几种类型。

4.1.1 浓缩浮选

浓缩浮选是指重选过程产生的煤泥水经浓缩后再进行浮选的流程，如图 4-1 所示。我国早期建设的选煤厂均采用此流程。

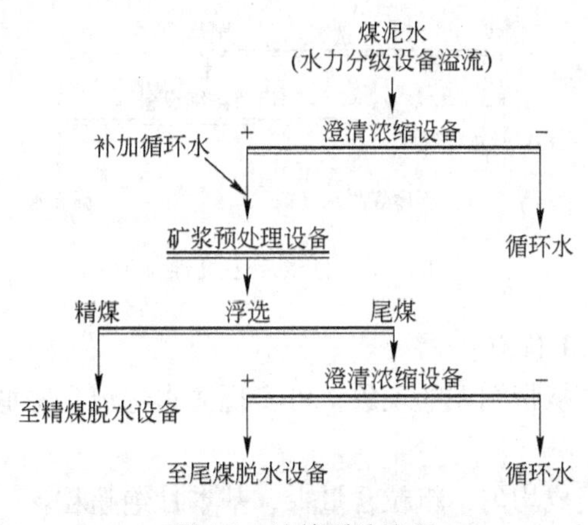

图 4-1 浓缩浮选流程

浓缩浮选流程具有以下特点：

（1）浓缩机底流浓度较高（常达 300g/L），作为浮选入料输送到矿浆预处理设备后需要添加较多的补充水。

（2）细粒含量高时，大量微细颗粒在浓缩机中不易沉降下来，集中在溢流中，往复循环，继续泥化，循环水出现细泥积聚，浓度逐渐上升，影响重选、浮选等环节效果。

（3）煤泥水澄清浓缩设备一般容量很大，起到了重选作业和浮选作业之间的生产缓冲调节作用。

（4）澄清浓缩设备的溢流浓度较高时，影响水力分级设备的粒度控制，使得浮选入料中粗粒含量增多，甚至还有数量可观的超粒。

选煤厂采用浅度浓缩、大排底流的操作方法。即加大底流排放量，使其浓度与浮选精煤过滤机滤液混合后，可满足入浮煤浆浓度的要求，不再添加稀释水。细泥能随大量的底流进入浮选作业及时分离，避免了积聚，从而在很大程度上克服了浓缩浮选煤泥水原则流程原先存在的弊病。但是，采用底流大排放的操作仍然不能避免小于浓缩机截留粒度的细泥在循环水中的聚积，这是浓缩浮选流程本身不可克服的弱点。如果加大浓缩机底流排放量，使底流浓度降到100g/L，这时浓缩机已基本不起浓缩作用，完全可以将浓缩机取消，采用直接浮选流程。

4.1.2 直接浮选

近年来，我国新建选煤厂及国外均采用此流程，如图4-2所示。重选过程产生的煤泥水经水力分级设备或机械分级设备控制入浮粒度上限后，不经浓缩就直接输送到浮选作业。浮选尾煤水进入澄清浓缩设备，彻底澄清返回作循环水使用。循环水大大降低，浓度在0.5g/L左右，大大提高了分级、浓缩、重选、浮选和过滤等作业的效果。此外，取消了浓缩机，简化了工艺，降低了费用，便于管理。

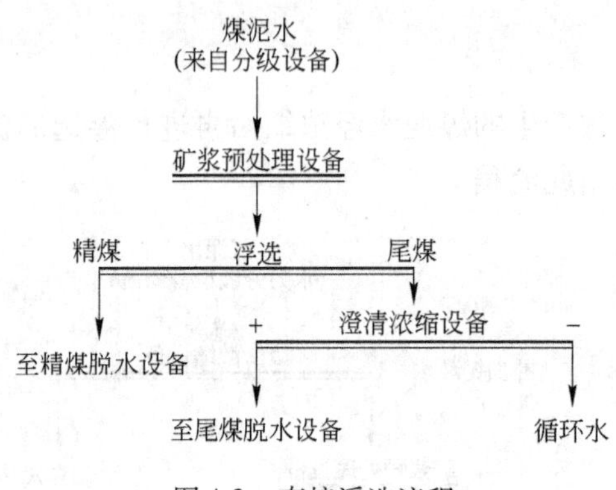

图4-2 直接浮选流程

直接浮选流程具有以下优点：

(1) 消除了循环水中携带细泥的现象，可实现清水选煤，降低了重选分选下限，提高了精煤质量和产率。

(2) 浮选入料粒度组成均匀，粗粒含量少，基本杜绝超粒。

(3) 入浮煤浆浓度低，可改善细粒级和细泥的选择性。

(4) 煤泥在水中浸泡时间大大缩短，减轻了氧化程度，避免了煤泥反复在洗水循环中大量泥化，从而改善了可浮性。

一些选煤厂的生产实践表明，在尾煤浓缩机中加凝聚剂，或不加凝聚剂都能保证尾煤浓缩机溢流水浓度接近清水，可以实现清水选煤，如邢台选煤厂、辛置选煤厂。但全部煤泥直接浮选仍存在一些问题：

(1) 直接浮选流程的主要问题是入浮煤浆浓度较低，一般在60~70g/L，有些选煤厂低至40g/L。选煤厂生产实践经验表明，最佳的浮选浓度为100g/L以上，多数在120g/L左右。因此，采用直接浮选流程的选煤厂，在生产中要严格控制添加清水量。

(2) 煤泥全部直接浮选的入粒浓度低，煤浆流量大，浮选药剂耗量大。

(3) 煤泥全部直接浮选的入料量，按矿浆通过量计算，所需的浮选机总台数比浓缩浮选要多一些。

4.1.3 半直接浮选

这是考虑到直接浮选入浮浓度低而采用的一种改良措施。根据重选产品的脱水、分级设施，如捞坑的溢流水流向可有几种不同形式：

（1）部分浓缩，部分直接浮选。该流程如图4-3所示，水力分级设备分出小部分溢流水不经浓缩直接去作浮选入料稀释水，既降低入浮浓度，减少了清水补加量，又减轻浓缩机负荷，提高了沉降效果，降低了循环水中煤泥的循环量。

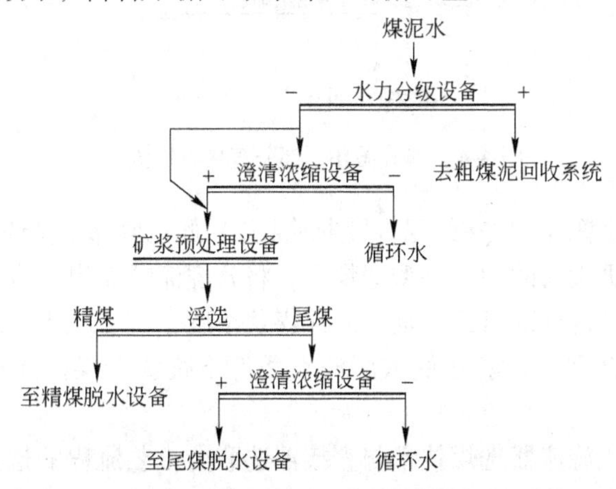

图4-3 部分浓缩，部分直接浮选流程

该流程与浓缩浮选相比，可以减少浓缩机的面积和台数。煤泥水中一部分细泥也有了出路，不是全部细煤泥在循环水中闭路循环，循环水浓度可以稳定在一定的水平上。由于浮选入料为水力分级设备的溢流和浓缩机底流两种不同浓度的物料混合组成，可以通过调节直接浮选的煤泥水流量和调节浓缩机底流的排放浓度来获得最佳的浮选浓度。

该流程也存在一些缺点：达不到直接浮选流程清水选煤的水平；浓缩机并未取消，工艺环节与浓缩流程一样多，仍有一部分细泥在循环水中泥化循环；生产管理不方便，因为水洗部分刚开车时，浓缩机还不能马上积聚足够多的浓缩物，这时去浮选的入料仅为部分水力分级设备的溢流。此时，只开一部分浮选机就可以了。开车1~2h后，浓缩机底流开始排料，浮选机才全部开起来。当水洗停车后，去直接浮选的那部分溢流就没有了，只剩下浓缩机的底流（浓度约为300g/L），这时不仅要先停一部分浮选机，而且浮选入料还要加水稀释，并继续处理1~2h。一个生产班从开车到停车，浮选入料组成和浓度以及入料量要变动三次，加药制度和矿浆分配变化频繁，管理起来麻烦，不利于实现浮选过程的自动化控制。

（2）部分循环，部分直接浮选。该流程如图4-4所示，水力分级设备的一部分溢流直接去浮选，另一部分溢流返回与尾煤浓缩机澄清水混合在一起作为循环水使用。这种流程与全部直接浮选流程一样，取消了煤泥浓缩机，简化了流程。

重选设有主、再洗捞坑的大型厂，将主洗捞坑溢流（浓度较高）作入浮原料，再洗捞坑溢流作为循环水（浓度常在10g/L左右）；主、再洗不分设捞坑时，为减轻进入浮选矿浆量和提高入浮浓度，可将少部分捞坑溢流水直接作为循环水，其余去浮选。但这也会导

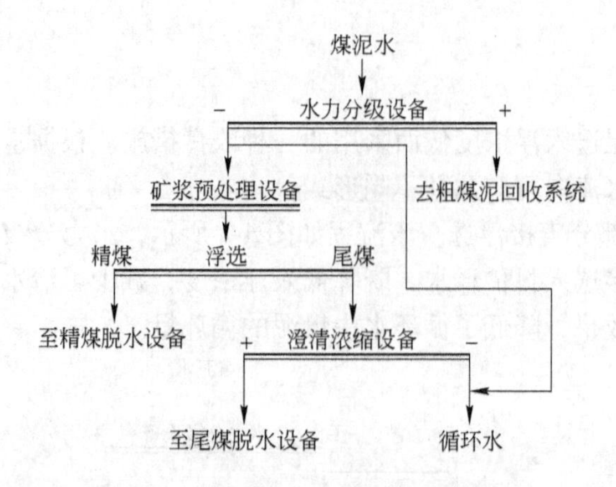

图 4-4　部分循环，部分直接浮选流程

致循环水中煤泥循环量增加。仅在细泥含量少时采用，此也属部分循环，部分直接浮选。

在不分设水力分级设备的中、小型选煤厂，将其溢流分流出一少部分作为循环水，大部分溢流直接去浮选。这样既可适当提高入浮煤浆浓度，又可减小入料流量。水力分级设备的溢流，只要分流合理，就能在低浓度洗水条件下跳汰选煤，同样能取得良好的分选效果。

采用三产品重介质旋流器选煤技术与直接浮选联合工艺流程的选煤厂，由于它的吨煤用水量不超过 $2m^3$，远远小于跳汰选煤的水量，不存在入浮煤浆浓度过低、入料流量过大的问题。但要在生产管理中随时控制好机械分级设备的粒度，避免超粒进入浮选作业。

4.2 煤泥浮选流程

由于煤泥可浮性好、精煤量大及对精煤质量要求不高，煤泥浮选不需多次精选与扫选，流程相对简单得多，可根据煤泥性质、对精煤质量要求和规模等因素选择合适的流程内部结构。常用的煤泥浮选流程有以下几种。

4.2.1 一次浮选流程（粗选流程）

浮选入料从浮选机第一室给入，各室刮出的泡沫都作为最终浮选精煤，最后一室排出的是尾煤，如图 4-5 所示。该流程适用于易浮或中等易浮煤泥，或精煤质量要求不高时。特点是流程简单，水、电耗量小，便于操作管理，处理量大。

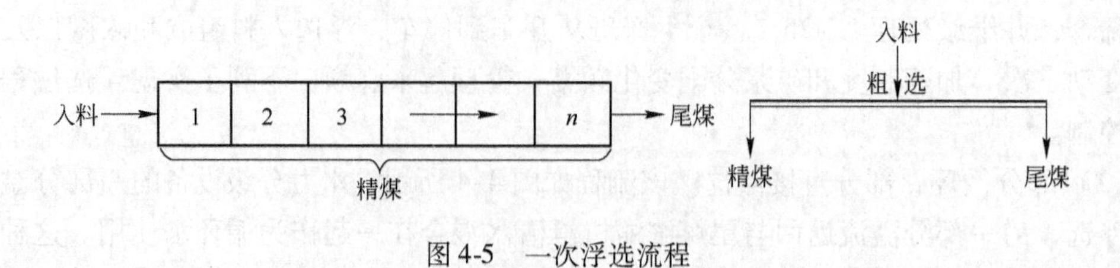

图 4-5　一次浮选流程

4.2.2 精煤再选

粗选精煤可全部或部分精选，如图 4-6 所示。该流程通常在吸入式入料的同一组浮选机里实现，即前室的泡沫引到后室再次分选。也可专设浮选机，粗选浮选机的泡沫再由精选浮选机进行分选。精选尾煤视其质量，确定与粗选尾煤合并或者与粗选入料合并。

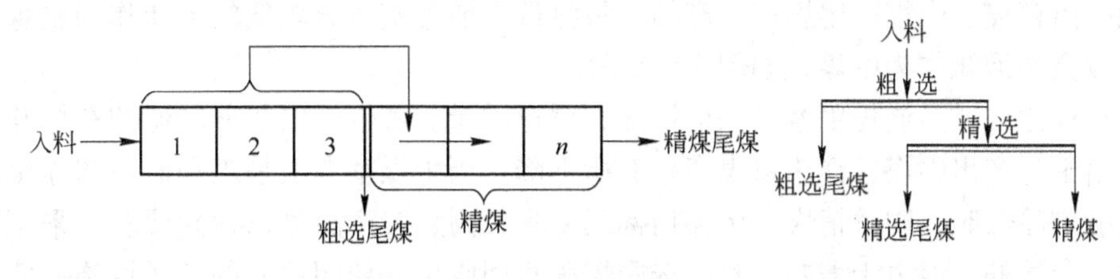

图4-6 精煤再选

一般情况下，粗选的入浮煤浆浓度较高，粗选精煤用稀释水稀释到较低的浓度条件下再进行精选。通过一次精选，灰分可降低1～2个百分点。

精煤再选适用于高灰含量大的难浮煤或对精煤质量要求高时，由于增设浮选机，流程、操作、管理较复杂，水、电消耗也较高，可采用大型浮选机解决。

4.2.3 中煤再选

中煤可返回再选或单独再选，如图4-7所示。中煤返回再选流程适用于较难浮煤泥，可保证精煤、尾煤质量。返回再选可将粗选的后1～2室泡沫返回前几室浮选，以提高精煤回收率或降低其灰分。只有采用吸入式给料的浮选机才能实现这种流程。返回室数主要取决于中煤和返回室入料的灰分，两者相近时才是合理的。当中煤里的煤和矸石基本上是单体分离的难浮煤时，采用此流程才有意义。由于返回循环物料的存在，将明显降低浮选机的处理量。

单独再选对降灰、提高精煤产率有利，但增加了设备，加大了管理难度。

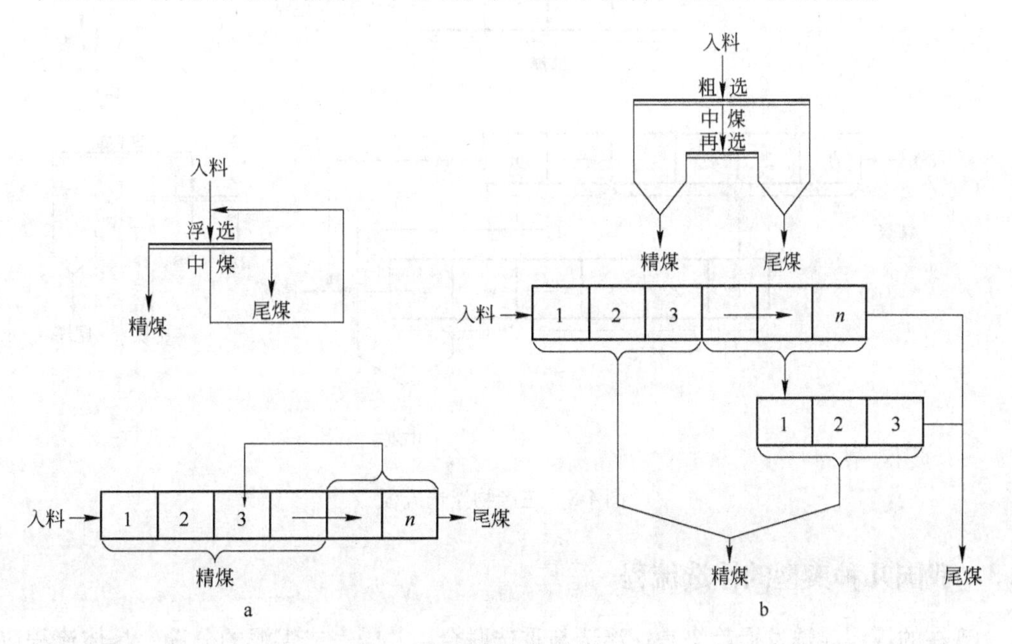

图4-7 中煤再选

a—中煤返回再选；b—中煤单独再选

4.2.4 三产物浮选流程

同时出精煤、中煤、尾煤三个产品，将浮选机前几室灰分较低的泡沫作为精煤，后几室灰分较高的泡沫作为中煤，如图4-8所示。

该流程比二产品流程更容易保证精煤、尾煤质量。可生产出灰分较低的精煤和高灰分尾煤。由于生产出中煤，浮选精煤产率有所下降。当中煤基本上是煤和矸石的连生体的难浮煤或极难浮煤时，同时精煤、尾煤指标又要求较高，二产品难以达到要求，采用这样的流程才是合适的。但由于需要一套浮选中煤脱水回收设备和相适应的输送设施，使选煤厂的生产系统复杂化。

三产品流程有两种形式，简单的三产品流程和复杂三产品流程。简单三产品流程如图4-8a所示，可直接生产出精煤，中煤和尾煤三个产品。复杂三产品流程，在第一段产出精煤、中煤和尾煤三个产品，粗精煤再经精选，可生产出精煤、中煤两产品，如图4-8b所示，也可以生产出精煤、中煤和尾煤三个产品，如图4-8c所示。

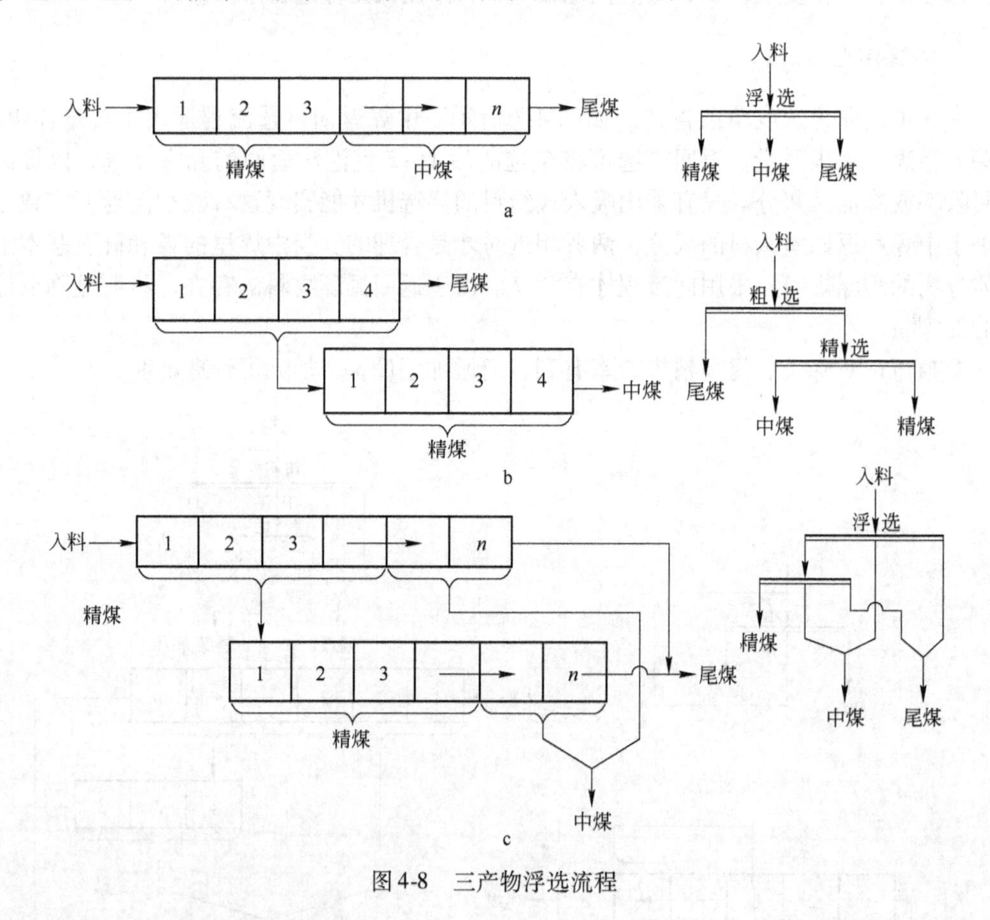

图4-8 三产物浮选流程

4.3 我国几种典型的浮选流程

现在的煤泥浮选发展趋势是：浮选与重选联合，共同完成煤泥的分选，具体流程应根据实验室和工业性试验确定。应尽量减少浮选处理量，降低选煤生产成本。目前，炼焦煤选煤工艺设计中大多对煤泥采用分级分选原则，一般是将 +0.25mm 的粗煤泥用重力分选方法回收，-0.25mm 的煤泥去浮选。因此，在煤泥浮选前段设有粗煤泥回收系统，一般用浓缩机或分级设备和弧形筛配合控制浮选入料的粒度和浓度。分级浓缩设备可以采用角锥沉淀池、水力分级旋流器、倾斜板沉淀槽等。我国常见的煤泥处理有以下几种典型流程。

(1) 全部煤泥由水力旋流器分级，粗粒进入螺旋分选机分选，细粒浮选，发挥各自设备的分选优势，如图 4-9 所示。水力旋流器分级粒度一般控制在 0.2 ~0.3mm 左右。

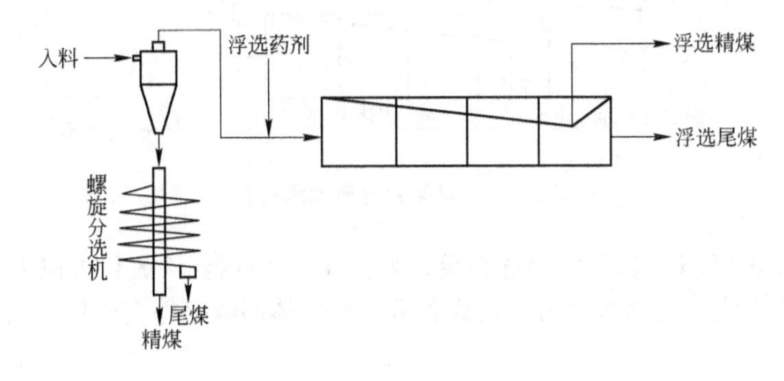

图 4-9 煤泥分选典型流程一

螺旋分选机的分选粒度范围为 3 ~0.15mm，适用于大部分动力煤和可选性好的炼焦煤分选。需要注意的是，螺旋分选机只有在高密度（大于 1.6 g/cm^3）分选时才能得到较好的分选效果。此外，螺旋分选机的入料中不应含有细煤泥（-45μm），根据经验，螺旋分选机入料中 -45μm 的细煤泥含量要求小于 10%，若细煤泥含量偏高，对分选效果有不利影响。

(2) 水力旋流器分级，粗粒进入粗煤泥干扰床分选，细粒浮选，如图 4-10 所示。干扰床分选粒度范围为 4 ~0.125mm，但要求入料粒度上、下限粒径为 4∶1 为宜。入料粒度在 2 ~0.125mm 范围内有很好的分选效果。分选介质为循环水，无需重介质和化学药剂，有效分选密度在 1.4 ~1.9g/cm^3 范围内调节，能实现低密度（1.4 g/cm^3）分选。

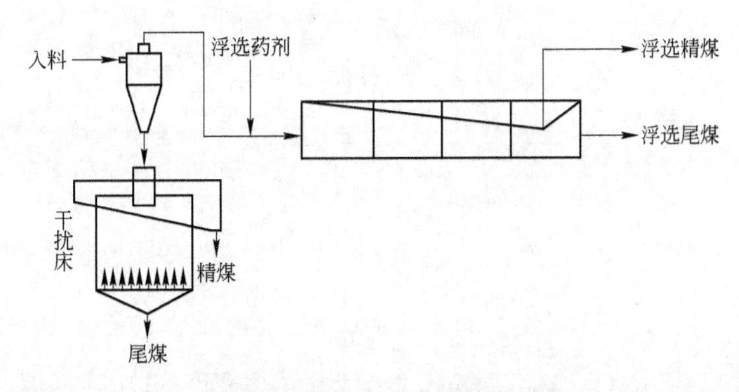

图 4-10 煤泥分选典型流程二

(3) 由大锥角的水介质旋流器和浮选组合分选，如图 4-11 所示。细粒浮选，粗粒回收。大锥角水介质旋流器的结构与普通水力旋流器相比主要区别在于它锥角大、锥体短，溢流管直径大且插入筒体长度深。大锥角水介质旋流器的分选下限可达 0.25mm，生产中可以通过调节溢流管插入深度来调节粗粒精煤的灰分。该流程可以降低浮选入料的粒度上限，减少入浮量。

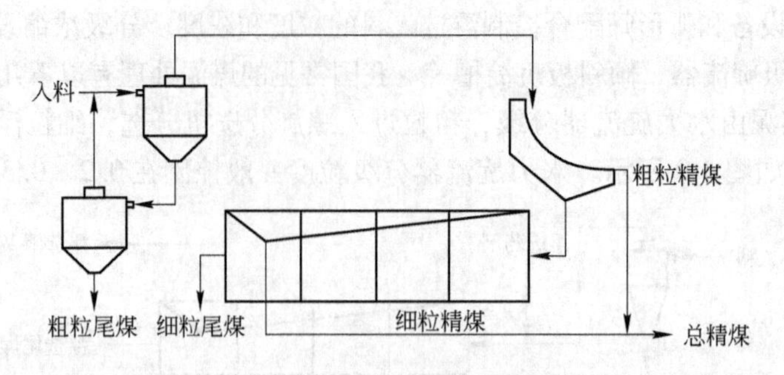

图 4-11 煤泥分选典型流程三

（4）以浮选柱为核心的煤泥分选系统，如图 4-12 所示。该流程可以充分发挥浮选柱在煤泥浮选中的优势，在精煤灰分、精煤水分，可燃体回收率等主要技术指标方面取得突破性进展。

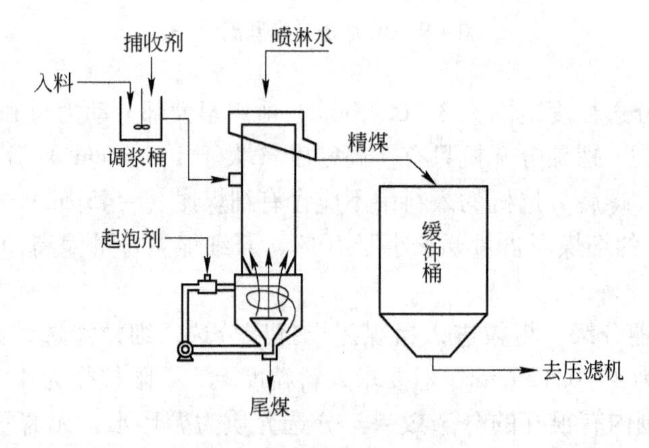

图 4-12 煤泥分选典型流程四

5 浮选机与辅助设备

浮选机是实现泡沫浮选过程的重要设备，分选效果在很大程度上取决于浮选机结构的完善程度。根据充气和搅拌方式的不同，浮选机可分为机械搅拌式和非机械搅拌式两大类。

5.1 浮选机的基本作用及要求

5.1.1 浮选机的基本作用

浮选机必须具有经药剂调和后的矿浆连续加以充气和搅拌，造成气、固、液三相互相作用的条件，使经过浮选药剂作用后的煤粒和气泡产生选择性的附着，最终得到不同的浮选产物。也就是说，浮选过程的3个关键环节（煤浆充气、气泡矿化和浮选产物的分离）都是在浮选机中完成的。因此，浮选机性能好坏和操作条件直接影响到浮选效果。浮选机应具备以下3个基本作用。

（1）搅拌作用。入浮煤浆进入浮选机后，依靠浮选机的搅拌作用，煤浆处于湍流状态，保证煤粒悬浮并以一定的动能运动。同时，搅拌作用还有助于浮选药剂在煤浆中的分散，煤粒表面吸附捕收剂，增强其表面疏水性。表面疏水煤粒与气泡碰撞并实现黏附，即气泡选择性的矿化。

（2）充气作用。煤粒与矸石有效分离必须借助气泡的选择性矿化，因此，浮选机中必须要以较小的能耗产生大量粒度适中、分布均匀的气泡，即浮选机具有充气作用。

（3）浮选产物分离作用。气泡矿化后，借助气泡的上浮力，矿化气泡上浮到矿浆液面聚积形成三相泡沫，浮选泡沫依靠浮选机的机械刮泡或自流方式及时、准确地分离进入泡沫收集槽成为最终精煤，而矸石留在煤浆中成为尾煤排出，完成浮选产物的分离。

5.1.2 浮选机的基本要求

煤泥的可浮性好、泡沫量大。因此，性能优良的煤用浮选机应满足以下要求。

5.1.2.1 充气量大且易于调节

煤泥浮选中精煤量常是尾煤量的4~5倍，为使大量精煤能够及时进行矿化，要求浮选机有较大的充气量，形成足够的气泡，满足浮选精煤对气泡的要求。性能良好的煤用浮选机的最大充气量应达到1.0m^3/（m^2·min），充气均匀系数≥85%，充气容积利用系数>90%。此外，根据浮选的不同作业（粗选、扫选和精选）对充气量的要求，可以方便地调节充气量大小。

5.1.2.2 气泡组成中应有部分小气泡和微细气泡

煤泥浮选的粒度上限较大（0.5mm），粒度范围宽，一些粗粒煤依靠单个气泡难以将它们浮出。因此，要求煤浆中有大量的小气泡并要求大量已溶于煤浆的空气从液相中析出，生成大量微细气泡，与煤粒形成气絮团，提高选煤效率。实践证明：如果浮选机中空气分散度好，并可从煤浆中析出微细气泡者，可提高粗粒煤的回收率，减少粗粒煤在尾煤中损失的现象。

5.1.2.3 刮泡迅速及时，泡沫层的表面大

煤泥浮选时，泡沫产品比浮选其他矿石时要高好几倍。因此，浮选机应该保证迅速及时地刮泡，保证泡沫产品及时分离。另外，泡沫量大，浮选槽中应具有较大的泡沫层表面。

5.1.2.4 浮选时间短、槽数少、槽浅

在煤泥浮选时，由于气泡的矿化极快，所以，气泡在煤浆中路径可短些，浮选槽应采用浅槽型。煤性质较脆，易碎，一些矸石浸泡后易泥化，故浮选时间比选矿短，浮选槽的数目相应减少，矿浆通过量可以较大，新设计的许多浮选机将矿浆进入方式由吸入式改为直流式，有利于增大处理量。

5.1.2.5 结构简单、效率高、单机容积大，能适应自动化需要

煤的价格低廉，产量大，要求使用的浮选机结构简单、效率高。由于煤泥浮选流程简单，更适宜采用单槽容积大的浮选机，提高处理量。对极易浮、易浮煤泥的处理能力应大于或等于 $8m^3/(m^2 \cdot h)$；对中等可浮、难浮煤泥的处理能力应达到 $6 \sim 8m^3/(m^2 \cdot h)$；对极难浮煤泥的处理能力应达到或接近 $6m^3/(m^2 \cdot h)$。

此外，煤泥浮选机还要适应自动化需要，调节方便、灵活、减少检测仪表和执行机构装置。

5.2 机械搅拌式浮选机

采用转子-定子系统实现充气和搅拌作用的浮选机统称为机械搅拌式浮选机。这类浮选机是目前工业生产中广泛使用的一类浮选机，根据其充气作用的不同，可分为自吸式、压气式和混合式三类。自吸式的搅拌器是利用高速转动的叶轮进行搅拌的同时完成吸入空气，将空气分割成细小气泡，使空气与煤浆混合。压气搅拌式的叶轮仅用于搅拌和分割空气，没有吸气作用，空气是依靠外部鼓风机强制压气送入。混合式除了叶轮的吸气作用外，还利用鼓风机吹入空气。这三类浮选机，除了充气机构不同外，其他结构基本相近。

自吸式机械搅拌式浮选机具有如下特点：

(1) 搅拌力强，可保证密度、粒度较大的矿粒悬浮，并促进难溶药剂的分散与乳化。

(2) 对分选多金属矿的复杂流程，自吸式可依靠叶轮的吸浆作用实现中矿返回，省去大量砂泵。

(3) 对难选和复杂矿石或希望得到高品位精矿时，可保证得到较好的稳定指标。

(4) 运动部件转速高、能耗大、磨损严重、维修量大。

压气式机械搅拌式浮选机利用外部压风系统送入压缩空气来完成充气，具有以下特点：

（1）充气量大，便于调节，浮选时根据工艺需要，单独调节空气量，对提高产量和调整工艺有利。

（2）搅拌机构不起充气作用，叶轮转速低、机械机构磨损小、能耗低、维修量小。

（3）液面稳定、矿物泥化少、分选指标好，但需外加压气系统和管路，使管路稍加复杂。

5.2.1 机械搅拌式浮选机的结构

5.2.1.1 转子-定子系统

浮选机的充气搅拌机构实际上是一个转子-定子结构，转子和电相连，高速旋转；定子和机体连接固定。转子-定子的结构不同形成了不同的浮选机系列，决定了各自的充气搅拌性能。

图5-1为各种型号浮选机的转子-定子系统结构。其中Denver DR型、Agitair型、OK型、Wemco 1+1型在世界各国占领了市场，前三种属压气式，后一种属自吸式。以上四种浮选机不能自吸浆，需阶梯配置。我国使用最广泛的是XJM型，有良好的性质，有利于在投产后改变浮选流程。

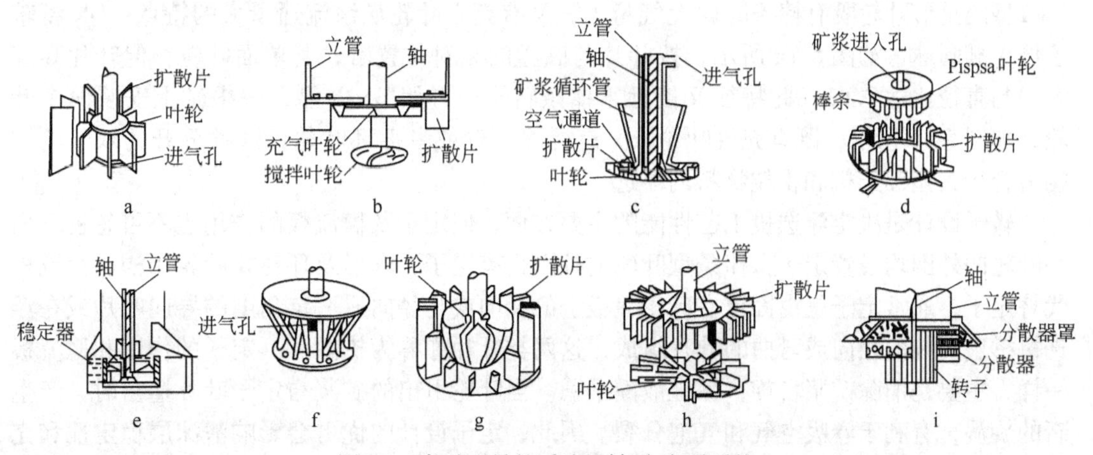

图5-1 各种型号的浮选机转子-定子系统

a—Aker；b—Booth；c—Denver DR；d—Agitair；e—Wedag；f—Minemet BCS；g—OK；h—Sala；i—Wemco 1+1

充气搅拌机构转子叶轮可分为两大类：叶片状离心叶轮和棒条叶轮。叶片状离心叶轮大致分四种：

（1）单面（层）叶轮，叶片放射状布置，仅位于圆盘上表面。

（2）双面（层）叶轮，圆盘上下两面均有叶片，搅拌能力较强。

（3）离心泵叶轮，叶片为弯曲状，位于上下两个圆盘中间，形成封闭通道。槽外矿浆从下圆盘中心的吸入口进入叶轮。上圆盘上面的副叶片与叶轮外罩组成真空室，吸入空气，或者在叶轮顶部开孔，加罩，空气吸入叶轮内部，如我国的XJM型。

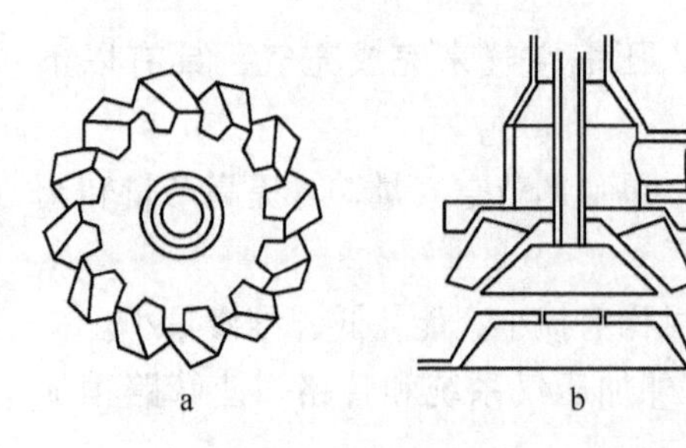

图 5-2 HCC 型环射式浮选机的叶轮
a—叶轮俯视图；
b—进浆罩、凸台与叶轮的相对位置

(4) 混流泵叶轮，如图 5-2 所示，其叶片位于圆锥形底盘上，叶片与圆锥面的母线呈较大夹角，叶轮的下方必须要有一固定的起导流作用的圆锥台，叶轮转动时，叶轮罩内为负压区，空气被裹挟带入（一次充气作用）。当矿浆沿锥面射向槽底时，空气从叶轮背面经叶轮外缘与圆台之间的缝隙被吸入（二次充气作用）。亦即叶轮正面和背面均能形成负压区，这种叶轮用于浅槽浮选机时可采用自吸式，但若用于深槽时可改为压气式，将低压空气自中空轴引入叶轮背面，同时仍可保持自吸浆状态。

棒条叶轮（转子）是用圆形棒条作为搅拌和充气工具，由一些棒条有规则地固定在一个或两个圆盘上构成的，与泵的叶轮毫无共同之处，故常称为转子。可归纳为两类：

(1) 棒条安装在圆盘的下方，如 Agitair 型。

(2) 棒条位于上下两个圆盘之间，如法格古伦型。棒条转子的直径与高度之比远大于离心叶轮，已近于1，其原因是运动时棒条所受阻力远低于高度相等的宽叶片。棒条转子充气量大，用电量小。

新型浮选机叶轮设计已突破传统的叶片状离心叶轮与棒条型叶轮的界线。如 Wemco 1 +1型的星形叶轮既有棒条叶轮充气量大，又有离心叶轮矿浆流通量大的特点；OK 型转子像个椭圆球，如图 5-1g 所示，按叶片与圆盘的相对位置看，属单面叶轮，但叶片高度大，与直径比达 0.61，此特征又接近于棒条转子；再如 Booth 型，一根轴上安装两个叶轮，如图 5-1b 所示，既有充气叶轮，又有搅拌叶轮或者循环叶轮，这种分开的双叶轮结构适合于大型浮选机和粗粒物料的浮选。

转子设计是决定浮选机工艺性能的主要方面，但定子及稳流板的作用也不可忽视。离心叶轮的外围均设置定子，棒条型叶轮的外围也有定子，伞形及环射式叶轮用槽底稳流板代替定子，通常定子是由固定在叶轮盖板上的径向或与径向成一定角度的导向叶片或在浮选机槽底安装的径向或弯曲的叶片组成，这两类叶片亦称为扩散片。定子的作用和稳流板一样，主要是消除矿浆自旋，保证液面平稳。当叶轮甩出的矿浆与定子叶片撞击时，产生新的旋涡，有利于卷吸空气和气泡分裂。因此，定子设计的优劣会影响泡沫层稳定性和充气量。

5.2.1.2 槽体

浮选机断面形状多为矩形，其下部也可为圆形，传动部件直接支撑在槽体上，槽体的几何特征可用槽深与槽宽之比（简称深宽比）表示。浮选机的叶轮切线速度与叶轮直径同槽宽之比（简称径宽比）有关。槽体深度由浮选机内三个作用区（刮泡区、浮选区、浆气混合区）所必需的高度决定，一般介于 1 ~ 2m 之间，容积特别大的（大于 $16m^3$），高度要超过此数。通常，容积越大，深宽比越小，浅槽型与深槽型可按深宽比划分，但没有明确界限。习惯上将深宽比大于或接近于 1 的称深槽型，小于 1 者称浅槽型。径宽比由转子-定子设计决定，就同一形式浮选机而言，径宽比变化不大。图 5-3 为当前常用浮选槽剖面形状。

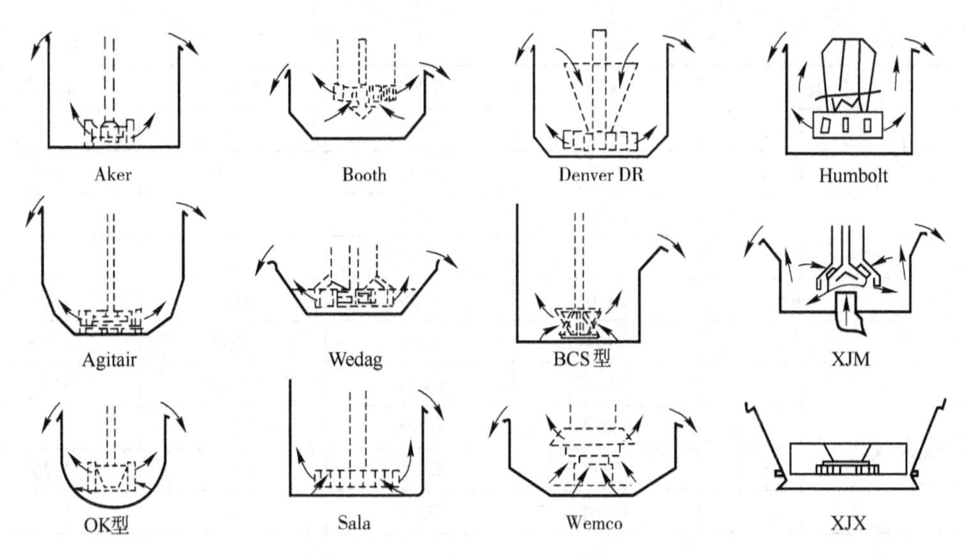

图 5-3 常用浮选槽剖面的几何形状

5.2.2 常用的机械搅拌式浮选机

机械搅拌式浮选机是选矿和选煤行业使用最为广泛的一类浮选机，该类浮选机设有机械搅拌机构，叶轮定子组悬置于浮选槽中部或下部，叶轮高速旋转，在叶轮腔产生负压而吸入空气，对空气进行粉碎并均匀分散于浮选槽中。常见的机械搅拌式浮选机有以下几种。

5.2.2.1 XJM 型浮选机

XJM 型浮选机是我国使用最广泛的浮选机之一，由浮选槽、中矿箱、搅拌机构、刮泡机构和放矿机构五个部分组成。每台浮选机有 4～6 个槽体，两浮选槽体之间由中矿箱连接，最后一个浮选槽有尾矿箱。中矿箱、尾矿箱均有调整矿浆液面的闸板机构。每个浮选槽内有一个搅拌机构和放矿机构，两侧各有一个刮泡机构，槽体与前室中矿箱通过下边的 U 形管连通，XJM 系列浮选机技术规格见表 5-1。

表 5-1 XJM 型浮选机技术规格

技术参数	XJM-4	XJM-8	XJM-12	XJM-16
单槽容积/m^3	4	8	12	16
干煤处理能力/$t \cdot m^{-3} \cdot h^{-1}$	0.6～1	0.6～1	0.6～1	0.6～1
煤浆处理量/$m^3 \cdot h^{-1}$	250	400	600	750
充气速率/$m^3 \cdot m^{-2} \cdot min^{-1}$	0.6～1.2	0.6～1.2	0.6～1.2	0.6～1.2
叶轮线速度/$m \cdot s^{-1}$	8.4	8.4	8.9	8.9
叶轮直径/mm	530	700	800	860
搅拌机功率/kW	15	22	30	37
刮泡机功率/kW	1.5	1.5	1.5	2.0

续表 5-1

技术参数			XJM-4	XJM-8	XJM-12	XJM-16
外形尺寸	长/mm	3 槽	6785	8200	9479	10971
		4 槽	8690	10555	12239	14176
		5 槽	10595	12910	14999	17381
		6 槽				
	宽/mm		2150	2750	3120	3450
	高/mm		2758	2806	3250	3283
重量/kg		3 槽	9634	14056	18860	21264
		4 槽	12224	18538	24334	27526
		5 槽	14814	23020	29805	33764
		6 槽	17404	27500		

XJM 型浮选机的工作原理是：煤浆和药剂充分混合后给入浮选机第一室的槽底，由吸浆弯管进入叶轮吸浆室，循环煤浆由循环孔进入循环室。叶轮高速旋转，在叶轮腔中形成负压，槽底和槽中的煤浆分别由叶轮的下吸口和上吸口进入混合区，同时空气沿导气套筒进入混合区，煤浆、空气和药剂在混合区混合。在叶轮离心力的作用下，混合后的煤浆进入矿化区，空气形成气泡并被粉碎，与煤粒充分接触，形成矿化气泡，在定子和稳流板的作用下，均匀地分布于槽体截面，并且向上浮升进入分离区，聚积形成泡沫层，由刮泡机构排出，形成精煤泡沫。未经充分浮选的煤浆被吸入到下一浮选槽，继续进行浮选，最后浮选尾矿由尾矿箱排出，完成全部浮选过程。

XJM-4 型浮选机是我国 20 世纪 70 年代自行研制，使用最广泛的浮选机之一，结构如图 5-4 所示。

充气搅拌机构由固定部分和转动部分组成，结构如图 5-5 所示。用四个螺栓将其固定

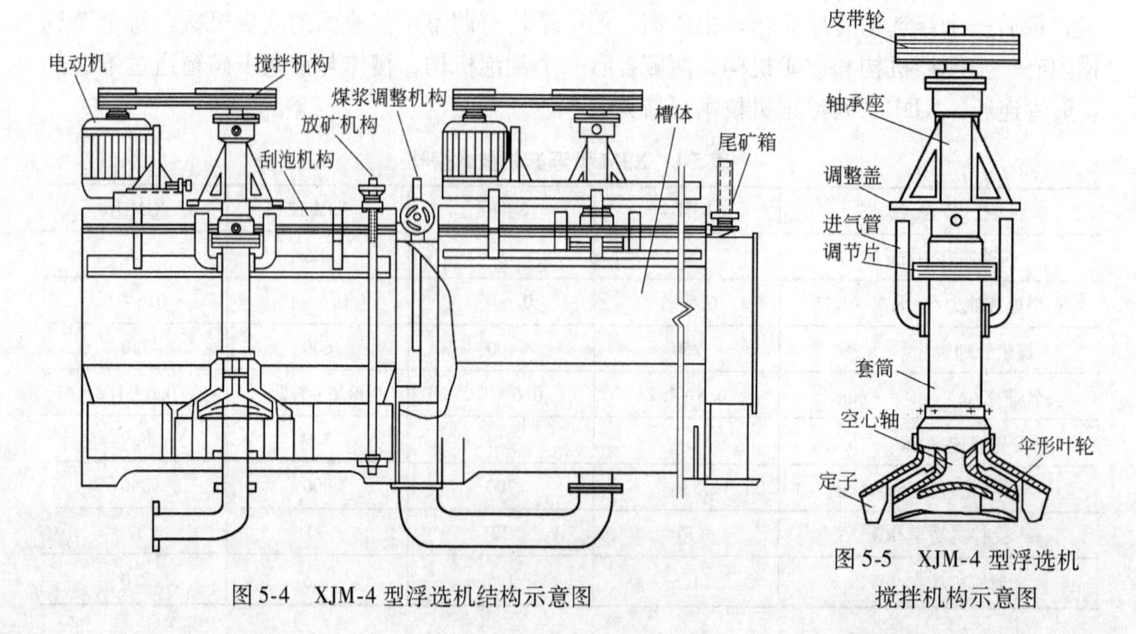

图 5-4 XJM-4 型浮选机结构示意图

图 5-5 XJM-4 型浮选机搅拌机构示意图

在浮选槽的角钢上。固定部分由伞形定子、套筒和轴承座等组成。套筒上装有对称的两根进气管，管端设有进气量调整盖。轴承座和套筒之间设有调节叶轮和定子间轴向间隙的调节垫片。转动部分由伞形叶轮、空心轴和皮带轮组成。空心轴上端有可更换的、带有不同直径中心孔的调节端盖，用以调节叶轮-定子组的真空度，从而调节空心轴的进气量，并调整浮选机的吸浆量和动力消耗。

XJM-4 型浮选机采用三层伞形叶轮。第一层有 6 块直径叶片，与定子配合吸入循环矿浆和套筒中的空气；第二层伞形与第一层之间构成吸气室，由中空轴吸入空气；第三层是中心有开口的伞形板，与第二层隔板之间形成吸浆室，前室矿浆通过中矿箱和 U 形管由此吸入。定子也呈伞形，在叶轮上方，由圆柱面和圆锥面两部分组成，其上分别开有 6 个和 16 个矿浆循环孔，定子锥面下端有 16 块与径向呈 60°夹角的定子导向片，倾斜方向与叶轮旋转方向一致。定子可以稳定矿浆液面，定子上的导向片与叶轮甩出的矿浆气流一致，可减少叶轮周围矿浆的旋转和涡流，提高矿浆、空气的混合程度，并使叶轮吸气能力提高。定子盖板可使叶轮在停机时不被淤塞。定子循环孔可改善矿浆循环，使没黏附气泡的颗粒再入叶轮，强化分选。

XJM-4 型浮选机工作时，叶轮转动甩出矿浆，在该区间形成负压，来自套筒的空气和循环孔吸入的循环矿浆被吸到叶轮上部直叶片所作用的空间进行混合，入料矿浆从叶轮底部中心吸入管吸到吸浆室。在离心力作用下，上述各股气、矿浆和物料分别沿各自锥面向外甩出。自空心轴吸入的空气与吸浆室吸入的矿浆先在叶轮内混合后再甩出，甩出的所有的浆气混合物在叶轮出口处相遇，激烈混合，并通过定子导向叶片和槽底导向板冲向四周斜下方，然后在槽底折向上，形成 W 形矿浆流动形式。运动过程中气泡不断矿化，稳定升到液面，形成泡沫层。

XJM-4 型浮选机属浅槽型，槽体的深宽比为 0.61，由于是浅槽，叶轮所受静水压力小，叶轮甩出矿浆的出口速度增大，提高了浮选机的吸气能力和生产能力，并可降低电耗。大量研究证实：随槽深减小，浮选机的充气量按近似二次方函数关系增加，而功率消耗按一次方函数降低。该机的液面高度调节是通过伞形齿轮调节每个浮选槽与中矿箱之间的闸板高度来实现的，而每个浮选槽底的瓶塞式放矿机构可通过手轮和丝杆方便地开启。

XJM-4 型浮选机采用了小直径、高转速的三层伞形斜叶轮和浅槽型机构。因此，浮选机能同时互不干扰地吸气、吸浆、循环矿浆，形成 W 形矿浆流，且液面稳定、充气量大（1.3 $m^3/(m^2\cdot min)$）、易于调节、电耗低（2kW/（t·h））、处理量大（0.6～1.2t/（$m^3\cdot h$）），且气泡分布均匀、充气均匀度高、浮选快、流程灵活。这些均由其本身的结构特点所致。

对入料浓度较高、可浮性不太差的煤泥，该机可充分发挥充气量大、浮选速度快、处理量大的特点。但对可浮性差的煤泥，尤其是细粒高灰物料含量多时，浮选机的选择性差，浮选精煤灰分偏高。此外，该机对粗粒煤浮选效果也欠佳，在尾煤中损失较多。

5.2.2.2 XJM-S 型浮选机

XJM-S 型浮选机是在 XJM-4 型浮选机的基础上，总结该机型和国内外浮选机的特点，采用模拟放大的方法设计出的结构合理、新颖、浮选效果好、运转可靠、操作维修方便、能耗低的煤用浮选机，已形成系列产品，见表 5-2。XJM-S 型浮选机虽然槽体容积有很大增加，但占地面积却增加不多。一组四室的 XJM-S12 型比一组四室 8m^3XJM 型浮选机仅在长度上增加了 1.91m，而占地面积较 XJX-T12 型少 25%。

表 5-2 XJM-S 型浮选机的技术性能

技术参数			XJM-S3	XJM-S4	XJM-S6	XJM-S8	XJM-S12	XJM-S14	XJM-S16	XJM-S20	XJM-S28
单槽容积/m^3			3	4	6	8	12	14	16	20	28
单位处理能力/$t \cdot m^{-3} \cdot h^{-1}$			0.6~1	0.6~1	0.6~1.2	0.6~1.2	0.6~1.2	0.6~1.2	0.6~1.2	0.6~1.2	0.6~1.2
矿浆处理量/$m^3 \cdot h^{-1}$				150~200	180~240	240~300	350~450	450~500	450~550	600~700	800~1000
充气速率/$m^3 \cdot m^{-2} \cdot min^{-1}$			0.8~1.2	0.8~1.2	0.8~1.2	0.8~1.2	0.8~1.2	0.8~1.2	0.8~1.2	0.8~1.2	0.8~1.2
电机功率/kW	搅拌电机		11	15	18.5	22	30	30	37	45	55
	刮板电机		1.5	1.5	1.5	1.5	1.5	1.5	2.2	2.2	3.0
外形尺寸	长/mm	3 槽	5867	6785	7685	8200	9495	10199	10971	12260	13313
		4 槽	7472	8690	9890	10555	12255	13204	14176	15175	17271
		5 槽	9077	10595	12095	12910	15015	16209	17381	18170	21229
		6 槽	10682	12500	14300						
	宽/mm		1850	2150	2450	2750	3120	3270	3450	3700	4200
	高/mm		2732	2758	2806	2956	3250	3310	3433	3503	3607
设备总质量/kg	3 槽		7600	93364	12800	15100	22863	24570	27344	21280	
	4 槽		9800	12224	16300	19758	28334	31350	33966	39817	45000
	5 槽		11800	14814	19800	24415	33805	37140	40564		
	6 槽		13500	17404	23300						

A XJM-S 型浮选机的结构

XJM-S 型浮选机由槽体、刮泡机构、假底稳流装置、放矿机构、加药装置和液位调节装置等组成，结构如图 5-6 所示。

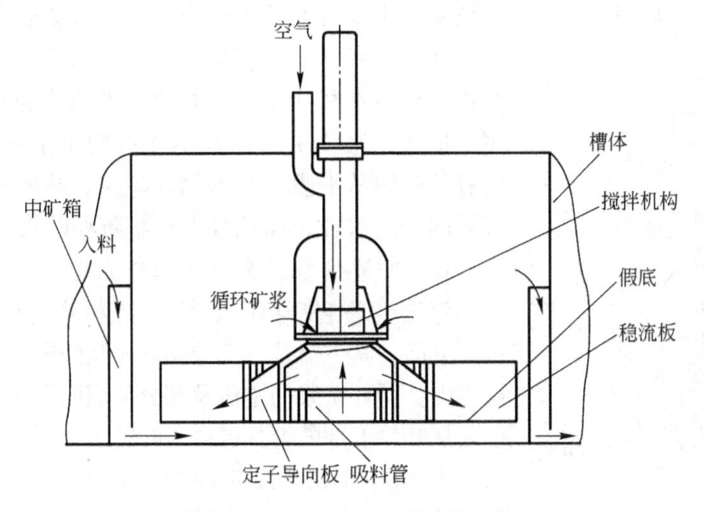

图 5-6 XJM-S 型浮选机结构示意图

(1) 槽体。槽体由头部槽体、中间槽体和尾部槽体组成，头部槽体带有入料箱、尾部槽体带有尾矿箱，各槽体间用螺栓连接。槽体截面为近似正方形，槽数为 3~5 个。槽体之间设有埋没式中矿箱，起导流矿浆的作用，可有效防止"串料"。浮选机各室装有可调溢流堰来调节各室液面，液面和泡沫层厚度有一定的高差。浮选机整体液面由尾矿箱闸板统一调节。

(2) 刮泡机构。在槽体上部两侧各装一组回旋刮板，用于刮取精煤泡沫。当改变溢流堰高度时，刮板直径可进行相应调整，以适应浮选槽液面高度和各室的泡沫层厚度。刮板由摆线针轮减速机驱动，结构紧凑，运转可靠。

(3) 假底稳流装置。在距槽底上面一定高度处安装一假底，假底四周与槽壁有一定距离，在假底上焊有导向板，并与定子的导向叶片相对应，在假底中心安装有与叶轮下吸口大小相配套的吸浆管，用来吸入假底下面的矿浆。

(4) 液位调节装置。在尾矿箱上装有液位调节装置，压差传感器将液位信号传给电动执行器，带动闸板上下运动，从而实现对浮选机液位的控制。

(5) 加药装置。各室都有加药装置，可实现分室加药，提高选择性。

B XJM-S 型浮选机充气搅拌装置

XJM-S 型浮选机充气搅拌机构如图 5-7 所示。采用双层伞形主要是为降低叶轮的功耗，把原 XJM-4 型分隔空气和矿浆的伞形隔板用其他机构代替，重新对叶片高度和叶轮腔高度进行优化设计，使三层叶轮变为两层，既保持原叶轮的浸水浅、功耗低的优点，又解决了原叶轮铸造、加工困难、轮腔易堵的问题。本机装机功率同其他吸入式相比是最低的。本机的叶轮上下循环量均可调节，以适应不同可浮性煤泥。上循环量通过定子盖板上的调节装置改变循环流道的截面调节，下循环量通过更换下吸口的调节板调节。对易浮煤，加大下循环量；对难浮煤，增大上循环量。

进气管管口有气量控制阀，可随时调节充气量。进入的空气通过套筒分别进入叶轮的上下两层，起到 XJM-4 型空心轴和套筒分别向叶轮上下层供气的目的。

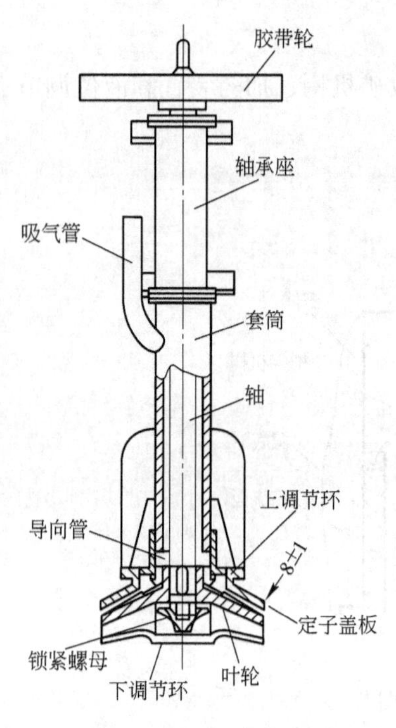

图 5-7 XJM-S 型浮选机充气搅拌机构

此外，该机的定子设计成定子盖板和导向叶片的分体式结构，主要目的是实现定子上的吸浆管与叶轮下吸口对中，保证两者的轴向间隙及叶轮与定子叶片的径向间隙。搅拌机构自重和叶轮转动时的不平衡力通过定子和假底作用于槽底，避免了悬挂式搅拌机构不平衡、晃动的问题。为避免叶轮从下吸口吸入循环矿浆，将叶轮下吸口伸入吸浆管内一定尺寸，保证吸入足够新鲜矿浆。

C XJM-S 型浮选机的工作原理

浮选机工作时矿浆从浮选机入料箱或前室中矿箱进入假底的下面，其主流及一部分循环矿浆经吸浆管进入叶轮的下层腔内，循环矿浆的主流及部分从假底周边泄出的新鲜矿浆一起从叶轮上部的搅拌区进入叶轮的上层，所有矿浆在离心力作用下从叶轮甩出，叶轮中心部分产生负压，通过吸气管和套管吸入空气，空气和矿浆在叶轮腔内混合，并在叶片和液流的剪切作用下分散成微细气泡，与疏水性矿粒碰撞并黏附生成矿化气泡上升至液面被刮出。假底上面的定子导向板和稳流板起到分配和稳定液流的作用。未分选的矿粒随液流流经中矿箱进入下一浮选槽重复上述过程，直至最后一槽排出尾矿，完成浮选过程。矿粒在浮选槽多次循环与气泡接触，有利于提高浮选速度及粗矿粒和难浮煤泥的浮选。

D XJM-S 型浮选机的特点

XJM-S 型浮选机具有以下特点：

(1) 槽体形状。槽体形状对浮选槽内的矿浆流动状态有一定影响，最佳的矿浆流态既可保证得到较高的气泡矿化速度，又不降低浮选的选择性，所以槽体形状在一定程度上也影响浮选的效果；另一方面，槽体形状又影响到设备的占地面积。综观我国几种常用浮选机的槽体断面形状，大体有如图 5-8 所示的 4 种。其中 a 为 U 形槽体，是 OK 型浮选机采用的形式；b 为梯形槽体，为 XJX 和 Humbolt 浮选机所采用；c 是原 XJM 型浮选机采用的 Y 形槽体；d 为 Denver（DR）浮选机所采用的矩形槽体。比较这几种槽体断面可以看出，当断面的宽度和高度相同时，矩形断面的面积最大。或者说在占地面积相同的条件下，矩形断面得到的槽体容积最大，这就有可能改善浮选机的经济性能。所以 XJM-S 型浮选机采用矩形槽体较为合理。

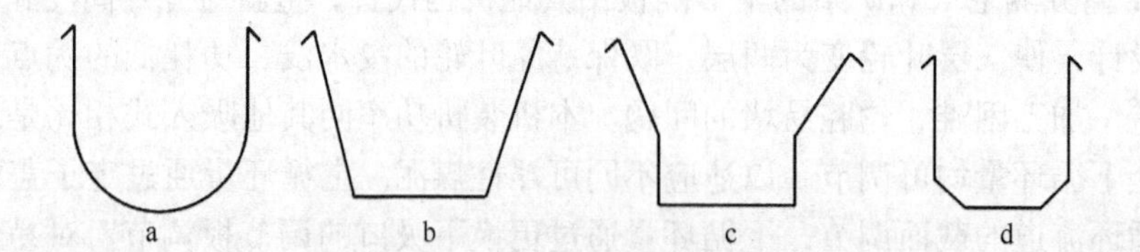

图 5-8 常用浮选机的槽体断面形状

a—U 形槽体；b—梯形槽体；c—Y 形槽体；d—矩形槽体

（2）充气方式。机械搅拌式浮选机有自吸式和充气式两类。小型浮选机一般采用自吸式，它所需要的空气量靠搅拌机构吸入完全能满足工艺要求。而大型浮选机需要的充气量大，尤其是当槽体深度较大时，为了吸取足够的空气量往往要耗费很大的功率，槽体太浅又不易得到稳定的液面。所以一部分大型浮选机除了靠搅拌机构吸入空气外，另设有鼓风机通过管道向叶轮充入空气。这样使系统复杂化，同时总的功耗没有减少或减少不多。另一部分大型浮选机仍采用自吸式，将叶轮埋入深度适当降低。根据测定，在能耗增加不多的情况下，自吸式的充气速率也可以满足要求，甚至略超过浮选的要求，达到 1.2 $m^3/(m^2 \cdot min)$。所以 XJM-S 型浮选机保留了原 XJM 型浮选机的自吸充气方式。

（3）叶轮形式。XJM-S 型浮选机采用双层伞形叶轮，取消了伞形叶轮中的隔板，优化了叶轮腔高度、叶片高度参数。叶轮是机械搅拌式浮选机最关键的部件，它的结构是否合理对浮选机的经济技术性能有很大影响，为此曾对伞形和涡轮式两种叶轮进行了对比。涡轮式叶轮的特点是粉碎气泡能力强，气泡分散和分布均匀，而且充气量大，可达 2 $m^3/(m^2 \cdot min)$；缺点是能耗较大。伞形叶轮几经改进后在矿浆通过能力和充气量上均有很大提高，达 1.44$m^3/(m^2 \cdot min)$，已能满足浮选要求，而能耗低成了它显著的优点；另用一特制的螺母将叶轮与中心轴连接，使它既保持了原三层叶轮分别吸取槽底进入的新鲜矿浆及槽内循环矿浆的能力，又极易加工、维修和安装。

（4）入料方式。浮选机有两种入料方式：一是吸入式；二是直流式。吸入式又可分为上吸入料和底吸入料两种，其优点是全部新鲜矿浆都通过叶轮，并和空气搅拌后进入浮选槽，矿浆和空气有充分的接触时间，但缺点是矿浆的通过量受叶轮的吸浆能力限制，而且上吸入料的浮选槽内有一给料管，对矿浆的流态有一定的影响。直流式的优点是通过量大，能耗低，因此为许多大型浮选机所采用，但它的缺点是矿浆在直流过程中部分矿浆可以因不通过叶轮而不能和空气充分接触，直接串入下室，造成“短路”现象，而且浮选槽内液体的横向流在一定程度上也会影响槽内矿浆的正常流态。

分析上述各种入料方式后，XJM-S 型浮选机采用“假底底吸，周边串料”的底部中心吸料与直流入料混合的给料方式，即新鲜矿浆从假底下部给入，其主要部分从设在假底中心的吸浆管吸入叶轮底部；余下的部分从假底周边与槽壁的间隙上升，进入搅拌区。这种给料方式可以比单纯中心给料具有更大的矿浆通过量，还能避免“短路”现象的产生，保持正常的矿浆流态。

（5）进气方式。浮选机设有一个进气管，管口有气量控制阀，可以在机器运转过程中随时调节充气量，吸入的空气经套筒分别进入叶轮的上下两层，达到和 XJM-4 型浮选机通过中空轴和套筒分别向叶轮上下两层供气的目的。

（6）功耗。通过试验分别确定了浮选机需用功率、叶轮转速、充气速率及循环孔面积之间的关系。浮选机需用功率随叶轮转速和循环孔面积增加呈线性增长，说明功率主要消耗在矿浆的循环上，矿浆循环量增加，功率也增加。而充气速率虽随叶轮转速呈线性增长，但随循环孔面积呈非线性增长，循环孔面积达到某一临界值时，充气速率达到最大值，随后充气速率反而减少。因此，在满足浮选工艺要求的充气速率下，正确选择叶轮转速可以得到最合理的功率消耗。XJM-S16 型浮选机选用了 37kW 电机，但实耗功率为 23.7kW，与 XJX-Z8 型（8m^3）的功耗相当，比 XJX-T12 型（12m^3）浮选机的功率还约低 10%。

5.2.2.3 XJX 型浮选机

XJX 型浮选机是我国研制的大容积浮选机，是在洪堡尔特型浮选机基础上吸取了丹佛 DR 型的槽内循环筒、维姆科型的假底和米哈诺布尔型的加强底部循环等优点设计的一种产品。系列产品型号为 XJX-8、XJX-Z8、XJZ-8 和 XJX-12、XJX-T12，单槽容积分别为 $8m^3$ 和 $12m^3$。

A XJX-8 型浮选机

XJX-8 型浮选机的结构如图 5-9 所示，技术规格见表 5-3。XJX-8 型浮选机由槽体、刮泡机构、搅拌机构和液面自动控制机构等组成。搅拌机构如图 5-10 所示，由电机、皮带轮、空心轴、套筒、倒锥循环筒、叶轮、定子和轴向间隙调节片组成。浮选机工作时由于叶轮的旋转，在离心力的作用下充满定子叶轮内的矿浆被甩出，同时叶轮内产生负压，经套筒和空心轴吸入空气和药剂，然后又从叶轮上下盖板的循环孔吸入矿浆。在叶轮的回转作用下，矿浆、空气和药剂三相不断混合并向外甩出，使气泡得到矿化。矿化气泡经稳流板的稳流作用升到液面形成泡沫层，未矿化的物料可以进行循环，再次进入叶轮，或去下一槽浮选。

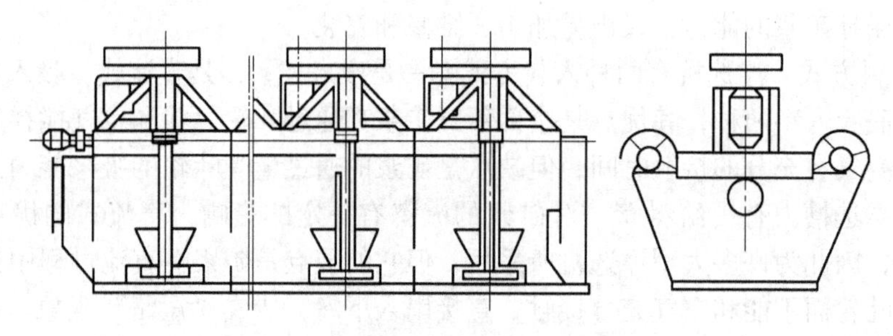

图 5-9 XJX-8 型浮选机结构示意图

表 5-3 XJX-8 型浮选机的技术规格

单槽容积/m^3	8	电机功率/kW	30
干煤处理能力/$t \cdot m^{-3} \cdot h^{-1}$	0.7~1.0	刮泡器转速/$r \cdot min^{-1}$	33.3
槽深/mm	1300~1400	刮泡器电动机功率/kW	1.94
叶轮直径/mm	660	外形尺寸（长×宽×高）/m×m×m	约 12.7×3.5×2.942
叶轮线速度/$m \cdot s^{-1}$	8.6	机器总重/kg	约 26400

XJX-8 型浮选机具有以下特点：

（1）采用双偏摆叶轮，如图 5-11a 所示。叶轮直径 660mm，叶轮分上下两层，由一个与水平呈 7°角的斜圆盘隔开，上下两层各有 6 个高度不同、呈辐射状对称排列的直叶片，叶轮的底部有个水平圆板，根据板上循环孔的大小和形状不同，分成 A 型和 B 型叶轮，从而产生不同的吸浆量和充气量，以适应不同可浮性的煤。其中 A 型叶轮在下盖板有 12 个直径为 56mm 循环孔，充气量达到 $0.55 \sim 0.65m^3/(m^2 \cdot min)$。B 型叶轮在下盖板有面积为 $640cm^2$ 循环孔，充气量可大于 $1.0m^3/(m^2 \cdot min)$。双偏摆叶轮在旋转时，叶轮圆盘与上下盖板和叶片所形成的空间随时都在变化，充气矿浆从叶轮内向外流出时，交替受到扩展和碾压作用，当充气矿浆受碾压时，部分空气溶解于矿浆，当充气矿浆扩展时，溶解于矿浆的空气又以微泡在疏水性表面析出，可大大增加疏水矿粒向气泡的黏着速度和牢固性。因采用斜叶轮，充气矿浆从叶轮甩出时，对叶轮一周矿浆的每一点，甩出的矿浆产生的搅拌力是交替变化的。因此，双偏摆叶轮具有更强的搅拌力，可采用较低的速度。

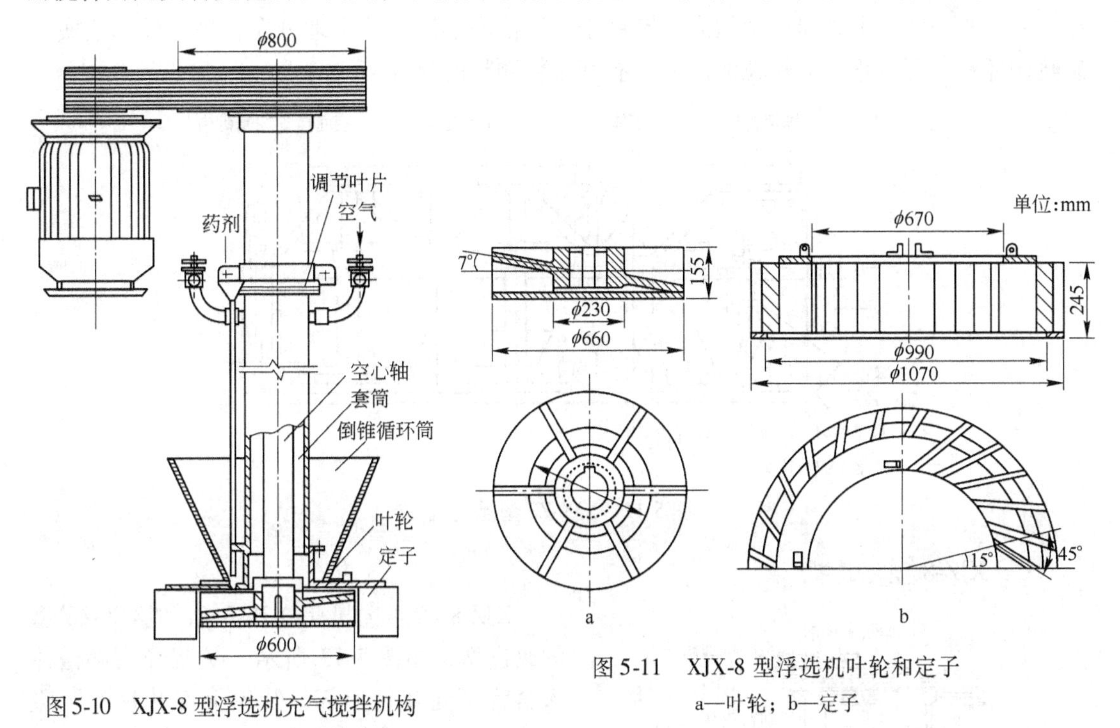

图 5-10 XJX-8 型浮选机充气搅拌机构

图 5-11 XJX-8 型浮选机叶轮和定子
a—叶轮；b—定子

（2）XJX-8 型浮选机定子结构如图 5-11b 所示，定子固定在空心轴套筒的下端，盖板周围有 24 块与径向成 45°角的导向板，盖板上开有两排循环孔，两排之间有一倒锥形矿浆循环筒，外排 24 个循环孔供浮选槽下部矿浆循环，内部 20 个循环孔供槽体中上部矿浆循环，未经矿化的矿浆再折向下，重新进入叶轮区循环，实现了矿浆立体循环。既兼有定子循环孔和套筒循环孔的优点，又避免了开设套筒循环孔影响浮选机性能的问题。

（3）为适应直流式给料，每个槽体侧壁上开有矩形直流通道，供矿浆流过，省去了中矿箱，减少了叶轮吸浆负担过重和通过量受限的问题，并省去吸浆动力，有利于液面的自动控制，适应了大型化的发展。但由于通道较大，易造成矿浆短程或串料。

（4）该机也采用了新型气溶胶加药方式，如图 5-10 所示。每个槽均设有加药漏斗，分段加药时，药剂可由定子循环孔和空心轴直接加入叶轮腔内。例如，药剂通过位于定子循环孔的喷嘴（直径 4mm）进入上层叶轮时，被叶轮腔内的气液矿浆流带出而形成雾状，直径 6 ~ 15μm；从空心轴加入药剂进入下层叶轮，形成气溶胶，直径在 10^{-8}cm 左右，提高了药剂的分散度。且药剂首先覆盖在气泡上，这种气泡表面除吸附起泡剂分子外，还吸附一层药剂薄膜，减弱了气泡表面水化膜厚度和坚固度，是活化气泡。

实践证明，由于采用了双偏摆叶轮，矿浆立体循环、直流式给料和气溶胶加药等方式，该机每小时可处理 300 ~ 500t 矿浆或 50t 左右干煤泥。

B XJX-Z8 型浮选机

XJX-Z8 型浮选机是 XJX-8 型的改进型，如图 5-12 所示。主要在以下两方面进行结构改造：一是设置直流通道，把浮选机入料或前室来料引导到下一浮选槽的叶轮-定子区，使部分矿浆即刻由叶轮吸进，通过这个最佳搅拌区，减少了矿浆的短路或串料，增加了矿化几率；二是增设了导向板和假底，有助于浮选槽底部流体的合理分布，增加浮选槽底部矿浆循环量，可防止底部颗粒的沉积，有利于粗颗粒的浮选。

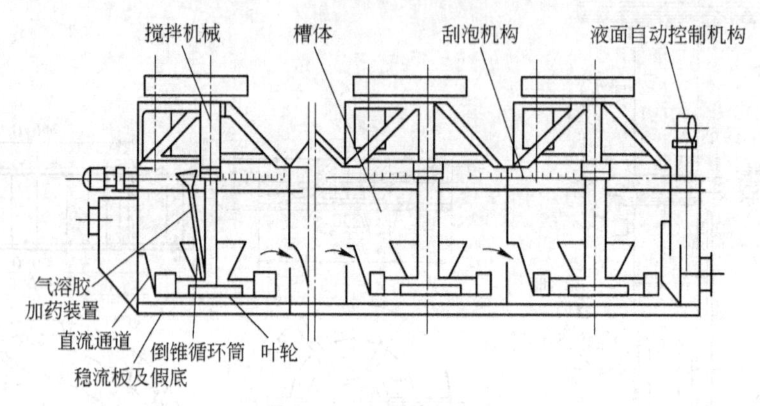

图 5-12 XJX-Z8 型浮选机

C XJZ-8 型浮选机

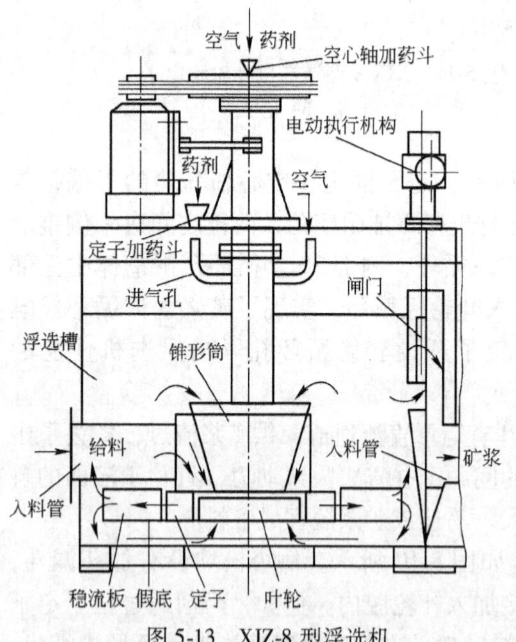

图 5-13 XJZ-8 型浮选机

XJZ-8 型浮选机是 XJX-8 型和 XJX-Z8 型的改进型，如图 5-13 所示，矿浆经头部槽体入料管给到叶轮上部，叶轮上部叶片除了吸入从入料管来的新鲜矿浆外，还从锥形筒吸入槽内的循环矿浆；而叶轮下部叶片吸入经假底进入的循环矿浆。同时，空气经套筒和空心轴的进气孔分别被吸入到叶轮上、下叶片中；浮选药剂则从空心轴和定子的加药斗给入，并呈气溶胶弥散于矿浆中。矿浆、气泡、药剂从叶轮甩出后经定子导向叶片和稳流板进行分散导流，矿化的泡沫上浮，由刮泡器刮出。

XJZ-8 型浮选机的特点在于采用了给料管中心吸料方式，全部矿浆经叶轮吸入浮选槽，有利于气泡的矿化和提高浮选速度，还可对每个浮选槽单独调整液面，操作方便，分选指标好。该机同样也有采用了假底以增加槽底部矿浆循环量和防止底部颗粒的沉积，有利于粗颗粒的浮选，能提高精煤产率和尾煤灰分，还可减少功率消耗，提高充气量和充气均匀系数。此外，叶轮倾斜圆盘的倾斜角比较小，相应提高了圆周速度，增大了叶轮底盘循环孔面积，以满足矿浆吸入量、循环量和充气量的要求。叶轮采用了合金耐磨材料，提高了使用寿命。该机对浮选入料的灰分和浓度变化的适应性较强。

D XJX-12（T12）型浮选机

该机也是在XJX-8型的基础上研制的单槽容积12m³的大型浮选机，其结构如图5-14所示。针对直流通道易串料，矿浆不能全部进入矿化最佳区域，即不能全部进入叶轮区从而影响分选效果的问题，XJX-T12型采用了中心入料管入料，即用一个水平管将新鲜矿浆或前槽矿浆导入倒锥循环筒下部的外壁和定子盖板组成的截面为三角形的旋转体，从定子盖板上的循环孔进入叶轮上部，防止串料。由于全部矿浆均进入叶轮，和下吸式类似，矿浆处理量有所减少，动力消耗有所增大，但提高了分选效果，加快了浮选速度，增强了选择性，更适应难浮煤泥的分选。

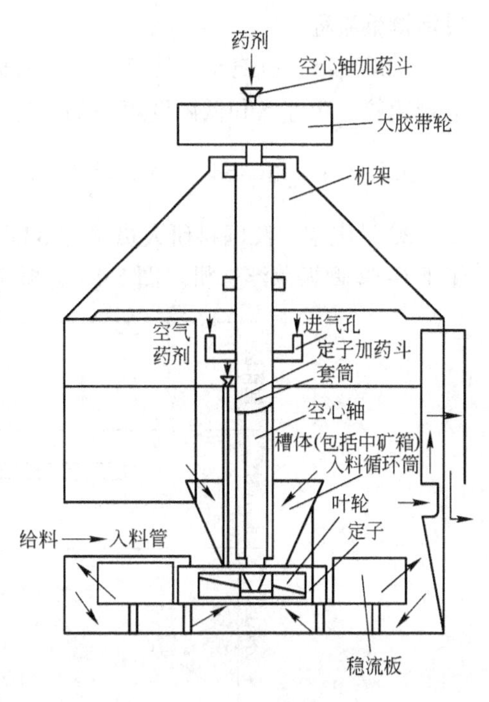

图5-14 XJX-T12型浮选机

另外，XJX-T12型浮选机为适应煤泥可浮性变化较大的特点，采用了五槽结构，在三、四槽之间设有灵活机动、便于调整的新型中矿箱，矿浆由此可进入下槽分选，也可方便地返回前槽或进入另外的浮选机进行二次分选，适应性强。中矿箱工作示意图如图5-15所示。中矿箱由隔板分成A、B两室，A室内有一通道D与浮选精矿槽相连，A、B室的上面各有一锥塞E和C。采用一次选时，关闭通道D和锥塞C，打开E，第三室的矿浆经由中心入料管进入第四室进行分选；当精矿质量不合要求，或精煤质量要求比较高，粗精矿需要再选，即采用二次选时，可以关闭锥形塞E，打开通道D，使前三室的粗精矿进入第四室进行再选，打开锥

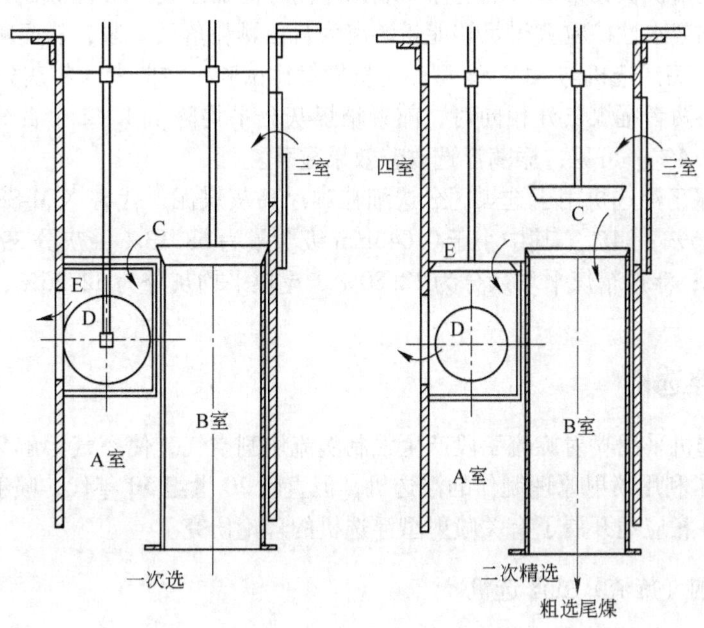

图5-15 中矿箱工作示意图

塞 C，使第三室的尾矿进入 B 室，直接排出。所以，XJX-T12 型浮选机可以根据煤质变化灵活调整流程。

XJX 型浮选机属于中等槽深，并有假底，能得到较厚的泡沫层，利于二次富集，特别适合粗粒、难浮煤和低浓度煤泥的浮选。

5.2.2.4 FJG-S8 型振荡浮选机

20 世纪末，我国科研人员又在 XJM-S8 型浮选机的分离区加上机械振荡分离器，构成了 FJG-S8 型振荡浮选机。图 5-16 为振荡浮选机原理示意图。

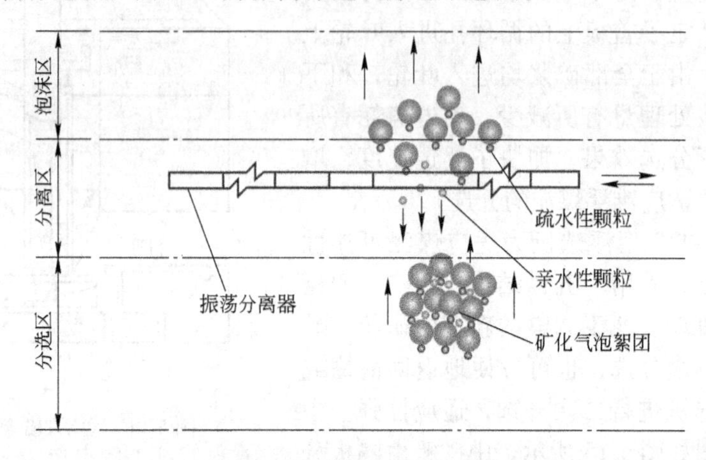

图 5-16 振荡浮选原理示意图

煤泥浮选过程中的机械夹带是造成高灰亲水矿粒污染精煤的主要原因。疏水性颗粒与亲水性颗粒的浮选原理截然不同。前者是由于颗粒与气泡碰撞后自发形成牢固黏附，然后上浮；而后者是由机械夹带形成的上浮。利用振荡分离器激励分离区域的介质产生脉冲运动，使被夹带的亲水性矿粒获得足够能量游离为自由颗粒落回矿浆，从而减轻夹带污染。

FJG-S8 型振荡浮选机与 XJM-S8 型浮选机做对比试验：在前者入料灰分高 3.35 个百分点的情况下，当两者尾煤灰分相同时，前者精煤灰分平均降低 1.42 个百分点，浮选完善指标平均提高 4.4%。可见，振荡浮选改善效果显著。

FJG-S8 型振荡浮选机用于选煤厂分选细粒难浮高灰煤泥，代替 XJM-S8 型浮选机。浮选入料灰分为 26% ~34%，其中小于 0.045mm 级含量为 68.13%，灰分 39.88%；入料浓度为 60 ~80g/L；浮选精煤平均灰分为 12.80%，尾煤平均灰分为 52.26%；矿浆处理量为 $315m^3/h$。

5.3 喷射式浮选机

喷射式浮选机采用喷射旋流手段产生强制涡流切割空气，使空气溶解后再析出。早在 1913 年就出现了利用喷射原理制作的浮选机，但直到 20 世纪 50 年代，喷射式浮选机才真正得到应用，并相应地开展了有关喷射型浮选机的理论研究。

5.3.1 XPM 喷射（旋流）式浮选机

我国自行研制的煤用喷射式浮选机系列产品有 XPM-4、XPM-8 和 XPM-16，单槽容积分别为$4m^3$、$8m^3$和$16m^3$。XPM型浮选机主要由充气搅拌机构、槽体、矿浆循环系统及放矿、刮泡机构等组成。槽体、放矿机构、刮泡机构和XJM-4型相似，也多为6室结构。XPM型浮选机采用直流式给料、无中矿箱。煤粒和气泡在浮选机内呈垂直运动方式，如图5-17所示。煤粒和气泡的这种运动方式增大它们之间的接触碰撞几率，有利于气泡的矿化。每两个槽设一矿浆加压循环系统，即从两室之间抽出部分矿浆，经砂泵加压后从分布在每个槽内的4个喷嘴喷射，以产生充气和搅拌作用。

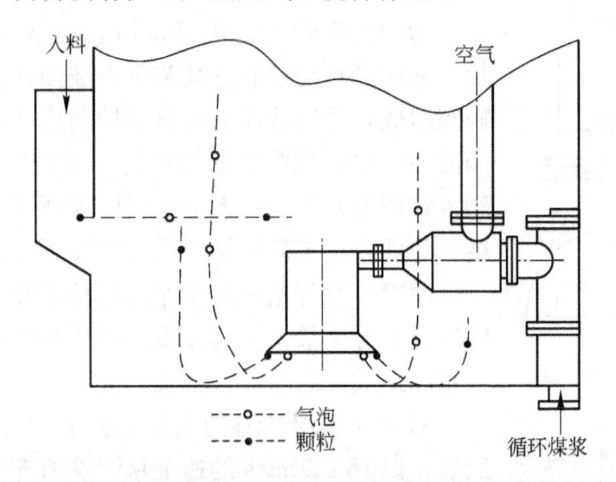

图5-17　XPM型喷射式浮选机内煤粒和气泡的运动形式

5.3.1.1　XPM-4型浮选机

XPM-4型浮选机由充气搅拌机构、槽体、刮泡机构和放矿机构等组成，结构如图5-18所示。XPM-4型浮选机的槽体、刮泡机构和放矿机构与XJM-4型浮选机基本相似，不同的是XPM-4型浮选机采用直流式给料，槽体之间直接相连，无中矿箱和U形连接管。此外，为满足直流式给料的要求，以及浮选机头、机尾液面高差的需要，安装有可调的泡沫溢流堰。

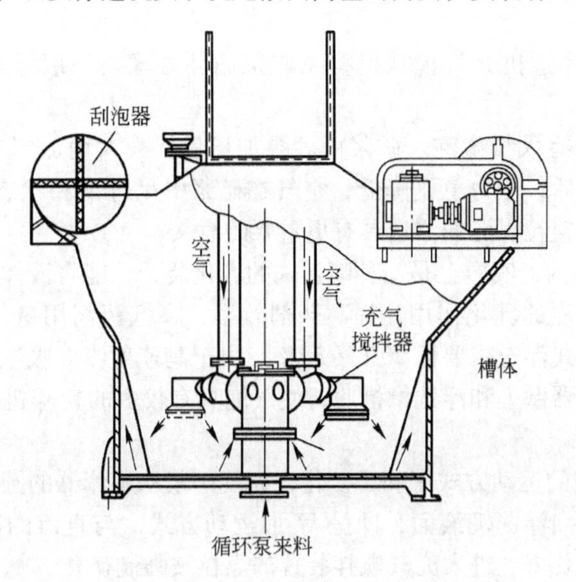

图5-18　XPM-4型喷射式浮选机

XPM-4 型浮选机充气搅拌机构为浮选机的主要工作部件，由进气管、喷嘴、混合室和旋流器组成，如图 5-19 所示。喷嘴为 35°锥角的圆锥体，喷出口直径 26mm，喷嘴锥体部分有 4 片螺旋角为 90°的导流叶片，作用是使煤浆呈螺旋扩散状喷出，增加煤浆与空气的接触面积。旋流器内径为 150mm，圆柱部分高 150mm，圆台高 50mm，内有 8 块与径向成 60°的导向板。

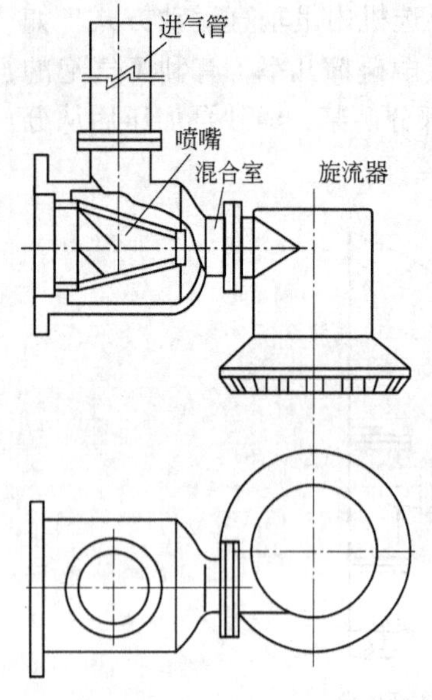

图 5-19 XPM-4 型浮选机充气搅拌机构

为使生产时浮选机保持适宜的液面高度，稳定产品质量，液面可自动控制，其装置由液面传感器、电动执行器和蝶阀组成。采用液面高度自动控制后，大大减少了产品灰分的波动。但此装置是密封式的，不便于观察检查尾矿粒度、颜色和浓度，使司机无法根据尾煤情况及时调整浮选工艺制度。为此，在尾矿管蝶阀后又安装了尾矿箱。

XPM-4 型浮选机每两个浮选槽配备 1 台砂泵，从浮选槽中抽出部分矿浆，使其加压，再从喷嘴高速喷出，从而在混合室中造成负压，吸入空气。

XPM-4 型浮选机的工作原理是：矿浆在循环砂泵中加压后，以 18 ~ 20m/s 的速度从浮选机充气搅拌机构的喷嘴中喷出，形成高速射流，在混合室中产生负压，空气经进气管进入混合室，完成了浮选机的充气过程。高速射流将空气切割、粉碎成细小的气泡，并相互混合，沿切线方向进入旋流器。在旋流器中，浆气混合物高速旋转，呈伞状甩向浮选槽。加压过程中溶解在煤浆中的空气，在混合室的负压区中从矿浆中析出，形成微泡，选择性地在煤粒表面析出，大大增加了煤粒向气泡附着的速度和附着力，强化了气泡的矿化过程。没有浮出的煤泥在浮选机各槽内均有机会被循环砂泵吸出，进行循环，再次进行分选；其余矿浆则直接进入下一室与旋流器甩出的气泡相遇，进行矿化，完成浮选过程。

由于 XPM-4 型浮选机充气搅拌机构及矿浆循环方式与一般浮选机不同，具有以下特点：

（1）分选过程中有大量微泡。矿浆由砂泵加压后，大大增加了空气在矿浆中的溶解度，矿浆从喷嘴喷出后，压力急剧降低，空气在矿浆中呈过饱和状态，以微泡形式析出，提高了浮选效果，对粗粒煤泥的浮选具有更重要的意义。

（2）充气搅拌机构，实质上是一种喷射式的乳化装置，能将液体、空气流分散成微细状态，使药剂受到激烈的乳化作用，提高药剂效率，降低药剂用量，XPM 型浮选机药剂用量比一般机械搅拌式浮选机要低 20% ~30%。由于高速射流对吸进空气的切割及充气煤浆高速地撞击在旋流器壁上和浮选槽槽底，使气泡具有较多的粉碎机会，提高了气泡的粉碎度。

（3）气泡和矿浆的运动方式有利于矿化，充气矿浆从旋流器的圆台面呈伞状向斜下方甩出，碰到槽底再折向浮选机液面，即呈 W 形运动方式，与直流的矿浆相遇，增加了煤粒与气泡相互碰撞的几率。进入充气搅拌装置的煤粒被强制矿化，从旋流器中甩出时，由于煤粒与气泡所受的离心力不同，气泡必须穿过主要由煤浆组成的伞形网而上升，并为气泡的矿化创造了良好的条件，促使疏水煤粒更容易与气泡黏附进入泡沫产品。

（4）气泡分布均匀，充气容积利用系数较高。该型浮选机每个分选槽内有四个体积较小的充气搅拌机构甩出气泡，这比一个大体积的搅拌机构甩出气泡分布更加均匀。还有该类浮选机采用槽外循环，矿浆在槽内没有内循环，减轻了浮选槽内的紊流，亦有利于气泡的均匀分布，提高充气容积利用系数。

（5）物料可以受到反复多次精选，改善分选效果。矿浆循环量大，一般为入料矿浆的一倍以上，对物料分选有利。

（6）处理量大。

5.3.1.2 XPM-8 型浮选机

XPM-8 型浮选机是 1981 年在 XPM-4 型浮选机的基础上研制成功的，单槽容积为 8m³，结构如图 5-20 所示，技术规格见表 5-4。

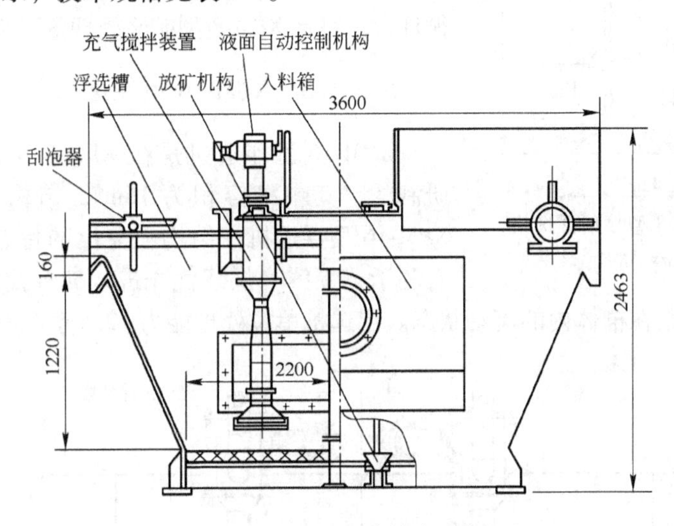

图 5-20 XPM-8 型喷射式浮选机

表 5-4 XPM-8 型浮选机的技术规格

单槽容积/m³	8	电机功率/kW	55
处理能力/m³·h⁻¹	400~600	刮泡器转速/r·min⁻¹	33.0
槽深/mm	1220~1380	渣浆泵型号	200BZ-550
槽体尺寸（上）/mm	2200×3300	外形尺寸（长×宽×高）/m×m×m	14.7×3.6×2.612
槽体尺寸（下）/mm	2200×2200	机器总重（不含渣浆泵）/kg	15800

XPM-8 型喷射浮选机具有以下特点：

（1）采用摆线柱面线型导流叶片的喷嘴，经试验证明，这种喷嘴线型简单，制造容易，比其他线型喷嘴（如锥面螺旋线型）吸气量可提高 15%~40%。

（2）充气搅拌装置垂直安装，且主体部分在浮选槽液面之上，便于检修，大大减少了停产检修时间。XPM-8 型浮选机的充气搅拌机构见图 5-21，由吸气管、混合室、喷嘴、喉管和伞形器组成。

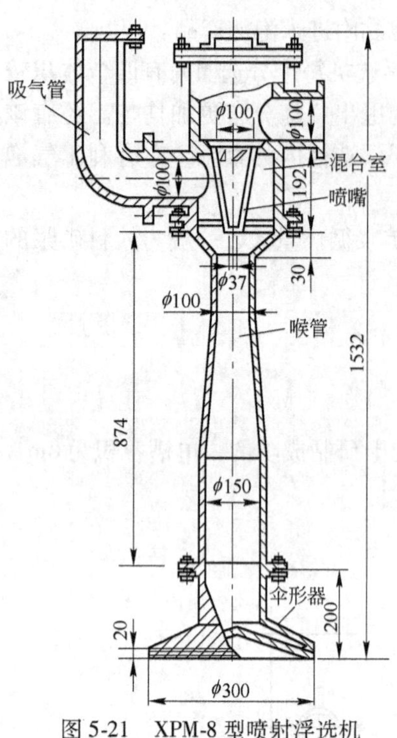

图 5-21 XPM-8 型喷射浮选机充气搅拌机构

(3) 在充气搅拌装置上安设了长度为925mm的喉管，使喷嘴喷出的高速煤浆在喉管内进行比较充分的动能转换，对提高充气量有利。同时利用在煤浆流过喉管的喉颈时将混合室“密封”，防止从混合室排出的空气或大气中的空气回流入混合室，破坏混合室的负压，保证浮选机的正常工作。

(4) 用伞形分散器代替旋流器，使气泡在浮选槽内的分布更加均匀。试验证明，其充气均匀度达80% ~ 85%，比XPM-4型提高5% ~10%。

由于进行了上述结构上的改进，使XPM-8型喷射浮选机不但使用方便，而且具有处理能力大、选择性较好和药剂用量小等优点。此外，采用矿浆多次循环，精选循环大，每台XPM-8型矿浆处理量可达$500m^3/h$。

5.3.1.3 XPM-16 型浮选机

XPM-16型浮选机是在XPM-8型浮选机的基础上研制的，其单槽容积为$16m^3$，结构如图5-22所示。XPM-16型浮选机在结构上突出的特点是采用了假底，有利于“新鲜”煤浆优先进入充气搅拌装置实现矿化以及改善循环煤浆在槽体内的流动状态。浮选机单位处理能力$12.5m^3/(m^3 \cdot h)$。

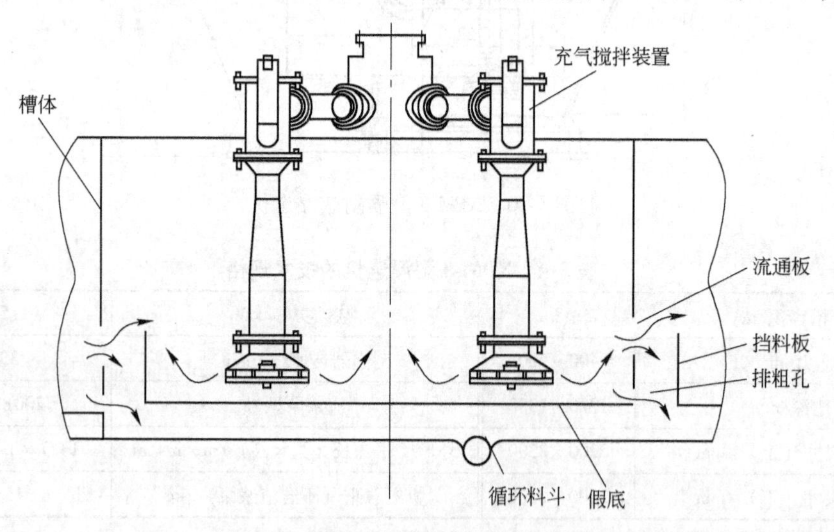

图 5-22 XPM-16 型浮选机结构示意图

5.3.2 FJC 型喷射式浮选机

近年来，随着选煤技术的发展，尤其是多种耐磨材料的研制成功，解决了喷射器喷嘴的磨损问题，喷射式浮选机得到了新的发展。在XPM-8型喷射式浮选机的基础上并吸取国外无机械搅拌式浮选机研究成果，成功开发了我国第三代FJC系列喷射式浮选机，形成单槽容积4~20m³的7种规格的FJC系列产品，技术规格见表5-5。它具有与XPM-8型喷射式浮选机相同的工作原理和特点。

表5-5 FJC系列喷射式浮选机技术规格（4槽箱）

型号	单槽容积 /m^3	煤浆处理量 /$m^3 \cdot h^{-1}$	喷嘴出口直径/mm	刮泡器		外形尺寸/mm×mm×mm	总质量 /kg
				转速/$r \cdot min^{-1}$	功率/kW		
FJC4	4	130~160	36.5①	35.0	2.2	8316×2780×2150	10800
FJC6	6	160~240	36.5	35.0	2.2	9125×3230×2260	12600
FJC8	8	230~320	36.5	35.0	2.2	9942×3600×2483	15900
FJC12	12	380~480	39.0	35.0	2.2	11800×3800×2820	24100
FJC16	16	510~640	44.0	25.4	3.0	12800×4070×3020	29400
FJC20	20	640~800	49.0	25.4	3.0	13850×4300×3120	34000
FJC20A	20	640~1000	49.0	25.4	3.0	13850×4300×3120	34000

①FJC4每槽安装两个充气搅拌装置。

FJC型浮选机由充气搅拌装置、浮选槽箱、刮泡机构、放矿机构、液面调整机构以及配套的煤浆循环泵等组成，结构示意图如图5-23所示，它的充气搅拌装置与XPM-8型浮选机基本一致，但对参数进行了优化，结构形式和结构参数更趋合理，各项技术性能指标和工作效果都有明显改善和提高。表5-6为FJC系列喷射式浮选机在不同液面下的充气性能指标。

表5-6 FJC系列喷射式浮选机在不同液面下的充气性能指标

型号		FJC12-4	FJC16-6	FJC20
液面下120mm	充气量/$m^3 \cdot m^{-2} \cdot min^{-1}$	0.94	1.01	1.62
	充气均匀系数/%	88.72	85.32	90.36
液面下420mm	充气量/$m^3 \cdot m^{-2} \cdot min^{-1}$	0.74	0.81	1.42
	充气均匀系数/%	80.68	81.31	88.13
液面下720mm	充气量/$m^3 \cdot m^{-2} \cdot min^{-1}$	0.59	0.55	1.09
	充气均匀系数/%	82.43	76.26	85.78
液面下1020mm	充气量/$m^3 \cdot m^{-2} \cdot min^{-1}$	0.56	0.50	0.85
	充气均匀系数/%	67.14	73.89	84.73

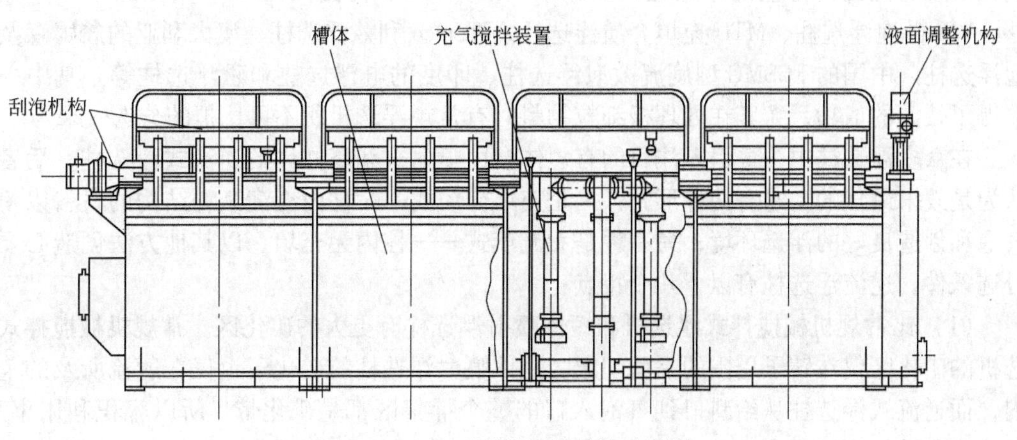

图5-23 FJC系列浮选机结构示意图

FJC 系列浮选机在以下方面进行优化和改进：

（1）优化了喷射式浮选机的充气搅拌装置的结构参数，一个槽箱内安装有 4 个呈辐射状分布的充气搅拌装置，浮选机的充气均匀系数和充气容积利用系数有大幅提高，充气搅拌装置的混合系数高。浮选槽内活性微泡数量多，有利于较粗粒级煤泥的浮选；

（2）采用兼备有直流式和吸入式入料优点的入料方式，克服直流式入料容易“串料”的弊端，有利于提高浮选机处理能力和分选选择性；

（3）改进浮选槽箱内煤浆流动形式和循环煤浆抽取方式，浮选入料从头槽箱到尾箱的运动路线与从伞形分散器喷出后上升的气泡群运动方向垂直交叉，大大增加了气泡与煤粒的碰撞概率，为气泡矿化创造了极为有利的条件；

（4）改进浮选机头槽箱入料口形状，使进入浮选槽箱的入料分布更加均匀；

（5）优选了与 FJC 系列喷射式浮选机配套的高效、耐磨煤浆循环泵，使浮选机的装机容量和吨煤电耗（按相同入料浓度计算）都低于我国其他煤用浮选机。

FJC 型喷射式浮选机的工作原理是：喷出的矿浆直接喷射到伞形分散器上，然后呈伞状甩向槽底。矿浆加压过程中，空气溶解度加大，喷射时由混合室的负压使矿浆减压，溶解的气体以微泡形式在疏水的煤粒表面析出，增强了煤粒的上浮力以及向气泡的附着力。没有浮出的矿粒则可以通过砂泵吸出，再次打入浮选机充气装置，以高速喷出继续完成对矿浆的循环矿化。

5.4 浮选柱

浮选柱无传动部件，矿浆的充气靠外部压入空气。压入的空气通过特制的、浸没在矿浆中的充气器形成细小气泡。浮选柱属单纯的压气式浮选机，对矿浆没有机械搅拌或搅拌较弱，为使矿粒能与气泡得到充分碰撞接触，通常矿浆从浮选柱上部给入，产生的气泡从下部上升，利用这种逆流原理实现气泡矿化。同机械搅拌式浮选机相比，浮选柱具有结构简单、制造容易、节省动力、对微细颗粒分选效果好等优点，适用于组分简单、品位较高的易选矿石的粗选、扫选作业。在选煤厂用于脱除细粒灰分和黄铁矿已显示出优于常规浮选机的效果。但由于气泡发生器容易发生堵塞、运转不稳定等问题而使浮选柱未能得到更广泛应用。20 世纪 80 年代后由于这些问题基本解决，再次掀起了浮选柱的研究与应用高潮，出现一批各具特色的浮选柱，如加拿大的 CFCC、德国的 KHD、美国的 Flotair 浮选柱、VPI 微泡浮选柱、MTU 充填介质浮选柱、Wemco 利兹浮选柱、澳大利亚的詹姆森及全泡浮选柱、中国的 FCSMC 型旋流微泡浮选柱、印度的电浮选柱和磁浮选柱等。其中一些取得了较大的成功，尤其在处理极细粒物料时有常规浮选机所不可比拟的分选效果。

在众多浮选柱中，最引人注目的有短体自由喷射式和高柱体的逆流式浮选柱，后者被认为是效果最佳的，它有两种形式：一是充填介质式——柱内充满某种结构的材料以粉碎气泡和创造良好的浮选环境；另一种是无充填式——柱内无充填，以其他方法创造必要的分选条件。逆流浮选柱有以下几个特点：

（1）比常规机械搅拌式浮选机和短体喷射浮选柱有更大的矿化区。常规机械搅拌式浮选机的矿化区仅在转子周围的高剪切区，短体喷射浮选柱的矿化区也仅在射流所及的范围内，而逆流式浮选柱从给料口到气泡入口的整个捕集区都是矿化带，所以容积利用率高，单位容积的处理能力也大。

（2）矿物颗粒与气泡的碰撞及黏附几率大。机械搅拌式和喷射式浮选机的矿物颗粒和气泡高速甩出时运动方向基本一致，依靠紊流中两者间的速度差碰撞并实现黏附。但紊流不仅可使两者黏附，也可使两者脱离，而且为了产生紊流要消耗很大的能量。逆流式浮选柱内颗粒和气泡的运动总体上是相向的，虽然运动的绝对速度较小，但相对速度却不小。由于紊流程度低、能耗低，颗粒和气泡的脱离几率也低。

（3）产生的气泡分散度高、微细气泡多。同样的充气量可产生更大的气-液界面，与矿物颗粒就有更多的碰撞机会，而且可产生多个气泡黏附于一个颗粒的气-固絮团，降低了气泡和颗粒的脱落几率。此外，大量微细气泡上升速度较慢，基本处于层流状态，创造了和颗粒碰撞的有利条件，也提高了浮选的速率和回收率。

（4）减少了高灰细泥的污染。机械搅拌式浮选机的泡沫精煤中常夹带高灰细泥，而逆流式浮选柱的湍流程度低，顶部又有冲洗水，迫使泡沫间夹带的入料水和高灰细泥排出，有利于生产低灰精煤和浮选脱硫。许多采用机械搅拌式浮选机的选煤厂，为提高精煤质量，或采用精选、扫选等复杂的流程，或以降低重选精煤的灰分来平衡全厂的精煤灰分，若采用逆流式浮选柱处理细泥，提高其分选效果，则有可能以简单的浮选工艺取得全厂的最高精煤产率。

5.4.1 传统浮选柱

浮选柱结构简单，如图5-24所示，由柱体、充气器、风室、给矿器和刮板等组成。浮选柱上部为一圆柱形筒体，也有方形的，底部为圆锥体，柱体与锥体衔接处安设一层充气器。

浮选柱工作原理是：矿浆从柱体上部的给矿器均匀给入，分布在整个浮选槽中，矿粒在重力的作用下缓慢沉降。压缩空气由设在柱体底部的充气器微孔喷出，这些气泡直径很小，均匀地分布在柱体的整个断面上，向上升浮。上升的气泡流和下降的矿浆流作相对运动，气泡要穿过矿浆流才能到达矿浆液面，形成泡沫层，在这种对流运动中，矿粒和气泡发生相互接触和碰撞，实现气泡的矿化，达到分选目的。未矿化的脉石颗粒由浮选往下部的尾矿管排出。浮选柱内浮选区的高度远大于其他浮选机，因此，矿粒与气泡碰撞和黏着的几率大。浮选区内矿浆气流的湍流强度较低，黏附在气泡上的疏水性矿粒不易脱落。此外，浮选柱的泡沫层可达数十厘米，二次富集作用特别显著，且可向泡沫层淋水加以强化，往往一次粗选便可获得高质量最终精矿。浮选柱在我国应用已多年，选择性好，适于对细粒物料进行有效分选。

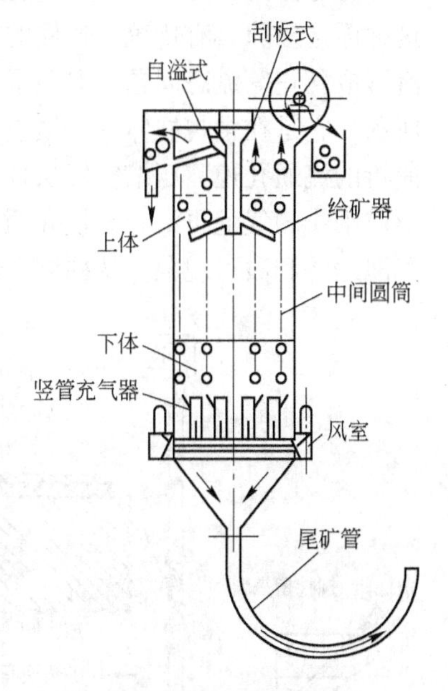

图5-24 传统浮选柱结构图

充气器是浮选柱的关键性部件，直接影响矿浆的充气量、气泡的弥散程度和浮选柱的工作效率，要求充气器能生成细小而多的气泡。充气器用的多孔材料有帆布管、橡胶管、尼龙管、微孔陶瓷管、微孔塑料管和塑料瓶等，其中以微孔塑料管较好，对由石灰造成的高碱度矿浆，则采用丁腈橡胶管较合适。

充气器的结构形式有几种，目前工业生产中使用较多的有竖管型和炉条型两种，定型产品为竖管型。一些选厂曾试用过“旋流式充气器”和“水气喷射充气器”。图5-24中使用的是竖管型充气器。该型充气器由微孔材料做成的短管组成，这些短管按一定的距离均匀、竖立地排列在浮选柱柱体底部的断面上，并通过风包与空压机连通。这种充气器，充气平稳均匀，不易堵塞。通过改变充气竖管的长度可以改变充气面积，故效果较好。炉条型充气器由若干条帆布管或扎孔橡胶管组成。这些有微孔的管子，按一定距离，水平均匀地排列在柱体底部，管子的两端与供风系统连接。该类型充气器结构简单，但充气面积不能调节，管子表面易积砂、结垢等，导致充气孔堵塞。

为保证分选过程有效地进行，柱体应有足够的高度，柱体的高度与原矿品位、粒度、可浮性和对精矿质量的要求等有关。通常粗选可取7~8m，槽选、扫选可降低1~2m，一般不低于4m为宜。直径大约1~2.5m。有人认为，对高品位易选矿石应采用大直径的低柱，并建议如采用竖管型充气器时，柱体高度粗选时取5~7m，扫选时为4~6m。

给矿器是一根空管，下接4根支管，每根支管末端有一个蝶形托盘，保证矿浆沿整个柱体横截面均匀喷洒出来，矿浆浓度可由给水管的水量进行调节。

5.4.2 静态浮选柱

静态浮选柱是1985年美国国际矿业工程技术公司杨锦隆博士发明的，已获国际专利。这种浮选柱除具有传统浮选柱的优点外，还克服了传统浮选柱气泡易兼并，易产生强烈紊流形成翻花等流态问题，取消了易结垢堵塞的气泡发生器。充填式浮选柱的结构如图5-25所示，它是在常规柱体内充填波纹板，充填板层层排列，并各自成90°角，形成众多细小曲折的流通孔道。压缩空气从柱体底部给入，在其上升过程中被众多孔道多次切割粉碎，形成细小的气泡再沿着充填介质的交叉孔道，平衡地迂回推进上升，不会产生沟流翻花、气泡兼并和破灭现象。从柱体中部给入的矿浆沿充填介质提供的特定孔道向下运动，下部鼓入的空气经充填介质切割形成的气泡沿特定孔道向上运动，形成矿浆与气泡的逆向流动。气泡上升过程不断被矿化，并与柱体上部的淋洗水形成逆向流动，因此矿化泡沫中杂质可经过多次洗涤。气泡、矿浆中的矿粒以及上部的淋洗水在柱体中的运动不是垂直的，而是沿充填介质提供的迂回孔道流动，使气泡矿化更充分，矿化泡沫中的夹杂洗涤更充分。此外，由于充填式静态浮选柱中充填介质的存在和板间的毛细管作用，使得泡沫层厚度比传统浮选柱要高，有利于二次富集。

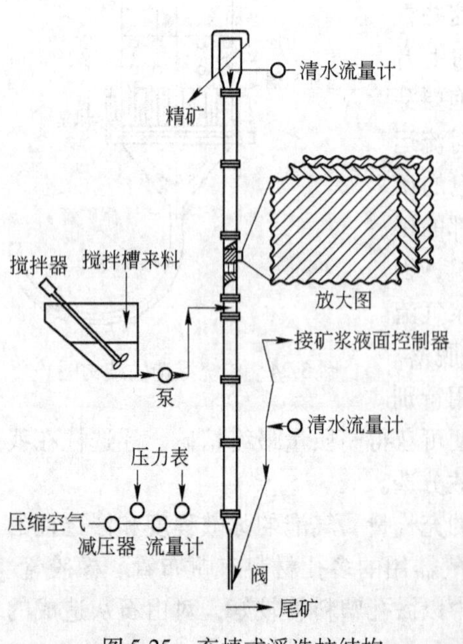

图5-25 充填式浮选柱结构

充填式浮选柱分选细粒物料具有较好的效果，但是该浮选柱的柱体太高，而且由于微小矿粒在柱体内运动距离和停留时间过长，造成氧化程度加大而不利于非氧化矿的浮选。王化军等对充填式浮选柱的外部发生器进行了改进，用亲水性的材料作充填介质床层，并且床层在柱中具有一定的可动性，解决了更换、维修的困难。之后又用沿柱高一定距离的若干筛网取代了充填介质床层，辅之以外部发泡系统，解决了柱体有效容积过小和捕收区混合带来的不利影响。

充填式静态浮选柱对煤泥分选有很好的效果，采用 TE 油作起泡剂，0 号轻柴油作捕收剂，分选太西选煤厂的细粒煤的精煤产率可在 70% 以上。在入料灰分 23.24% 时，精煤灰分可达到 4.38%，尾煤灰分达到 72.28%。

5.4.3 微泡浮选柱

微泡浮选柱是美国研制的，其结构如图 5-26 所示，主要由柱体、矿浆循环及气泡发生系统、药剂系统、冲洗水控制与分配系统、液位与尾矿排放自动控制系统五个部分组成。其中气泡发生器为美国 VPI 专利技术，是一种在线静态混合气泡发生器。这种多孔管微泡发生器是在压力管道上设一微孔材质的喉管，喉管通过密封的套管同压缩空气相连。循环矿浆、压缩空气与起泡剂一起进入静态混合器中被强烈剪切，产生大量微泡，直径在 0.1 ~ 0.4mm 之间，产生的微泡与循环矿浆中的颗粒接触碰撞，气泡被矿化，矿化后的气泡立即被流动的矿浆带走。由于使用了在线静态混合气泡发生器，提高了气泡与颗粒接触碰撞的几率，有利于浮选。此外，气泡发生器安装在柱体外部，容易维修，不会发生堵塞，不需使用清水。微泡浮选柱的柱高在 6 ~ 9m，直径为 1.8 ~ 3m。

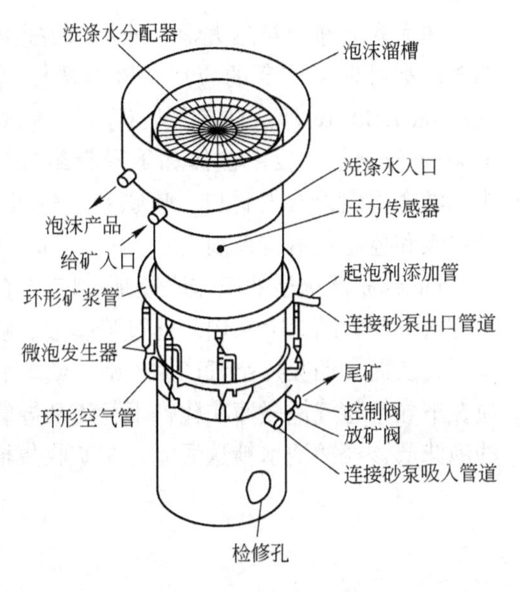

图 5-26 微泡浮选柱结构

煤浆由上部柱高 2/3 处给入，循环煤浆泵将浮选柱下部的循环煤浆与起泡剂一并加压，经微泡发生器将充气煤浆给入柱体内。在浮选柱上部安装有液位探头，用控制器控制尾煤排出量来保持液位的给定值。在浮选泡沫层的中部设有喷淋水管，控制精煤灰分，调整泡沫浓度。喷淋水正常用量为 60 ~ 90m^3/h，约为入料量的 55% ~ 85%，水量按断面计算时约 20cm^3/（cm^2 · min）。增加或减少喷淋水将使浮选精煤灰分降低或增高。泡沫由柱体上部自溢流出形成精煤。

微泡浮选柱的入料量直接影响浮选工艺效果，直径 3m 的微泡浮选柱的处理量小于 16t/h，加大处理量则尾煤灰分降低。入料的浓度及粒度组成越粗，浮选的有效分选粒度上限就越小，同时处理能力下降。

微泡浮选柱的泡沫层厚度在 0.6 ~ 0.8m 之间，与柱高和直径无关，通过控制液位高低来控制。液位高则泡沫薄，精煤灰分较高，液位低则可以降低浮选精煤灰分，但同时尾煤灰分也相应下降。

微泡发生器吸入空气量和煤浆循环量将会在很大程度上影响浮选柱的工作效果。微泡浮选柱安装有 10 个均匀分布于柱体四周的微泡发生器，利用煤浆的循环和微泡发生器吸入空气，气泡的分散度越好，气泡直径越小，浮选效果就越好；充气量加大会增加浮选精煤产率，但会使精煤灰分增高；增加煤浆的循环量可以提高尾煤灰分；充气量和煤浆循环量过大时，微泡浮选柱的充气性能恶化，气泡沿柱高度分布极不均匀，过多的气泡相互兼并形成气流，增加了湍流程度，致使液面翻花，从而降低分选选择性。一般情况下煤浆循环量为500m^3/h，工作压力为0.17MPa，吸气量在350m^3/h左右。

直径2.4m的浮选柱用于处理高灰、细粒、低浓度、曾经用大型浮选机处理但得不到合格指标的煤泥水时，一次分选便得出灰分10%，可燃体回收率60%的好指标。

5.4.4 Jameson浮选柱

澳大利亚纽卡赛尔大学Jameson教授1987年发明的一种新型浮选柱，目前在选煤厂和选矿厂都得到了广泛的应用。该浮选柱具有设备体积小、处理能力大，能耗低的优点。Jameson 1500/16浮选柱矿浆处理量可达960～1360m^3/h，是XJM-S12型浮选机的两倍多。Jameson浮选柱主要由柱体和下导管组成，结构如图5-27所示，下导管的顶部装有混合头，混合头内设有入料口、喷嘴和空气吸入口，下导管结构如图5-28所示。辅助设备有给料泵和控制仪器与仪表。

Jameson浮选柱的工作原理是：将调好药剂的矿浆加压到0.1～0.15MPa，用泵经入料管打入下导管的混合头内，通过喷嘴形成喷射流，使下导管顶部压力小于大气压，产生负压区，从而自动吸入空气产生气泡。给料和空气在下导管垂直部分顶部处经预先混合，矿粒在下导管与气泡碰撞矿化，下行流从导管底口排入分离柱内，矿化气泡上升到柱体上部的泡沫层，经冲洗水精选后流入精矿收集槽，尾矿则经柱体底部锥口排出。

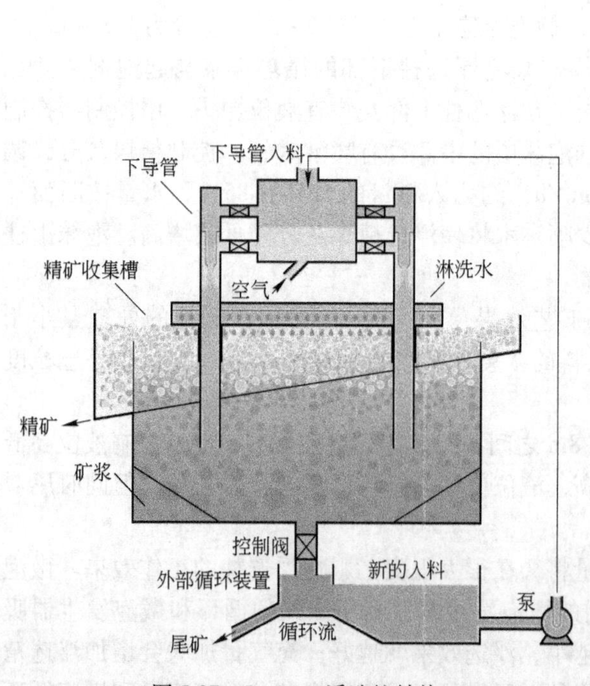

图5-27 Jameson浮选柱结构

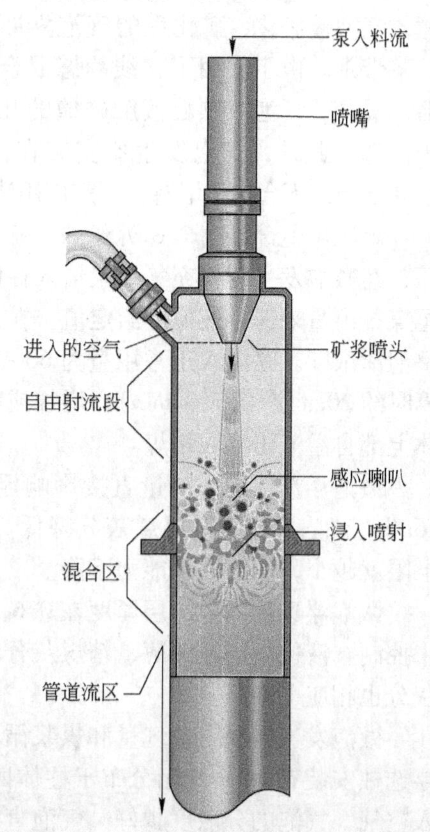

图5-28 Jameson浮选柱下导管示意图

Jameson 浮选柱利用高速射流的流体剪切成泡，充气量大，气泡尺寸小，小于 326μm 气泡占 95%。Jameson 浮选柱具有以下特点：

(1) 矿粒与气泡的碰撞矿化发生在下导管内，柱体只起使矿化气泡与尾矿分离作用，实现了矿化与分离的分体浮选。

(2) 浮选柱高度低，由于气泡矿化过程不发生在柱体内，省去了常规浮选柱中的捕集区高度（约占总高度的 80%）。工业用的 Jameson 浮选柱高度仅为 2m。

(3) 矿粒在下导管内滞留时间短，约为 10s，连同柱体内总停留时间为 1min。因此，Jameson 浮选柱的气泡矿化过程快，浮选效率高。

(4) 下导管内的气泡因浮力作用试图上升，而流动的矿浆将气泡向下推，在快速下降流的作用下，气泡在下导管内无上升出路，于是在管内产生高密度聚集，下导管内矿浆含气率高达 40% ~60%，而普通浮选柱含气率为 4% ~16%。由于下导管内气泡数量众多，疏水颗粒在下导管内不需移动多远就可与气泡发生碰撞附着，完成气泡的矿化。

(5) 矿浆通过混合头的喷嘴以射流状进入下导管，形成负压将空气吸入，省去了正压充气设备。全机唯一动力设备是一台给料泵，节省了生产投资和电耗。

Jameson 浮选柱的缺点是：矿浆停留时间短，对可浮物较多的物料（如煤），需要设置多段扫选。煤泥浮选时，尾矿循环量超过 40%，尾矿、中矿和新鲜入料混合在一起进入气泡发生器会造成部分物料在经过一次分选后形成短路直接进入尾矿；下导管内不易充满，给矿波动时，分选过程不稳定；对气体的劈分成泡过程不完善，在下导管内产生“气团”，在柱体内形成“气弹”，影响分选效果。

5.4.5 FXZ 静态浮选柱

FXZ 静态浮选柱是中国矿业大学（北京）研制的一种新型浮选柱，已形成了不同直径系列产品，最大直径已达 3m。该浮选柱适合于煤泥、各种细粒有色金属矿物及非金属矿物的分选。实际使用的 FXZ 静态浮选柱的高度在 6 ~9m，大部分 FXZ 浮选柱的高度是按照配置要求增高，但是 FXZ 浮选柱的高度一般不能低于 6m。

FXZ 静态浮选柱由矿浆准备器、浮选柱体、循环矿浆系统、气泡发生器、精煤刮泡系统及尾矿排除系统，如图 5-29 所示。

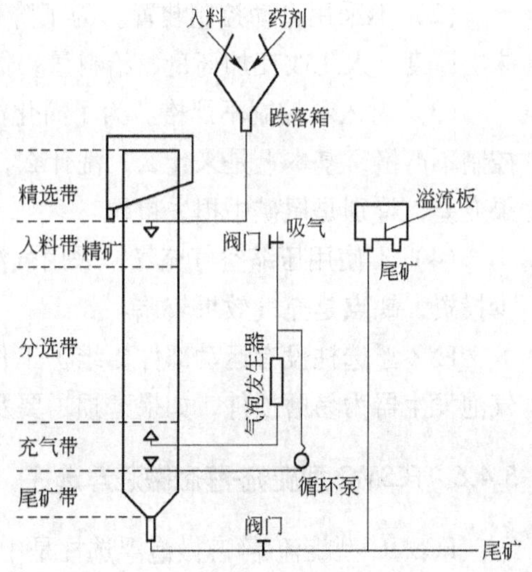

图 5-29 FXZ 静态浮选柱结构原理图

(1) 柱体。柱体是浮选柱的主体，柱体由上往下分为精选带、给料带、分选带、充气带和尾矿带。柱体一般为圆形，也可以为其他形状如方形的或长方形。从流态均匀性的角度来看，圆形较好。

(2) 气泡发生器。FXZ 静态浮选柱采用串联的文丘里管和静态混合器作为气泡发生器，在文丘里管段，空气和起泡剂由喉部进入，固、液、气三相在高度紊流状态下混合，空气在流经文丘里管时同时还受到来自管壁的高速剪切作用，有利于产生细小的气泡。在螺旋混合管段，空气、液体和固体在发泡管内作高速紊流运动，使得在混合管中央与管内壁面上的液体与气体相互交换混合，从而将空气分散成细小的气泡。

气泡发生器是吸入空气产生微细气泡的装置，气泡发生器均匀地安装在柱体的外部，一般为6~8个。每个气泡发生器上有开孔，自动吸入浮选药剂，还有吸气孔，吸入空气。气泡发生器有调节吸气量的阀门、粉碎和雾化空气的装置。气泡发生器利用中矿循环产生负压吸气，可以利用负压克服大气压力直接从大气中吸气，也可以辅以高压风压气。

（3）精矿溢流及刮泡装置。精矿溢流及刮泡装置是排除精矿的装置。刮泡器对精矿泡沫的搅动可以起到二次富集的作用，提高精矿的品位，并增加浮选柱中心泡沫向排料端移动的速度，增加泡沫携带精矿的能力，增加浮选柱的处理量。

（4）尾矿排放装置。FXZ静态浮选柱用两种方法排除尾矿：一是在尾矿管下部直接排放，用电动闸门控制尾矿排放量，与液位传感器配合自动调节阀门的开度，自动控制浮选过程。二是在浮选柱上部排放，利用U形管原理从尾矿管溢流堰排放尾矿，溢流堰的高度和浮选柱内矿浆的高度有相关关系，利用尾矿调节阀控制浮选柱的液位，一般适用小型浮选柱和手动调节。

（5）中矿循环系统。中矿循环系统由循环泵和管路组成，循环泵将中矿抽出后，注入气泡发生器，吸入空气生成细小气泡，同时对中矿进行二次分选。

（6）喷水装置。喷水装置埋在泡沫中，可以使用，也可以不用，其作用是降低精煤的灰分和硫分。

FXZ静态浮选柱与国外浮选柱相比，有以下差别：

（1）不使用喷水。虽然该浮选柱设计有喷水装置，但是现有用户不使用喷水便可以达到精煤灰分要求，可以减少循环水用量，提高浮选精矿浓度。缺点是分选效果受到影响。

（2）不采用自动控制装置。为了降低投资，手动调节尾矿U形管溢流堰高度调节泡沫层厚度，人工改变加药量、给料量，但分选效果有所降低。

（3）对入料控制不严格。为了简化流程，节省投资，对浮选柱入料粒度组成和浓度的控制不严格，基本上是来什么，洗什么，不可能像美国要求某一粒度范围。缺点是分选效果变差，特别是尾矿中损失粗粒。

（4）不使用压缩空气充气。采用气泡发生器自动吸气，优点是不需要空压机系统，减少投资，缺点是充气效果较差。

FXZ浮选柱没有运动部件，维护工作量很小。主要防止气泡发生器、喷水管等堵塞。气泡发生器为易磨损件，如果磨损了要及时更换。

5.4.6 FCSMC型旋流-静态微泡浮选柱

FCSMC型旋流-静态微泡浮选柱是中国矿业大学研制的一种适合我国煤泥特点的新型浮选柱，1992年投入工业应用以来已形成系列产品，技术规格见表5-7。

表 5-7 FCSMC 型旋流-静态微泡浮选柱技术规格

设 备	断面面积 /m^2	单台处理量 /$t \cdot h^{-1}$	单位面积处理量 /$t \cdot m^{-2} \cdot h^{-1}$	矿浆处理量 /$m^3 \cdot h^{-1}$	单位面积矿浆处理量 /$m^3 \cdot m^{-2} \cdot h^{-1}$
FCSMC-1500	1.7	4~6	2.3~3.5	50~60	29~35
FCSMC-2000	3.1	6~12	1.9~3.8	90~110	29~35
FCSMC-3000	7.1	12~20	1.7~2.8	180~240	25.7~34.3
FCSMC-4000	12.6	23~32	1.8~2.5	350~400	27.8~31.7

旋流微泡浮选柱由柱体、气泡发生器、矿浆循环泵、喷淋水装置等组成，其结构和原理如图 5-30 所示。浮选柱分为柱分离、旋流分离和管浮选三部分。整个设备为柱式结构，柱分离位于整个柱体上部。旋流分离采用旋流器结构，并与柱分离呈上下连接，最终尾矿从旋流器的底流口排出；柱分离位于旋流分离柱体上部，相当于放大了的旋流器溢流管。柱分离的顶部设置了喷淋水管和泡沫精矿收集槽，最终精矿由此排出。柱分离可分为两个区：旋流段和入料点之间捕集区及入料点与溢流口之间的泡沫区。给矿管位于柱顶约三分之一处。管浮选装置位于设备柱体外，其出流沿切线方向与旋流分离段柱体相连，相当于分选旋流器的切线给料管。气泡发生器上设有空气入管和起泡剂添加管。

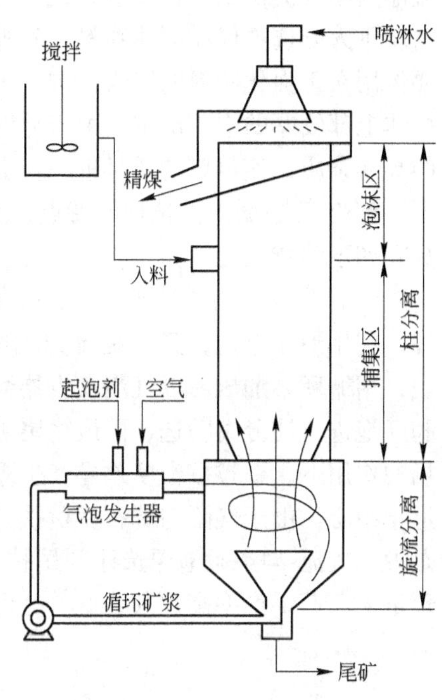

图 5-30 旋流微泡浮选柱结构原理图

管浮选装置包括气泡发生器和浮选段两部分。气泡发生器是旋流-静态微泡浮选柱的关键部件，采用类似射流泵的内部结构。气泡发生器利用循环矿浆加压喷射形成负压的同时吸入空气与起泡剂，进行混合和粉碎气泡，通过压力降低释放、析出大量微泡。含有气泡的三相体系在浮选管段内高度紊流矿化，然后以较高能量状态沿切线方向进入旋流分离段。这样，管浮选装置在完成浮选充气（自吸式微泡发生器）与高度紊流矿化（浮选管段）功能的同时，又以切线入料方式在柱底部形成旋流力场。管浮选装置为整个柱分选的各类分选方法提供了能量来源，并基本上决定了柱分选的能量状态。

含气、固、液三相的循环矿浆沿切线高速进入旋流分离段后，在离心力和浮力的共同作用下，气泡和已矿化的气固絮团迅速以旋流运动方式向旋流中心运动，并迅速进入柱分离段。与此同时，由上部给入的矿浆连同矿（煤）粒呈整体向下塞式流动，与整体向上升浮的气泡发生逆向运行与碰撞，气泡在上升过程中不断矿化，形成分选的持续矿化过程。

旋流分离段的底流采用倒锥形套锥进行机械分离，倒锥形套锥把经过旋流力场充分作用的底部矿浆机械地分流成两部分：中间密度物料进入内倒锥，成为循环中矿；高密度的物料则由内外倒锥之间排出成为最终尾矿。循环中矿作为工作介质完成充气与管浮选过程并形成旋流力场，其特点为：（1）减少脉石等物质对分选的影响；（2）使中等可浮物在管浮选过程中高度紊流矿化；（3）减少循环系统，特别是关键部件自吸式微泡发生器的磨损。

旋流分离段的作用包括三个部分：分散、分离和分选。分散作用是指旋流力场加速了气泡在柱体断面上的分散，减少了气体沿柱体断面扩散的路径与高度。分离是指在离心力场的作用下，通过旋流段底部的双倒锥结构，把旋流分离的底流分成两部分的过程，使得旋流段得到三个产品。旋流分离中矿富含大量可浮物料，在循环过程中进一步得到分选，旋流分离尾矿成为最终尾矿排出。分选是指在离心力场条件下的表面浮选与重力分选。旋流浮选不仅提供了一种高效矿化方式，而且使得浮选粒度下限大大降低，浮选速度大大提高。重力分选不仅在固体物料之间进行，而且还有矿化气泡的介入。因此，旋流分离的主要作用在于强化物料的回收，进一步提高精煤产率与产品质量。矿化气泡在柱体内上升到柱体上部较厚的泡沫层中，由于冲洗水的喷淋作用，上升的泡沫不断受到清洗，清除夹带的高灰杂质，使精煤的质量进一步提高。

旋流-静态微泡浮选柱的特点：旋流-静态微泡浮选柱除具有逆流浮选柱的特点外，还具有如下独特之处：

（1）集浮选与重选于一体，强化分选。该浮选柱实质是在旋流器上方安一逆流式浮选柱，利用泡沫浮选，又与旋流力场中的重选相结合。工作时旋流器的给料是浮选柱的中矿，用循环泵加压后以气泡发生器给入水介质旋流器进行再次分选，旋流器内产生的气团和气泡进入柱分离精选，而最终尾矿由底流排出。循环矿浆切线进入旋流段后，在离心力场的作用下，颗粒按密度差异产生重力分离，密度大的颗粒贴近器壁，密度较小的颗粒趋近于中心。由于气团与矸石及黄铁矿的密度差别悬殊，在旋流分离段得到强化分选。也就是说，旋流-静态微泡浮选柱利用柱分离保证选择性，利用重选旋流强化回收。故不仅处理量大，精煤产率高、灰分低，且可降低柱体高度。

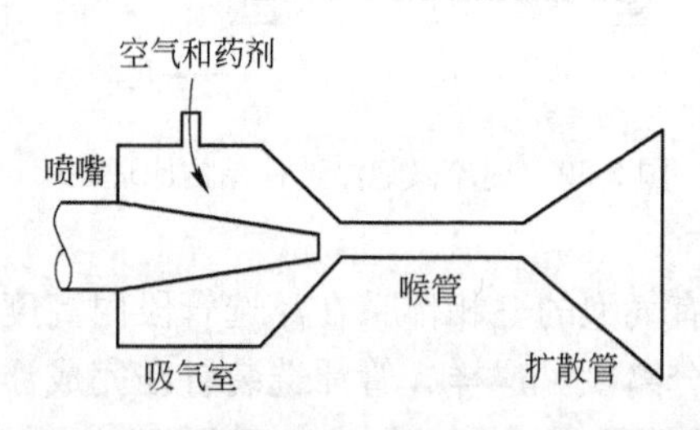

图5-31　外置型自吸式微泡发生器示意图

（2）采用外置型自吸式微泡发生器。旋流-静态微泡浮选柱有多个外置型自吸式微泡发生器，采用文丘里管和静止搅拌器的内部结构，由喷嘴、吸气室、喉管和扩散管四个部分组成，如图5-31所示。由泵送来的矿浆（压力在0.16～0.20MPa之间）从喷嘴高速喷出，矿浆的部分动能转变成为势能，使吸气室产生负压，吸入空气及起泡剂，喷嘴通过吸气室与喉管相连接，喷嘴喷出的矿浆和吸入的空气、起泡剂一起进入喉管，在此发生能量交换。气、固、液三相强烈混合，部分空气被搅拌粉碎成气泡，与颗粒碰撞形成矿化气泡，另一部分空气则溶入高速液流中。当液流从喉管进入扩散管时，混合液流速度突然减小，压力陡然降低，使在喉管内溶入矿浆的空气随压力降低而重新析出，成为一种具有活性的微泡。这种微泡特别有利于微细颗粒的浮选。这就是微泡浮选具有良好的浮选选择性及较高精煤产率的原因。而且它区别于一般浮选柱普遍采用的、以微孔材料制作的气泡发生器，可从根本上解决气泡发生器容易结垢和堵塞的问题。

微泡发生器的充气量与其工作压力、长径比（L/D）和面积比有很大关系，表5-8是旋流-静态微泡浮选柱充气量的测试结果。从表中数据可以看出：无论长径比和面积比如何变化，充气量都随工作压力的增加而增大，而当长径比和面积比均较小时，压力的增加对充气量变化的影响较小；随着长径比和面积比两个比值的增加，这种变化的影响更加显著。充气量基本上随面积比同时增长，但当工作压力较低（0.1MPa）时，充气量先是随着增加，之后却又呈下降趋势，因此，在低压下工作应有一个最佳的面积比。充气量和长径比的关系，在工作压力较高时成正比关系，而在低压时则成反比。

总之，利用高速矿浆自吸空气无需压风、充气量大、气泡质量好、不堵塞、易调节、工作稳定、维修更换方便，同时还节能。

表 5-8 旋流-静态微泡浮选柱充气量测试结果

长径比		5.0			10.0			15.0	
面积比		1.44	2.25	3.64	1.44	2.25	3.64	1.44	3.64
工作压力/MPa	0.10	1.30	1.35	1.15	1.55	1.70	1.65	1.30	1.80
	0.15	2.50	2.64	2.85	2.25	3.15	3.45	1.85	3.90
	0.20	3.35	3.45	3.55	2.40	4.05	4.60	2.05	5.05

（3）柱内采用混合充填模式，改善静态化和强化分选。浮选柱内流体的流动习惯上都认为是“柱塞流”，即在柱内同一横断面上，矿浆与气泡的流速均相等，矿浆与气泡两者均匀分布在整个截面上，就像一个柱塞一样，平行有规则地向前推进。

在浮选柱柱体内流体扰动主要来自矿浆入流的扰动，不稳定流动的扰动和旋流溢流的扰动。由于沿柱体高度方向上大量涡旋体系的存在，特别是下部旋流场的扰动，使其涡流尺度达到几米，不仅使得浮选段内的“逆向碰撞矿化”无法进行，分选效率降低；而且由于沿柱高灰分梯度太小，极大地恶化了柱体内的分离与精选环境。抑制柱体内的涡流形成，创造静态分离环境是发挥浮选柱分选优势的关键，一般采用充填的方法来解决。浮选柱的充填分为填料充填和筛板充填两种形式。填料充填通过把柱体隔断成若干上下狭窄空间，使矿浆与气泡形成上下贯通的“塞流”通道。这种充填方式效率高，但造价高，安装与维护工作量大，易堵塞。此外，对于垂直方向的大尺度涡旋，波纹充填不能有效遏制。筛板充填经过筛板及整体安装设计，达到强制减缓垂直方向大尺度涡旋的目的。这种充填方式效率低，但具有省料、省工、投资小、维护方便等优点，同时有利于柱体内的矿浆分散与稳定。

旋流-静态微泡浮选柱采用了混合充填模式，如图 5-32 所示。在浮选段的泡沫区采用填料充填，在捕集区采用筛板充填，两者之间的入料空间不充填。泡沫区采用高充填率的填料充填，可起到支撑和增厚泡沫层，有利于形成稳定泡沫层，抑制机械夹带与混杂，强化二次富集作用，减少或不用喷淋水；筛板充填则可遏制底部旋流的流体扰动，将浮选柱沿柱高分割成若干个小的分选空间，在每一个分选空间虽然仍存在小尺度的涡旋，但流体的紊流度随着远离柱体底部而显著降低。也就是说在捕集区内创造了一个既有利于气泡矿化，又有利于矿化气泡升浮与分离的环

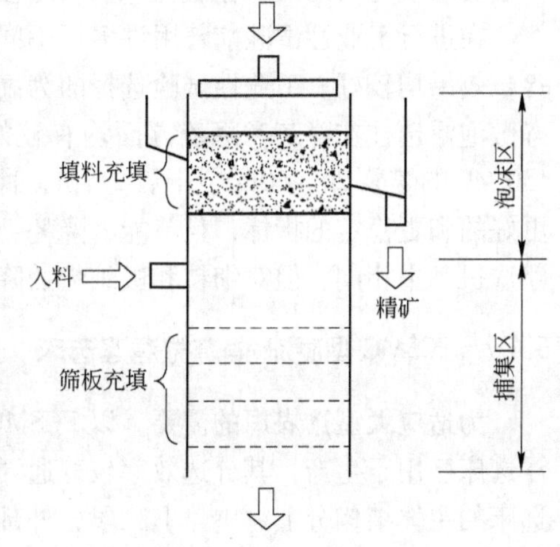

图 5-32 旋流-静态微泡浮选柱的混合充填

境。因此，筛板充填有利于提高浮选的回收能力与分选选择性，克服高密度充填造成的堵塞现象。

旋流-静态微泡浮选柱的混合充填既满足了设备静态化与强化分选的需要，又克服了单纯的高密度波纹充填方式带来的不利影响。实现了柱体内不堵塞，停车无须放矿，系统运行稳定，充填投资小，容易实施，维护方便。

（4）柱体内设有稳流板，强化分选过程。浮选柱的浮选段下部为中矿出口，中矿浆由此被泵抽出，加压后通过微泡发生器充气混合，从旋流段的上部切向给入，其重产品沿旋流段锥壁下降经尾矿口排出。而气、固、液混合液流作为旋流器溢流上升进浮选段的捕集区，未与气泡黏附的颗粒则随中矿流向下运动，到旋流段进行再循环。在这里，旋流段的上升流和浮选段的下降流相撞，使捕集区内液流严重混杂，干扰了旋流段中段流力场的分选作用，在浮选段下部与旋流段交界处加上稳流板后，理顺了上升流与下降流的流向，使捕集区的液流变成“柱塞”状的有序流态，各种物料流互不干扰，保证了浮选效果的进一步改善。

此外，柱体结构合理，可随时开停机而无须放矿，也不会产生沉积堵塞现象。

煤用旋流-静态微泡浮选柱应用主要围绕三个方面：一是在大型选煤厂取代工业浮选机；二是在中、小型厂形成以浮选柱为核心的高效、简易煤泥分选回收系统；三是在低灰、低硫煤制备及高灰、细粒分选方面取得工业应用。

影响浮选柱工作的参数很多，如给矿浓度、速度、充气量、泡沫层厚度、冲洗水用量及药剂耗量等。其中一些是操作因素，设计时主要考虑充气量、泡沫层厚度和冲洗水用量等几个参数。充气量一般被认为是达到浮选柱最佳化中最灵活、最敏感的一个因素，对浮选产品的数量、质量有直接的影响。一般随充气量的增加，精煤产率和灰分同时增加，但充气量超过一定值后精煤产率反而下降。泡沫层厚度增加可提高精煤质量，但过高的泡沫层泡沫不能自溢，减少捕集区高度，使矿浆滞留时间增加，捕集区的回收率减少，精煤灰分反而提高。合适的泡沫层厚度应以刚好能排净泡沫间杂质为宜，这与泡沫的溢出速度、泡沫层的含水情况、冲洗水的位置及速度有关。研究表明：泡沫层夹带的杂质可在矿浆液面以上数厘米范围内排出。因此，浮选柱可采用相对薄的泡沫层。冲洗水的目的在于迫使泡沫间的杂质随水流向下运动进入尾矿，这是提高浮选柱选择性的一个重要措施。冲洗水一般要求获得所谓的“正偏流”，即从尾矿排出的水量大于给矿的水量。

在进行工业性试验前曾用许多厂不同粒度和可浮性的煤泥进行了实验室或半工业性试验，效果均较好。工业性试验选择的为高硫煤选煤厂，试验充分说明：直径 1m 的旋流-静态微泡浮选柱在降灰和降硫方面均有较好的选择性和分选效果，每小时可处理浓度小于 150g/L 的煤浆 20 ~ 60m^3、干煤 2 ~ 6t，冲洗水量小于 6m^3，能够获得比机械搅拌式浮选机更好的和更稳定的指标，且节能、降耗，适合宽粒度入料，分选的粒度上限和机械搅拌式浮选机基本相同，但对细粒和极细粒的降灰脱硫更为有利。

5.4.7 FCSMC 型旋流-静态微泡浮选床

为适应大型选煤厂的需要，以 FCSMC 型旋流-静态微泡浮选柱为基础优化设计的大型浮选床已用于生产，其分选效率较普通浮选柱有较大提高，表 5-9 为浮选床技术规格。浮选床的主体结构分上、中、下三段，外部有管浮选装置，柱分离段中心有一个大直径旋流分离器。

表 5-9 FCSMC 型旋流-静态微泡浮选床技术规格

设 备	断面面积 /m^2	单台处理量 /$t \cdot h^{-1}$	单位面积处理量 /$t \cdot m^{-2} \cdot h^{-1}$	矿浆处理量 /$m^3 \cdot h^{-1}$	单位面积矿浆处理量 /$m^3 \cdot m^{-2} \cdot h^{-1}$
FCSMC—3000×6000	18 (2×7.1)	25~40	1.4~2.2 (1.7~2.8)	350~450	19.4~25 (25.7~34.3)
FCSMC—6000×6000	36 (4×7.1)	50~80	1.4~2.2 (1.7~2.8)	800	22 (25.7~34.3)

注：括号内的数据为矩形断面按其内切圆断面折算的面积和单位处理能力。

浮选床采用双旋流结构为主体的旋流分离单元，如图 5-33 所示。它由一个大直径的分离旋流器与环绕其周边的若干个小直径的分选旋流器组成。在煤炭分选时，分选旋流器溢流以入料形式进入分离旋流器，其底流为最终尾矿；分离旋流器位于柱分离单元的中心，把柱分离中矿与分选旋流器溢流进一步离心分离成两部分：溢流供柱分离进一步精选，底流以循环矿浆形式供管浮选装置进一步分选。

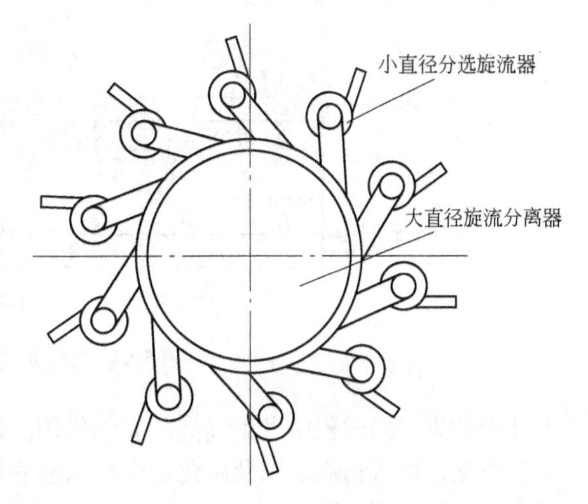

图 5-33 旋流分离单元结构示意图

旋流分离单元为大型柱分选设备的旋流分离与分选创造了一种新模式，使其在提供较高能量状态与力场强度的分选空间的同时，又减小了旋流涡流对分离环境造成的不利影响。从设备放大的角度，旋流分离单元已成为一种"极端"形式，并包含了两种含义：旋流力场离心强度的"无限"加大；柱分选设备规格的"无限"放大。

5.4.8 XFZ-8 型浮选柱

为保证浮选柱分选的效果，要求柱体有一定的高度，这给厂房布置带来一定困难和操作的诸多不便。而将浮选柱设计成多柱室逆顺交替流动方式，如图 5-34 所示，可降低柱体的高度，使入料、精煤、尾煤的排出都在同一平面上，操作非常方便。

浮选柱共有四个柱室，按顺序单数为逆流柱，双数为顺流柱。柱体的上部和中部设有两组填料带，将柱体分为一、二、三 3 个区。在逆流柱中一区是入料区，其上面为精选区，其下面为捕集区，三区是中矿排出区；在顺流柱中三区是入料区，二区是矿化气泡分离区，一区是中（尾）矿排出区。每组填料带由数层交叉垂直放置的平行板组成，如图 5-35 所示。这样就形成了上下相互垂直的矩形小流道，而在两层界面上构成许多小方块。流体作上下运动时先在一个方向被切割成小矩形块，到另一层时又从另一方向被切割，此时各矩形液流重新组合，使液、固、气三相得以更加充分混合。一、三区的空间内没有填料带，可促使矿浆沿柱体整个截面均匀分布，同时使气泡有足够的空间扩散到整个截面上，在泡沫层的上方设置了冲洗水喷洒装置。

矿浆经药剂调节后通过入料箱进入逆流柱的入料区，与上升的气泡作逆向流动，继续

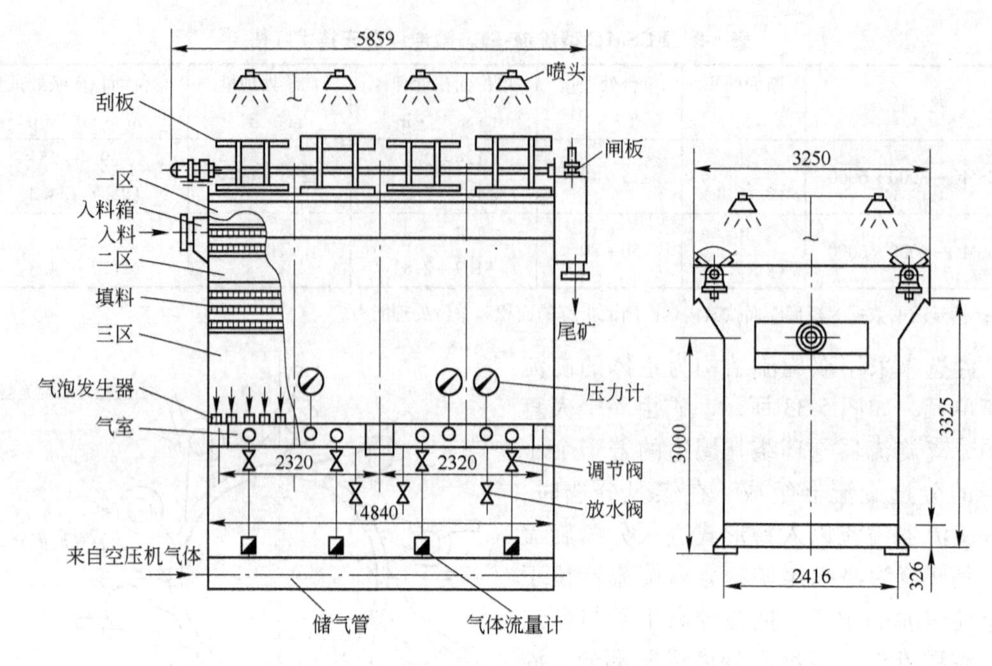

图 5-34 XFZ-8 型浮选柱示意图

上升至捕集区的过程中发生气泡的矿化作用。矿化气泡进入精选区，在冲洗水的作用下进一步净化，排入精煤。未及矿化的中矿从柱底部经侧壁上的开孔到顺流柱的底部，在此与新进入的气泡再次混合并矿化，这里全部矿浆顺流而上，矿化气泡一直升到精选区成为精煤，中矿则从一区侧壁的开孔进入到下一个逆流柱中。在这以后的一对逆流和顺流柱中重复进行着前一对同样的过程。从最后一柱的一区侧壁排出的即为尾矿。

气泡发生器如图 5-35 所示，为金属与橡胶相结合的构件，浮选所需的充气量由空压机通过管道和气泡发生器产生。进入浮选柱的充气量和供气压力间的关系如图 5-36 所示。随

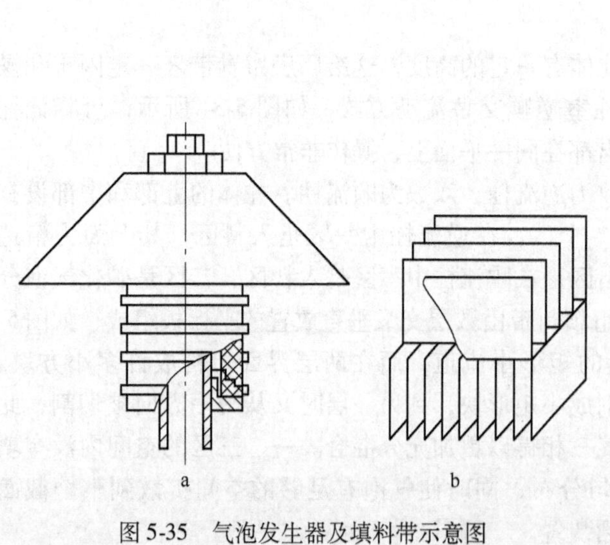

图 5-35 气泡发生器及填料带示意图

a—气泡发生器；b—填料带

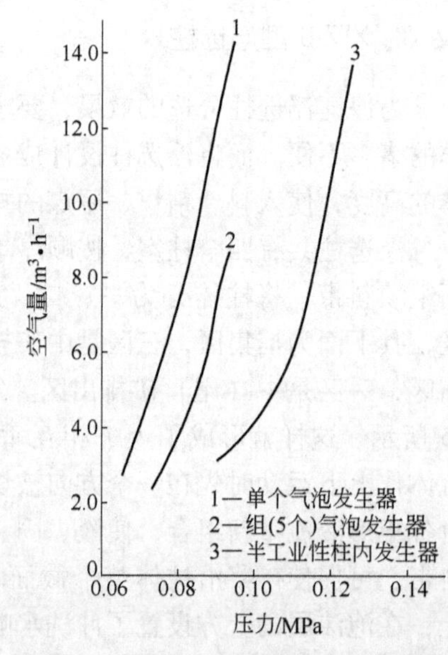

图 5-36 气泡发生通过量与压力的关系

着供气压力的增长，充气量先是缓慢增加，压力增长到了某一值时，曲线几乎呈线性上升。说明这时空气压力已超过气泡发生器最大的阻力值。气泡发生器个数的增加，并不改变这一特性。经试验测定，气泡的大小和充气量有很大的关系：随充气量的不断增加，或者说气泡发生器出口处气体出口速度的增加，得到的气泡更细。当气体流量从 $10m^3/h$ 降到 $7m^3/h$ 时，气泡直径上限由 0.8mm 加大至 1.0mm，小于 0.2mm 的气泡数从 82% 降到 65%；气体流量再降至 $5m^3/h$ 时，气泡直径上限加大到 1.2mm，而小于 0.2mm 的气泡数则再次降低到43%。但是气体流量的增加，对液体的搅拌强度也增加，过大的充气量会影响液面的稳定性。随着气泡的上升，所受的静压力减小，气泡直径变大，同时也产生气泡兼并现象，最大气泡直径可达 6mm，但一直到液面处已基本不变。经用图像分析方法测定，在清水试验条件下，XFZ-8 型浮选柱内气泡的平均直径在 1.24 ~ 2.01mm 之间，气泡的平均上升速度为 0.26 ~ 0.31m/s。

半工业和工业性试验表明，采用逆顺交替流动方式的浮选柱是可以达到浮选要求的。

5.5 浮选机的辅助装置

浮选机的辅助设备包括给药装置、调浆装置及药剂乳化装置。

5.5.1 给药装置

给药装置即给药机，它用于浮选过程中添加药剂及控制药剂用量。浮选过程中，药剂多数以液态加入，极少以固态形式添加。

5.5.1.1 阀门式给药装置

阀门式给药装置即“龙头”。用于添加液态药剂，一般有两个旋钮，一个用于粗调，一个用于微调。该装置简单可靠，为保证给药量稳定，盛药容器内药剂液面应保持恒定的高度。

选煤厂广泛采用该类型给药装置。

5.5.1.2 轮式给药机

轮式给药机用于添加给药量不大或者黏度较大的药剂，其结构见图 5-37a。给药量的大小可以通过刮板和转轮相对应的宽度进行调节。

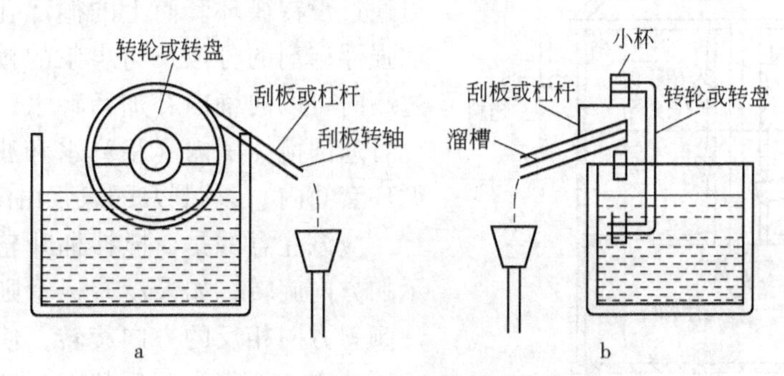

图 5-37 轮式、杯式给药机示意图

a—轮式给药机；b—杯式给药机

5.5.1.3 杯式给药机

杯式给药机结构见图 5-37b。给药机有一直立转盘，转盘上排列数个小杯，当转盘旋转，注满药剂的小杯碰到杠杆时，小杯倾斜，将杯中药剂的部分或全部倒入溜槽，给药量可以通过改变杠杆的位置以改变小杯的倾斜程度或转盘上小杯个数来调节。

5.5.1.4 带式给药机

带式给药机用于添加固态的药剂，图 5-38 给出了带式给药机的示意图。药剂由药仓通过阀门控制给到皮带上。药量靠升降闸门及改变皮带轮的转速进行调节。

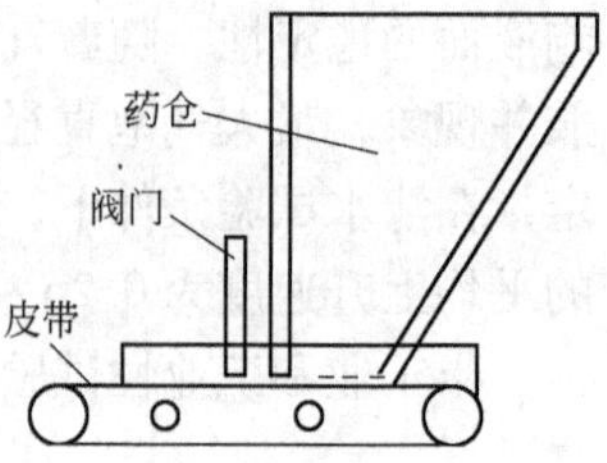

轮式、杯式和带式三种给药机主要用于选矿厂。

图 5-38 带式给药机示意图

5.5.2 调浆设施

为保证浮选过程顺利进行，药剂和矿浆要有一段接触作用时间，浮选入料必须有合适的浓度。因此，在浮选前设置调浆设施对浮选入料进行预处理，主要作用是：(1) 将不溶于水的油类捕收剂和微溶于水的杂醇类起泡剂分散为微小油滴；(2) 将已被分散的浮选剂油滴均匀混合在入浮煤浆中；(3) 在疏水性好的煤粒表面形成油类捕收剂的薄膜；(4) 稀释煤浆，调配到合适的入浮浓度。其目的是降低浮选剂耗量、提高浮选速度和选择性。

调浆设施主要有搅拌桶、矿浆准备器和矿浆预处理器等。

5.5.2.1 搅拌桶

选矿厂和选煤厂均广泛使用搅拌桶作为调浆设备，它由桶体、搅拌机构、循环孔和入料管组成，如图 5-39 所示。

搅拌桶的作用如下：使药剂与颗粒有充分接触机会；为浮选调节合适的浓度；提供一定缓冲时间，使浮选有比较稳定的入料；保证浮选机给料有稳定的压头。

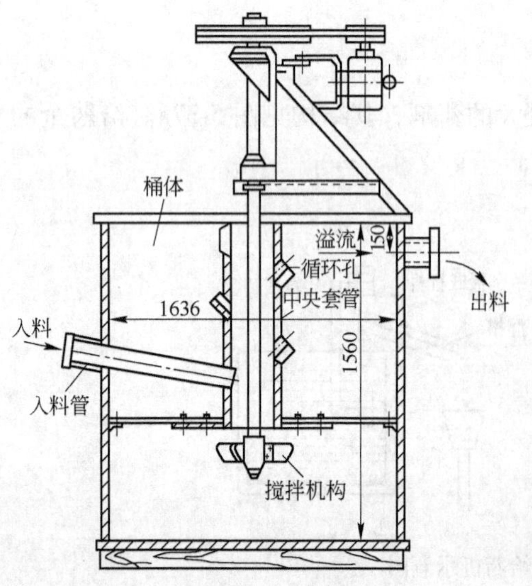

图 5-39 搅拌桶

煤浆由入料管进入搅拌桶，浮选剂由上部给入循环套筒内，通过叶轮的搅拌，上部煤浆可通过设在循环套筒上的循环孔进行循环，以加强浮选剂的分散及与煤浆的接触。煤浆浓度过高时可以向桶内补加稀释水，过滤机的滤液也可返回搅拌桶内（稀释水和滤液也必须加入循环套筒内），调制好的煤浆由溢流口排出。

应该注意的是，搅拌桶叶轮必须按设备标示的方向旋转，如果没有标示则需按与叶轮叶片倾斜方向相反的方向旋转，使叶轮的上部为负压状态，下部为正压状态，搅拌桶液面煤浆呈四周高、中心低的状态。

5.5.2.2　矿浆准备器

矿浆准备器的作用与搅拌桶相同，但结构比搅拌桶合理，效果也更好。矿浆准备器现有直径2.0m、2.5m和3m的三种型号，其技术规格见表5-10。

表5-10　XK型矿浆准备器的技术规格

型　号	XK-400	XK-800	XK-1600
矿浆通过能量/$m^3 \cdot h^{-1}$	300～400	600～800	1200～1600
桶直径/mm	2000	2500	3000
桶体高度/mm	2148	2398	2738
矿浆管直径/mm	250	300	400
清水管直径/mm	150	200	300
排料管直径/mm	200	300	400
排料口数量/个	2	2	2
起雾盘转数/$r \cdot min^{-1}$	2800	2800	2800
药剂雾化效率/%	>95	>95	>95
电机功率/kW	3	3	3
外形尺寸/mm×mm×mm	2500×2200×2348	3150×2700×2616	3600×3100×3086
总质量/kg	3500	5000	7000

矿浆准备器的结构如图5-40所示，由桶体、药剂雾化系统和矿浆分散系统等组成。

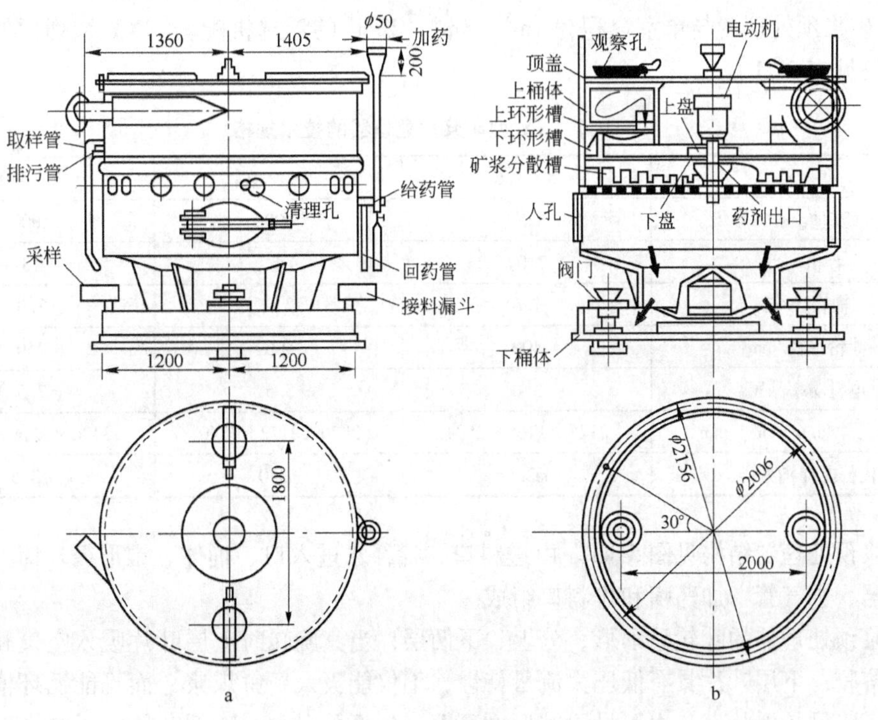

图5-40　矿浆准备器
a—外观图；b—内部结构图

（1）桶体。桶体由上桶体和下桶体组成。上桶体外有矿浆入料口和清水进入口；里面有上环形槽和下环形槽，为同心环形槽。下桶体外有检修孔、药剂入口；桶内有扇形分散器，中间有雾化机构，下部有矿浆分配盘及排料管。

（2）药剂雾化系统。雾化机构由电机和它直接带动的边缘带齿的圆盘组成，圆盘直径400mm，电机转速2880r/min。药剂给到圆盘上被雾化。

（3）矿浆分散系统。主要指扇形分散槽，是由16个扇形排列、辐射状的槽体组成的，槽体的两侧上开有对应交错排列的槽口，分散槽将矿浆分散成若干股矿浆流。

矿浆准备器的工作原理：矿浆沿桶体的侧壁切线方向给入，矿浆浓度大时可从清水管加入部分清水或滤液，在上环形槽中流动并混合。上环形槽的矿浆溢流进入下环形槽，进一步混合后进入扇形分散槽；药剂由给药漏斗经过油管上的喷嘴直接喷射到起雾盘底面的中央，圆盘高速旋转产生负压，将药剂吸附在圆盘的底面上，在离心力的作用下向外扩展，形成薄膜，被圆盘边缘的锯齿切割成液滴，沿切线方向分散在桶体内，成微小的油珠。雾化的药剂与分散槽分散的多股矿浆流在桶体下部的空间内充分接触，均匀混合，再经底部的排料管排出去浮选；没有雾化的药剂可经回药管回收，循环使用。

矿浆准备器的不足之处是：雾化机构和电机在桶内中央位置，安装检修不便；药雾容易扬进电机，影响电机的使用寿命；扇形分散槽排料端狭窄，系统跑粗时易产生堵塞，影响药剂与矿浆的接触。

5.5.2.3 矿浆预处理器

矿浆预处理器是XJX型浮选机的配套设备，供浮选前矿浆准备用。现有XY-1.6、XY-2.0、XY-3.0矿浆预处理器与单室容积为$4m^3$、$8m^3$、$22m^3$的浮选机配套。XY系列预处理器的技术规格见表5-11。

表5-11 XY型矿浆预处理器的技术规格

型　号	XY-1.6	XY-2.0	XY-3.0
矿浆处理量/$m^3 \cdot h^{-1}$	200	400	1000
容积/m^3	2.04	4	13
桶直径/m	1.6	2.0	3.0
叶轮直径/mm	400	500	750
电机功率/kW	3.0	5.5	7.5
外形尺寸/mm×mm×mm	2128×1766×2504	2376×2172×2840	3406×3216×3805
代替搅拌桶型号	ϕ2.5	ϕ3.0	ϕ3.5

矿浆预处理器结构见图5-41。由进料口、稀释水进入口、桶体、锥形循环筒、叶轮定子混合器、进气管、加药嘴和排料口组成。

矿浆预处理器的叶轮呈伞形，分上、下两层，当其旋转时上层叶片吸入空气和浮选剂形成气溶胶；下层叶片具有低压大流量特性，不仅能吸入新鲜煤浆，而且能循环槽体内煤浆，使煤浆呈悬浮状态。由于设置锥形循环筒，从而可以大大降低叶轮定子混合器的浸水深度，节省电耗。

煤浆和稀释水分别进入预处理器，通过锥形循环筒进入叶轮定子混合器中，浮选剂与空气经加药嘴和进气管进入上层叶轮，利用气流负压生成气溶胶，由于叶轮的充气搅拌作用，在槽体中预选实现矿化。

矿浆预处理器比搅拌桶省药剂，节约电耗，是强化浮选过程的有效设备。

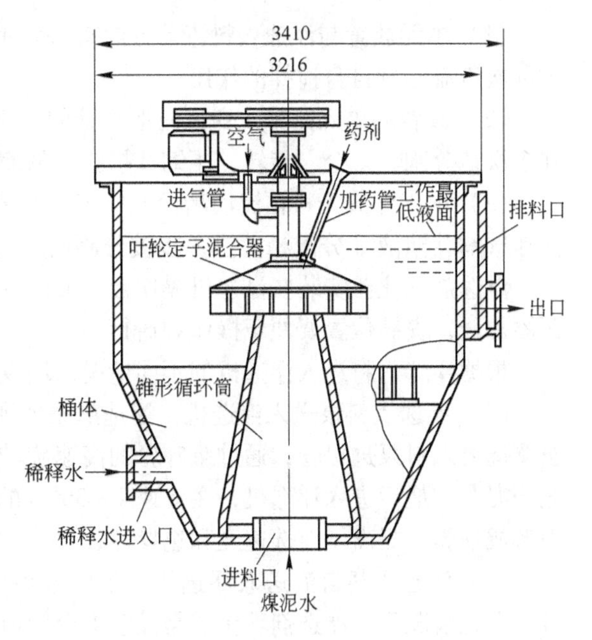

图 5-41 XY-3 矿浆预处理器

5.5.2.4 PS 型煤浆预处理器

PS 型煤浆预处理器是由 AE 浮选剂乳化器（图 5-42）和 PM 型管道混合器（图 5-43）两部分组成。

AE 型乳化器的水喷射器、测试仪表、管道、控制阀门集成在统一箱体内。起泡剂和捕收剂由各自的超声波流量计显示其实时流量、累积流量和累计时间，流量计内设有长效电池，使用寿命为 10 年。用耐磨精细陶瓷芯阀门控制添加量，浮选剂经加药漏斗吸入乳化器。乳化用水（清水或浓度低的循环水）以 0.20～0.25MPa 的压力进入喷射器并从喷嘴高速喷出，由于喷射流的抽吸作用，在水喷射器内形成负压，浮选剂从常压状态突然吸入处于高负压状态的水喷射器内，经喷射流冲击、切割、卷裹，浮选剂被分散成直径小于 15μm 的微小液滴，形成乳浊液，经管道自流到浮选入料泵入口与入浮煤浆一起给入 PM 型混合器（当浮选入料采用自流进入浮选机时，则乳浊液用管道泵送入）。

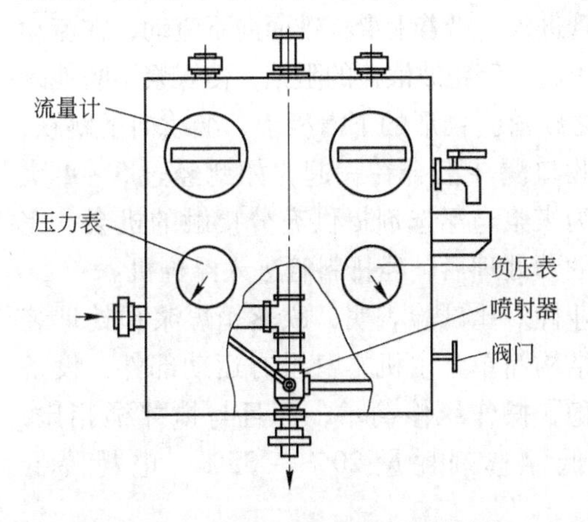

图 5-42 AE 系列浮选剂乳化器结构

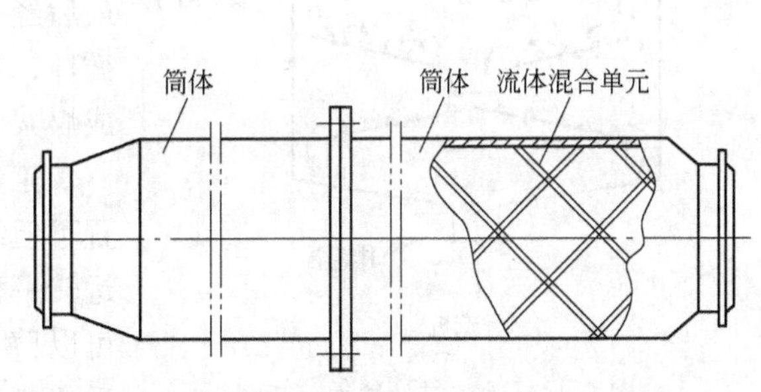

图 5-43 PM 型管道混合器结构

PM 型管道混合器由若干组交替排列的流体混合单元（以下简称单元）组成。当浮选剂乳液和煤浆（浮选入料）借助浮选入料泵的压力通过混合器时，因流体混合单元的作用，煤浆处于雷诺数高达 $6 \times 10^4 \sim 15 \times 10^4$ 的完全湍流状态，由于下列原因促使其均匀混合：

(1) 单元放置与浮选入料流动方向有一定的角度，绕过单元的浮选入料产生次级流，这种次级流起到自身搅拌的作用；

(2) 倾斜的单元频繁改变流向把管壁的浮选入料推向中心，把中心的入料推向管壁，并多次地分割、复合、旋转、压缩及扩张，从而达到均匀混合；

(3) 由于浮选入料在流动断面方向产生激烈的涡流，有很强的剪切作用于浮选入料，使浮选剂乳浊液（分散相）进一步被分割而均匀混合，完成煤浆的预处理。

浮选剂乳化器安装在浮选机操作台上或浮选机近旁，便于观察泡沫层和及时调整浮选剂添加量，安装位置要便于操作和通行。

根据浮选入料进入浮选机的不同情况，PS 系列煤浆预处理器有两种不同的布置方式：

(1) 浮选入料泵送入浮选机。浮选剂添加到乳化器进行乳化，形成乳浊液经管道自流至浮选机入料泵进口管，通过泵叶轮的高速旋转与煤浆进行预混合后，再进入管道混合器充分混合，最后进入浮选机，在流速 2～3m/s 的输送管道中，捕收剂在疏水性强的煤粒表面形成油膜，提高了浮选速度和选择性；

(2) 浮选入料自流送入浮选机。某些选煤厂特别是小型厂，浮选入料自流送入浮选机，在此情况下，浮选剂乳化器需设置 1 台管道泵，将乳化后的乳浊液送入到浮选入料漏斗，与浮选入料在自流中预混合后再经 PM 型管道混合器充分混合后入浮选机。

5.5.2.5 跌落箱

跌落箱是简单实用的煤浆预处理装置，它由胶体磨和跌落箱两部分组成。其中胶体磨的主要作用是将浮选剂特别是油类捕收剂乳化成粒径 4～8μm 占 90% 的乳浊液。

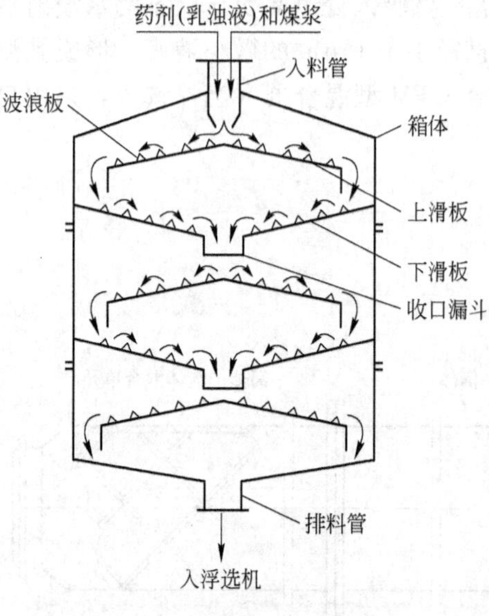

图 5-44 跌落箱的结构示意图

跌落箱的结构示意图如图 5-44 所示，技术规格见表 5-12。煤浆和浮选剂乳浊液从跌落箱的上部入料管进入，沿着上滑板锥面向下流动，在流动中受到等高、等距波浪板的阻挡，使煤浆不断地跃起并随之跌落到锥形的下滑板上，继续向下跳跌，最后经收口漏斗汇合在一起，如此经过 3～4 次循环，为煤浆与浮选剂提供充分接触的机会，完成煤浆的预处理后，经排料管进入浮选机。

工业性对比试验表明，跌落箱煤浆预处理装置不但结构简单，主机本身没有运动部件，设备运转平稳，操作维修简单，而且与搅拌桶相比，可以降低浮选剂耗量 20%～35%，电耗降低近 70%。

表 5-12 跌落箱的技术规格

箱体尺寸 /m	高度 /m	滑板倾角 /(°)	组装节数	入料管径 /mm	排料管径 /mm	胶体磨型号	矿浆处理量 /$m^3 \cdot h^{-1}$	总质量 /kg
1.2×1.8	3.02	4	3～4	300	250	W4	300～400	2200

5.5.3 药剂乳化装置

将不易在水中分散的煤油、柴油等油类捕收剂形成乳浊液的方法有机械搅拌、水喷射、超声波、胶体磨和添加乳化剂（表面活性物质）等。

5.5.3.1 水喷射乳化器

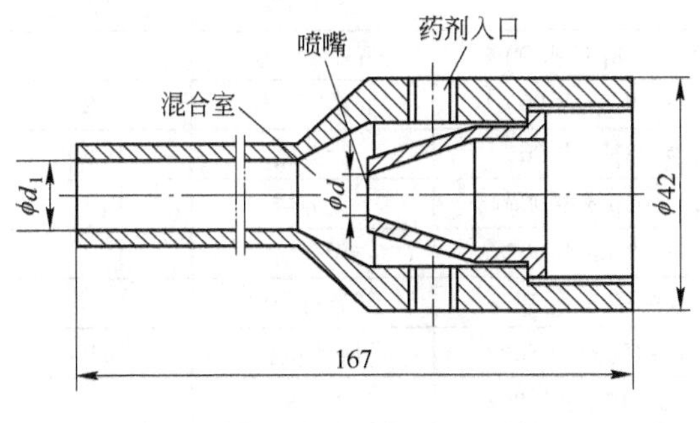

图 5-45 水喷射乳化器

水喷射乳化器是一种简单有效的浮选剂乳化装置，其结构示意图如图 5-45 所示。压力为 0.15 ~ 0.2MPa 的清水进入喷射乳化器，并以 15 ~ 25m/s 的速度从喷嘴喷出，在乳化器内腔形成负压，浮选剂经油管和流量计吸入乳化器内，由于高速水流的冲击和切割将药剂分散成直径 5 ~ 20μm 的油滴（乳浊液呈乳白色），经混合管喷出。

水喷射乳化器的结构参数和工艺参数，对浮选剂乳化后的油滴直径和乳浊液的稳定性有着明显的影响。工业生产实践表明：使用水喷射乳化器可明显降低浮选药剂消耗，浮选选择性和精煤质量也有不同程度的提高。

5.5.3.2 超声波乳化器

超声波对浮选剂特别是油类捕收剂的乳化效果较好，超声波乳化器一般由超声波发生器、柱塞泵和乳化罐三部分组成，图 5-46 为日本 UGS 超声波乳化器装置。

将 0.2 ~ 0.6MPa 的压力水进入 UGS 装置中，由于高压水的作用产生高频振动，其振动频率取决于水的压力，一般频率为 7 ~ 15kHz，当浮选剂进入 UGS 装置后，在强声场内受到超声波作用而成为性能良好的乳浊液，乳浊液中油滴直径为 2 ~ 5μm，并有良好的稳定性。添加乳化剂后再利用超声波做进一步乳化处理，可取得更好的效果。

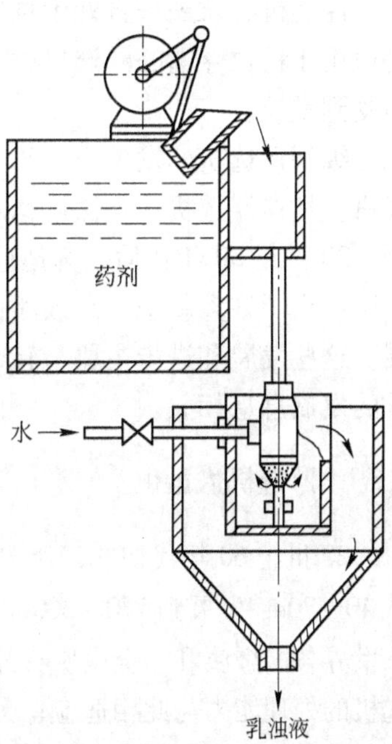

图 5-46 UGS 超声波乳化器装置

5.5.3.3 胶体磨

胶体磨是一种调质粉碎定型产品，可用于浮选剂的乳化。胶体磨乳化浮选剂的工作原理是：通过两个齿形面的相对运动对浮选剂产生剪切、磨碎作用，使浮选剂乳化并得到均质化。

胶体磨乳化煤油、轻柴油效果的试验结果表明：胶体磨的机械力作用于油滴后使其发生形变，其油滴粒径取决于乳化过程中施加于单位油滴上的剪切力；油类本身黏度影响乳化效果，轻柴油的黏度大于煤油，因此在相同条件下其乳化效果也较煤油差些；乳浊液油滴大小还取决于乳化的反向过程，即油滴兼并过程的动力平衡，浮选剂在水中浓度越大，合并的可能性越大。胶体磨乳化煤油、轻柴油的效果试验结果见表5-13。从表中数据可以看出：胶体磨乳化煤用捕收剂效果良好，乳化后的油滴直径和乳浊液的稳定性也适合于煤泥浮选使用。

表5-13 胶体磨乳化浮选药剂结果

浮选药剂	乳化时间/s	油：水（质量比）	显微镜观察	1h后油水分层情况	16h后析出油量
煤油	15	1：10	油滴基本均匀，4～8μm占90%	开始有分层	1.2
		1：20	油滴很均匀，4～8μm占90%	开始有分层	0.8
		1：30	油滴很均匀，4～8μm占90%	无分层	0.6
		1：50	油滴很均匀，4～8μm占90%	无分层	0.3
		1：80	油滴很均匀，4～8μm占90%	无分层	0.2
轻柴油	15	1：10	油滴不均匀，6～10μm占50%	开始有分层	14.2
		1：20	油滴不均匀，6～10μm占80%	稍有分层	6.9
		1：30	油滴基本均匀，6～10μm占80%	无分层	5.0
		1：50	油滴基本均匀，6～10μm占80%	无分层	2.6
		1：80	油滴基本均匀，6～10μm占80%	无分层	2.4

5.6 浮选机的发展趋势

浮选机的发展一直处于竞争状态，20世纪60年代后，浮选机发展侧重于两方面：一是适用于粗粒浮选的浮选机；二是浮选机的大型化。此外，适用于细泥浮选的浮选机也逐渐受到重视。

纵观浮选机的发展史，20世纪60年代前，选矿厂（包括选煤厂）主要采用两种自吸式机械搅拌浮选机——法连瓦尔德型和法格古伦型。至今，这两种浮选机仍在世界各地使用。20世纪60年代后，为适应选矿厂和选煤厂的大型化、自动化和节能的需要，世界各国生产出了许多新型、高效浮选机，并用于生产。煤用浮选机作为一个专门系列得到了发展。这些发展和进步主要与转子-定子结构的改进和更新密切相关，同时也与其他有关技术的发展息息相关。

5.6.1 浮选机大型化

20世纪60年代初期，浮选机单槽容积仅2.8m^3，经过近30年的发展，浮选机单槽容积从40～70m^3发展到170～300m^3，高度提高到5～9m。大型浮选机的发展一方面是由于近年来世界各国金属和非金属矿石开采量急剧增加，尤其是低品位矿石的数量越来越多，要求浮选机的处理能力与此相适应；另一方面大型浮选机本身具有节能、降耗、占地少、投资省、便于管理等优点。例如，同样处理能力其设备费用低，设备的占地面积小30%～35%，动力消耗降低35%～40%，操作及维修费用亦可降低20%～25%。

研制大容积浮选机的关键是要解决矿粒在大容积的浮选槽内仍保持良好的悬浮状态和使空气在槽内高度弥散，并能均匀地分布在整个浮选槽内。为此，不同的浮选机就采用了不同的措施。

5.6.1.1 采用串联式双机构

如丹佛-M型和布斯型，在搅拌机构上安装了两个叶轮，一个叶轮用于吸入矿浆和空气，另一个叶轮只起搅拌作用，保持矿粒呈悬浮状态。

5.6.1.2 改变矿浆循环方式

维姆科型浮选机采用星形叶轮，增加转子与矿浆的接触面积，增强搅拌能力，定子上面加了锥形罩盖，分选槽下部加了假底，使矿浆和气泡在槽内分布均匀及使粗粒沉砂返回到叶轮，由于结构上的独特和槽体放大时按照流体动力学的原则，虽然槽体增大，矿浆循环、空气分散和空气吸入等环节仍保持小槽型时所具有的能力，因而，在单槽容积达到28.8m^3 时，仍可在槽内只安装一套搅拌机构。CHF-X14型及丹佛DR型采用喇叭形或垂直循环筒，促使矿浆在大容积浮选槽内垂直大循环，克服了矿浆分层和沉淀。

5.6.1.3 采用并列的“双机构”或“多机构”

CHF-14型充气搅拌式浮选机的两槽背靠背联结并安装了两个相同转子；阿基泰尔No.120型在一个槽内并列安装四个搅拌器。研究认为，多个并列小转子比一个大转子效果好，空气弥散、气泡分布及搅拌程度均得到改善。

5.6.2 无搅拌机构类型浮选机迅速发展

20世纪50年代以前，大多集中于研制机械搅拌式浮选机，50年代末和60年代初，苏联、联邦德国和美国等各自研制成功喷射型和旋流型无机械搅拌式的浮选机，人们开始意识到这类浮选机的发展潜力。接着的10年中，澳大利亚的达夫克勒型、加拿大的浮选柱、波兰的喷射浮选机及我国的XPM型和FJC型浮选机相继问世，不少已在工业中得到使用。该类浮选机都具有设备构造简单、处理能力大和电耗低等优点，因此对选矿工作者有极大的吸引力，而且也在向大型化发展。

5.6.3 采用压气式

压气式能在低转速条件下保持较大充气量，磨损件寿命长，搅拌功率低，调节充气量方便迅速，处理能力大，可快速调节泡沫层厚度和泡沫排出量，为自动控制创造了条件。但对低速叶轮对空气的分散能力也存在争议，所以解决压入空气的分散性是重点。另外，中间产品的返回要泵送，限制了压气式的使用范围，也需解决。一些大型浮选采用了此类结构，有的是在若干个压气搅拌槽之间设一个吸入槽。

5.6.4 采用直流式给料

矿浆在浮选机从一个浮选槽流向下一个浮选槽的方式有两种：一种是两槽之间用中间室和调节液面装置隔开，矿浆经中间室溢流堰经管路流向后一槽底部，再由叶轮吸入，称为吸入（槽）式。这种给料方式的可调性好，便于根据矿石性质的变化进行调节，工艺灵活，适合于精选作业或多矿物混合的优先浮选作业。但当槽数多时，调节、操作、维修麻烦，不便于自动化。另一种是在浮选槽之间仅开一矩形孔，矿浆从前一槽可自由畅通流往后一槽，称为自流式或直流式。直流式给料结构由于有足够的开口断面让矿浆迅速通过，可适应矿浆流量大及快速浮选的要求，如粗选、扫选、混合浮选等。

大型浮选机的矿浆通过量一般都很大，用矿浆吸入式限制了处理量的提高，因此，目前普遍采用直流式给料。直流式给料缩短了矿浆在浮选槽中的停留时间，使矿粒和气泡在浮选机内呈垂直运动方式，增加矿粒和气泡的碰撞机会，有利于气泡的矿化，容易实现浮选机的自动控制，还可以降低动力消耗。

直流式给料可采用以下几种方法：

（1）在一系列浮选槽中若干个直流槽配一个吸入槽的槽体组合形式。

（2）浮选机按台阶安装，前几槽和后几槽保持固定落差。

（3）浮选机带有可调的活动溢流堰，根据矿浆量使浮选槽溢流堰高度从头部箱体到尾部箱体保持一定高差。

5.6.5 采用浅槽

机械搅拌式浮选机，随叶轮浸水深度的减小，浮选机的功率消耗随之降低，而充气量则增加，气泡上浮路线缩短，加速了浮选过程，从而可以改善浮选机的各项性能指标。因此，目前倾向于采用浅槽，即深宽比小于1。

浮选机能否采用浅槽，关键在于保持液面的稳定。为了保持液面稳定可以采用下列方法：

（1）改变矿浆在浮选槽内的运动方式，使叶轮甩出的煤浆向斜下方先撞击槽底，消耗部分动能后，再折向上升，即矿浆在浮选槽内采用W形流动方式。

（2）使激烈的搅拌区与分选区分开，可以将叶轮包藏在定子之内，或在充气搅拌机构之外加罩盖，减轻叶轮旋转所造成紊流对分选区的影响，从而保持分选区液面的稳定。

（3）加强浮选槽底部矿浆的循环，减少上升的矿浆量，使矿浆上升速度减慢，从而使液面保持稳定。

5.6.6 改进转子-定子系统结构

转子-定子是浮选机的关键部件，决定了浮选机工作好坏。离心式叶轮的充气能力与转子速度、转子和定子间隙密切相关。转速增大，充气量、电耗、主要磨损及液面波动都增加。转子与定子间隙增大，充气量、吸浆量均下降。所以，对离心式叶轮，进一步改进结构、提高充气和搅拌程度是一个趋势。如洪堡特型采用偏摆叶轮结构比类似的圆盘式法连瓦尔德型充气量提高一倍以上。

棒形叶轮不论从充气、搅拌、分散、动力等方面都有显著优点。它可从上部吸气，下部吸浆，在转子内混合后甩出，受定子作用，充气量大，弥散好，所以棒形叶轮应用广泛。棒形叶轮的一个趋势是采用伞形叶轮，即棒形叶轮从上往下逐渐扩大，造成矿浆浆流方向倾斜向下（矿浆的斜流化），既防止了矿粒沉淀，又保证了液面平稳，易实现浅槽结构，所以我国研制的棒形和环射形浮选机均采用伞形叶轮。

此外，混合形叶轮突破两类叶轮界限，将离心式叶轮和棒形叶轮的优点结合起来，成功用于大型浮选机，如维姆科1+1型的星形叶轮，既有棒形的充气量大，又有离心式叶轮矿浆通过量大的优点，最大单槽容积可达85m^3。

6 煤泥浮选的生产实践

浮选是选煤厂重要的分选作业之一，浮选效果的好坏直接影响到选煤厂煤炭产品的数质量指标和全厂的经济效益。影响浮选的因素复杂多样，其中浮选的操作是非常重要的因素。

6.1 浮选操作工应具备的基本素质

煤泥浮选过程十分复杂，因此浮选操作是一项难度大且复杂的技术工作。作为一名合格的浮选操作工应具备以下基本素质：

（1）掌握必要的浮选技术基本理论知识。浮选操作工要胜任本职工作，首先要具备必要的浮选技术基本理论知识。这些知识包括：浮选的原理、煤的基本结构及可浮性、浮选药剂的作用机理、性质及使用、浮选设备的结构、工作原理和操作规程、影响煤泥浮选效果的各种因素和煤泥水处理的工艺流程等。此外，浮选操作工应精通入浮煤浆流量、入浮煤浆浓度、浮选药剂添加量、充气量、刮泡量和煤浆液面的调整，熟悉浮选生产设备的保养、维护和安全生产规程。有了必要的浮选理论知识的指导，才能不断提高技术水平，避免工作的盲目性，使得浮选作业的操作和管理日益完善，从而保质保量地全面完成生产任务。

（2）高度的责任心和精心操作。浮选操作工必须具备高度的责任心，才能及时准确地进行技术操作。在我国选煤厂目前的技术水平和生产条件下，浮选各项技术经济指标的全面完成以及浮选生产条件的稳定和调整，主要靠操作工来实现，也就是靠人的因素，其关键是操作者的敬业精神和技术水平。

精心操作是指能进行符合生产规律的、准确无误的及时调整。精心操作既要定性、更要定量。主要的调整因素有：入浮煤浆流量的大小、入浮煤浆浓度的高低、浮选药剂添加量、充气量的大小、刮泡量和浮选机液面的高低等。操作因素的改变必须做到时间上要及时，数量上要准确。

（3）熟悉并掌握选煤厂生产系统。浮选作业的好坏直接影响到全厂的生产，浮选操作工要及时、准确地进行操作，必须熟悉并掌握选煤厂生产系统的情况，诸如选煤厂的生产工艺流程（特别是煤泥水处理流程）、浮选生产系统的设备性能和管道配置情况、浮选作业的检测与控制等。熟知它们在各种情况下的使用规律，这样就可对某些变化条件采取针对性的预防措施，最大限度地减少不利因素对生产的影响。

（4）加强日常检查，确保浮选机在最佳的工作条件下运行。煤泥浮选是在浮选机中完成的，浮选机的工作性能和技术参数直接影响到浮选的效果。如机械搅拌式浮选机的叶轮转速、叶轮与定子之间的轴向间隙及径向间隙、叶轮与吸浆口的间隙、吸气管进口面积等对浮选精煤数质量指标影响明显。喷射式浮选机的充气搅拌装置的工作压力和喷嘴出口直径对浮选机的充气性能和气泡矿化影响明显。浮选柱气泡发生器的工作压力是浮选柱最重要的操作参数，直接影响到充气量和最终的分选效果。因此，只有确保浮选机在最佳的工况下运行才能获得良好的技术经济指标。这就要求浮选操作工必须熟悉和掌握浮选机的工作参数及检查、测定方法，加强日常检查，根据情况进行必要的调整和零部件的更换，使它们符合技术要求。

(5) 严格遵守操作规程和安全生产规程。浮选操作工不但要掌握熟练的操作技术，并且在生产过程中必须要严格遵守操作规程和安全生产规程，重视机械设备特别是浮选机的维护保养。确保安全生产，完成生产任务。

(6) 树立全局观念，互相配合，全面完成生产任务。选煤厂各作业流程之间相互联系、相互影响。浮选作业作为煤泥水处理系统的一个重要环节，生产任务完成的好坏直接影响选煤厂洗水浓度的高低。洗水浓度高低对全厂的生产有影响，并且直接制约着浮选生产。此外，浮选精煤脱水的效果与浮选操作有直接联系，而脱水回收设备的处理量也制约浮选机的能力。因此，浮选操作工必须树立全局观念，与其他作业单元的操作工互相配合，在尽可能降低洗水浓度的前提下，精心操作，全面完成生产任务，并为浮选精煤脱水回收作业创造良好的条件。

6.2 入浮煤浆浓度的测定和调整

入浮煤浆浓度对浮选作业的数质量指标以及浮选机的处理能力、电耗和浮选产品的处理均有影响，因此，煤浆入料浓度的确定和调整是浮选操作的主要因素之一。

6.2.1 入浮煤浆浓度的确定

入浮煤浆浓度过度或过低均不利于浮选作业，合适的入浮煤浆浓度应结合选煤厂煤泥水处理原则流程、入选原煤煤质情况、煤泥可浮性以及浮选产品的指标要求等多方面因素综合考虑，并参考实验室浮选试验结果和生产操作经验来确定。煤泥浮选的煤浆质量浓度控制在10%左右，固体含量控制在80~100g/L左右比较合适。在确定入浮煤浆的浓度时，应考虑以下几个方面的因素：

(1) 粒度对入浮煤浆浓度的影响。一般来说，粗粒浮选采用高浓度，细粒浮选采用低浓度浮选。煤浆中-45μm含量超过50%以上时，越有必要降低入浮煤浆浓度。

入浮煤浆的粒度组成变化情况与煤泥水处理原则流程有关。在入选原煤煤质稳定的条件下，采用直接浮选流程或部分直接浮选流程的选煤厂，浮选入料的粒度组成波动范围不大。但对于浓缩浮选流程来说，由于入浮煤泥需要预先在澄清浓缩设备里沉降、聚积，因此，浮选入料的粒度组成变化较大，主要表现：

1) 浮选系统刚开始生产时，入浮煤浆中细粒及微细粒含量高，入浮煤浆浓度很高，加大了浮选机操作的调节难度，不易保证浮选精煤指标；

2) 随着浮选开车时间的增加，入浮煤泥粒度组成逐渐均匀，浮选生产趋于正常；

3) 重选生产系统停机后，澄清浓缩设备中聚积的煤泥随着浮选机的处理逐渐减少，煤浆入料浓度越来越稀，其粒度组成也越来越细。

(2) 煤泥可浮性和浮选精煤指标的影响。煤泥可浮性好，灰分低，适当提高入浮煤浆浓度。难浮煤，精煤质量要求高，适当降低入浮煤浆浓度。

(3) 煤泥水处理原则流程的影响。

1）直接浮选工艺浓度较低，尽量提高入浮浓度；

2）浓缩浮选时浓度可提高，但必须同时满足煤浆处理量和干煤处理量；粗选作业采用高浓度，精选宜采用低浓度。

6.2.2 入浮煤浆浓度的调整方式

浮选作业入浮煤浆的来源因煤泥水处理原则流程不同而不同，煤浆浓度的调整方式也不同，具体差异如表6-1所述。通常，浮选精煤脱水设备的滤液中含有一定数量、灰分略高于浮选精煤的细煤泥和残余的浮选药剂，需要返回浮选。但当采用压滤机对浮选精煤脱水回收时，如果压滤机固液分离彻底，其滤液浓度很低时，可不必返回浮选循环。

表6-1 入浮煤浆来源和煤浆浓度的调整方式

<table>
<tr><th colspan="2">煤泥水原则流程</th><th>入浮煤浆来源</th><th>煤浆浓度调整方式</th></tr>
<tr><td colspan="2">浓缩浮选</td><td>（1）煤泥水浓缩设备底流；
（2）浮选精煤脱水设备的滤液</td><td>（1）用尾煤澄清浓缩设备的溢流水进行稀释；
（2）调整煤泥水浓缩设备的底流排放量；
（3）采用浅度浓缩、大排底流方式，调整煤泥水浓缩设备的底流排放量</td></tr>
<tr><td rowspan="2">直接浮选</td><td>重介质旋流器—浮选联合工艺</td><td>（1）煤泥分级设备筛下水；
（2）浮选精煤脱水设备的滤液</td><td>用尾煤澄清浓缩设备的溢流水进行稀释</td></tr>
<tr><td>跳汰—浮选联合工艺</td><td>（1）水力分级设备溢流；
（2）浮选精煤脱水设备的滤液</td><td>无法改变其入浮浓度和入料流量</td></tr>
<tr><td>半直接浮选</td><td>跳汰—浮选联合工艺</td><td>（1）水力分级设备溢流；
（2）浮选精煤脱水设备的滤液</td><td>调整直接浮选的煤浆量</td></tr>
</table>

调整入浮煤浆浓度时，应注意以下几点：

（1）采用跳汰—浮选联合工艺的直接浮选流程的选煤厂，生产过程中不能调整入浮煤浆的浓度。然而，由于跳汰分选的吨煤用水量较大，致使入浮煤浆浓度偏低，浮选精煤中含水量过高，脱水回收作业困难。同时，过低的入浮煤浆浓度，使得浮选机开机台数增多，浮选药剂单位用量较高。

（2）采用重介质旋流器—浮选联合工艺的直接浮选流程的选煤厂，因吨煤用水量远小于跳汰选煤，入浮煤浆浓度大为提高，实际生产中可考虑用尾煤澄清浓缩设备的溢流水进行稀释。

（3）采用浅度浓缩、大排底流方式的浓缩浮选流程或采用跳汰—浮选联合工艺半直接浮选原则流程的选煤厂，入浮煤浆浓度是根据入浮煤泥性质、煤泥量多少、产品指标，进行工艺计算后，在煤泥水生产系统中改变浓缩机底流排放量或调整入浮的煤浆量。

（4）实现洗水闭路循环的选煤厂，在正常生产条件下，补加的清水量很有限，通常用尾煤澄清浓缩设备的溢流水来稀释入浮煤浆。但是，循环水中残余的浮选药剂及高灰细泥对浮选是有影响的，如果严重恶化浮选作业，则不能使用循环水来稀释入浮煤浆。

综上所述，入浮煤浆浓度的调整应根据煤泥水处理流程、入选原煤煤质的变化和生产进程，及时发现并掌握入料粒度组成的波动，并结合实验室单元浮选试验的结果来调整煤浆入料浓度。

例如，某选煤厂入浮煤浆浓度为120g/L时，浮选精煤灰分保持在10.5%水平。实验室浮选试验结果表明，当煤浆浓度降到80g/L时，精煤灰分可降到9.5%。该厂的入浮干煤泥量为60t/h。计算需向煤浆预处理装置中增加多少稀释水可将煤浆入料浓度降到80g/L?

解：入浮煤浆处理量计算公式为：

$$W = \frac{1000Q}{q}$$

现生产的入浮煤浆处理量为（m^3/h）：

$$W_1 = \frac{1000Q}{q} = \frac{1000 \times 60}{120} = 500$$

降低浓度后的入浮煤浆处理量为（m^3/h）：

$$W_2 = \frac{1000Q}{q} = \frac{1000 \times 60}{80} = 750$$

假定稀释水中不含固体物，则需添加的稀释水为（m^3/h）：

$$W_3 = W_2 - W_1 = 750 - 500 = 250$$

上述计算表明：降低入浮煤浆浓度后，煤浆的处理量增加了一半。为了提高浮选的选择性、降低精煤灰分，浮选机的煤浆处理量必须与低浓度、大流量的工艺相适应。

6.2.3 入浮煤浆浓度的测定

入浮煤浆浓度是否合理，最终反映在浮选产品的数质量指标和浮选产品的脱水处理效果上等方面。浮选生产中，操作工必须及时准确地测定煤浆浓度，了解浓度的变化情况，做出正确判断和合理调整。

煤浆浓度的测定有常规法、快速法和测量仪表在线测定等三种方法。

6.2.3.1 常规法

采取煤浆样品，每个子样体积不少于1L，试样的总量为10~15L。在一个生产班或一昼夜中以相等的时间间隔采取。将试样放入一容器内，测定其体积V。澄清后用虹吸管吸出上部的清水或用过滤方法脱水，然后烘干煤样至空气干燥状态，称出干煤泥量，按下式计算煤泥水的固体含量：

$$q = \frac{m}{V}$$

式中 q——煤浆的固体含量，g/L；

m——煤浆中干煤质量，g；

V——煤浆的体积，L。

6.2.3.2 快速法

选煤生产过程中，煤浆中固体含量大于30g/L时，可用浓度壶快速测定。将采得的有代表性的入浮煤浆搅拌均匀，倒入容积为1L的浓度壶中（图6-1），直到煤浆从壶颈溢流口流出为止。

在感量为5g的砝码天平或案秤上称出浓度壶中煤浆的质量（扣除浓度壶本身的质

量)。按下式计算煤浆的浓度(固体含量):

$$q = \frac{\delta(m - 1000)}{\delta - 1}$$

式中 q——煤浆的固体含量,g/L;

δ——入浮煤泥真密度,g/cm^3;

m——1L 煤浆的质量,g。

例如:已知入浮煤泥真密度 $\delta = 1.50g/cm^3$,称得 1L 煤浆质量 $m = 1030g$。则煤浆入料浓度为:

$$q = \frac{1.5(1030 - 1000)}{1.5 - 1} = 90g/L$$

除了采用计算方法外,也可从已绘制好的坐标图中查得煤浆的浓度,见图 6-2。

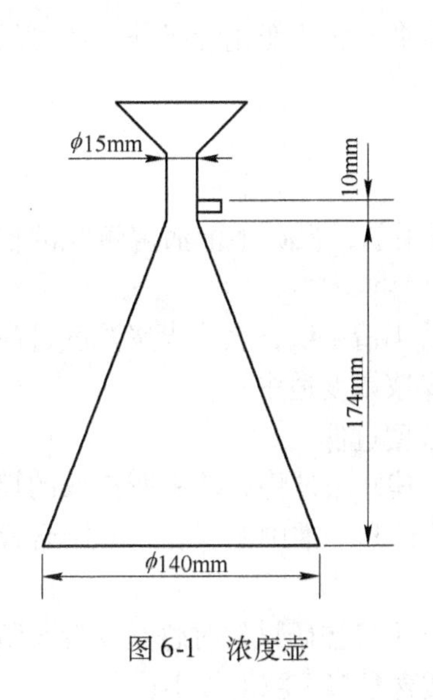

图 6-1 浓度壶

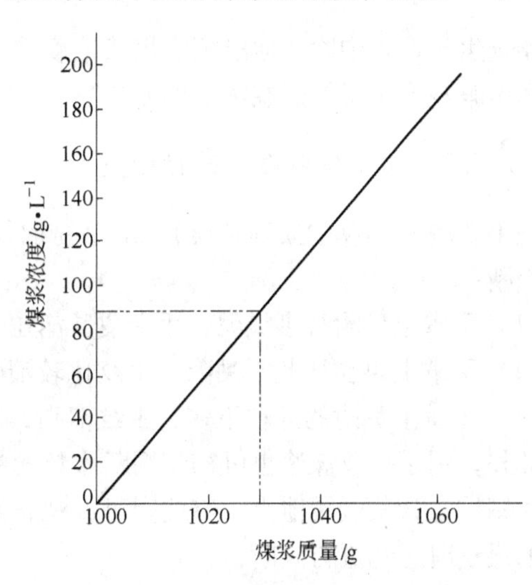

图 6-2 浓度壶快速测定坐标图

为了保证尽可能准确测定的煤浆浓度,还应该做到:

(1) 定期测定入浮煤泥的真密度,尤其是入选原料煤煤质发生变化时;

(2) 接班时,应检查浓度壶在使用中是否变形。即称量盛满浓度壶的清水质量是否为 1000g;

(3) 煤浆倒入浓度壶后,将溅在壶上的煤浆擦拭干净后再称量;

(4) 称量后,立即将煤浆从壶中倒出,避免因煤浆长时间在浓度壶中静置而形成较致密的沉淀层;

(5) 倒出煤浆后,将清水灌入壶中反复清洗。然后将其倒置,避免壶中残留清水。

6.2.3.3 在线测定

煤浆浓度的在线测定可采用双管压差计、放射性密度测定仪。浓度自动测定装置能连续测定入浮煤浆浓度,及时反映出煤浆入料浓度的变化情况。

A 双管压差计

双管压差计由双管、电容式压差计和电流转换器组成。双管由两个单管按一定管差

（双管管差，为常数）固定在一起构成。将双管垂直插入煤浆中，双管将输出压差，输出压差与煤浆密度成正比。压差计和电流转换器组成二次仪表，将这个压差转换为对应的标准电流信号，智能调节器进行调节、校正和运算，得到煤浆的密度，已知煤泥真密度就可以计算出煤浆浓度。

B 放射性密度仪

放射性密度仪也称同位素密度仪，是利用放射性同位素源所发出的 γ 射线穿过物质时被吸收的射线强度与射线所通过的物质的密度及厚度的乘积成正比的原理制成。

测量是无接触式的，可用来测量密闭管中煤浆的密度，已知煤泥真密度就可以计算出煤浆浓度。

6.2.4 入浮煤浆浓度的检查和观察

浮选生产过程中除了通过测定煤浆浓度来了解入浮煤浆浓度的变化情况外，还可用手检查和肉眼观察来了解煤浆浓度的变化。

6.2.4.1 用手捞取煤浆进行检查

把手洗净（不黏油质等杂质），随手捞取煤浆，张开手掌，根据手上沾着煤粒的多少进行判断：

（1）手掌上黏附很多煤泥，手上皮肤露出少，甚至看不清手纹，表明煤浆浓度过高；

（2）手掌上煤粒彼此不黏附，手纹比较清晰，表明煤浆浓度适中；

（3）手掌上黏附的煤粒不多，手纹清晰，表明煤浆浓度过低。

此外，用手捞取煤浆也可初步判断入料的粒度组成，其方法是将手掌中所捞取的煤浆沉淀片刻后，让其缓缓泄出。与此同时，观看泄出水的颜色和手掌中的煤粒，并结合搓研手中的煤粒时感觉进行判断：

（1）泄出水呈黑褐色或深灰色，手掌中煤粒不分层，手指搓研煤粒时感觉发滑、阻力较小、发黏，表明入浮煤浆中细粒含量多、黏土类矿物质含量多，粒度较小；

（2）泄出水呈黑色，手掌中颗粒分明，搓研煤粒发脆、易碎，表明入料中多为低灰分煤粒；

（3）如果手指搓研时扎手，有明显的“粒度”感觉，用清水冲洗后，发现带有光泽的大于0.5mm 的超粒，这表明煤泥水处理系统某个环节不正常，入浮粒度超限，低灰分大粒煤混入，需及时向生产调度部门反映，进行处理。

采用手捞取煤浆检查煤浆浓度时，应注意不要让泡沫黏在手上，避免判断失误。判断浓度大小时还要考虑到煤浆中的粒度组成，如果煤浆中的细粒含量多，则在同样的浓度时，由于粒度越小，手上沾着的煤粒就多些，往往容易使人产生错觉，误认为煤浆浓度大；如果煤浆中的粒度组成较粗时，则相反，往往容易误认为煤浆浓度小。此外，手上沾着煤粒的多少对应多大的浓度，必需总结各选煤厂具体情况，靠经验判断。

6.2.4.2 观察泡沫层和尾煤

浮选生产实践表明，煤浆入料浓度的变化在浮选机各室的泡沫层和尾煤中敏感地反映出来。

A 适合的入浮煤浆浓度

(1) 泡沫层的厚度从第一室开始顺序变薄，直至末室泡沫层不能覆盖矿浆面。

(2) 第一室泡沫层厚，由密集的气絮团组成，呈灰黑色，无大泡，气泡尺寸大小不均匀，泡沫光滑稳定，泡沫中多为细粒煤。

(3) 随后几室泡沫层较薄，较致密，含煤粒多、颜色较深，泡沫不再显得光滑，有“粗糙”的感觉，刮入泡沫槽清脆有声。

(4) 最后一室泡沫层最薄，基本上是虚泡、大泡，明显出现气泡破灭和兼并现象。泡沫已不能全部覆盖液面，刮泡量少，落入泡沫槽也没有清脆声。

(5) 尾煤因要求的灰分指标及携带的矿物杂质不同，其颜色有黄褐色、灰色、灰黑色之分，基本带泡沫，用手捞取搓研时没有很强的“粒度”感觉。

B 入浮煤浆浓度逐渐增加

当入浮煤浆浓度逐渐增加时，泡沫层将发生如下变化：

(1) 泡沫层变厚的趋势从前室逐步向后室推移，泡沫层的厚度逐渐增加，且泡沫中的固体含量也相应增加；

(2) 泡沫层发死，流动性差，充气作用明显变差；

(3) 泡沫发黏，细泥量增多，以手挤泡沫，可见到手心煤泥发黏，刮入泡沫槽听不见清脆声；

(4) 末室也有较厚的泡沫层，煤浆发黑；

(5) 尾煤颜色发黑，夹带泡沫，除含粗颗粒外，同时还有细粒。

C 入浮煤浆浓度剧增

当入浮煤浆浓度剧增时，泡沫层将发生如下变化：

(1) 前室泡沫层变薄，没有流动性，多为虚泡，泡沫光滑，矿浆翻花严重，细泥多，泡沫刮出量少；

(2) 泡沫层越向后越厚、密实、发黏，刮入泡沫槽无清脆声，流动性差；

(3) 泡沫层没有“粒度”感觉，几乎完全摸不着粗粒；

(4) 各室充气搅拌混乱，即使多加浮选剂也不见效；

(5) 后室煤浆发黑，尾煤水浓度高，夹带泡沫，跑煤严重。

D 入浮煤浆浓度偏低

当煤浆入料浓度低时，煤泥的粒度组成不同，泡沫层中的反映也不相同。

(1) 粒度组成均匀。前一、二室泡沫层薄，泡沫密实但发黏，刮入泡沫槽清脆有声；后室呈大虚泡，露出液面。

(2) 粒度组成细。前室有均匀的泡沫层，有大泡，但发虚，颜色乌黑。用手搓研泡沫，无“粒度”感觉。刮入泡沫槽无清脆声；后室泡沫层覆盖不住液面，皆为大泡。

6.3 入浮煤浆流量的测定和调整

入浮煤浆流量决定了煤浆在浮选机中的停留时间，直接影响着煤粒和药剂的接触时间和浮选时间，从而影响到浮选作业的效果，因而调整入浮煤浆流量是浮选操作的主要因素之一，同时入浮煤浆流量又是考核浮选机的一项重要的技术经济指标。

浮选过程中确定入浮煤浆流量的基本原则是：在保证质量指标、提高浮选速度、加速气泡矿化的基础上，应最大限度地缩短浮选时间，充分发挥浮选机各室的能力。

浮选机铭牌上标志的煤浆处理能力是选煤设计过程中和浮选机生产厂家规定的最大煤浆通过量，在浮选生产中，浮选机的实际煤浆流量常小于铭牌上的设计流量。其主要原因是：

（1）设备本身存在问题，设备状态并非全面达到完好标准。如安装不善，或零部件不符合技术要求；

（2）浮选机本身的结构及工作参数不够完善；

（3）选煤厂入洗原煤煤质发生变化，煤泥可浮性改变，浮选产品指标发生改变。

因此，浮选操作者在掌握入浮煤浆的粒度组成后，参考浮选机的额定煤浆处理量，调整煤浆流量是必要的。

6.3.1 入浮煤浆流量的测定

根据选煤厂的具体条件，可以采用以下方法测定入浮煤浆的流量。

6.3.1.1 流量计

流量计的种类很多，选煤厂常用的有差压式流量计、电磁流量计和超声波流量计。

A 差压式流量计

通过测量流体的动压测定装置或节流装置所产生的静压差来显示流量大小的一种流量计。它由一次装置和二次装置组成。一次装置为节流装置或动压测定装置，称为流量测量元件。安装在被测流体的管道中，产生与流量（流速）成比例的压力差，供二次装置进行流量显示；二次装置包括差压讯号管路和差压计，将差压转换成比例的信号送到显示仪表，线性地显示流量。二次装置为各种机械式、电子式、组合式差压计配以流量显示仪表。

B 电磁流量计

电磁流量计是根据电磁感应原理制成的，当被测煤浆通过流量计变送器导管，切割磁力线而产生电动势时，通过测量感应电势的大小，测出被测流体的流量。它由电磁流量变送器和转换器（变换器）及流量显示仪表三部分组成。变送器安装在管道上把流过的被测流体的流量转换为相应的感应电动势，转换器将变送器输出的感应电动势放大转换为可被工业仪表接受的标准信号，流量显示仪表进行流量显示。

电磁流量计变送器内无活动部件，测量时没有压力损失，不会产生堵塞现象，适用于测量含有固体颗粒的导电流体流量。

C 超声波流量计

超声波流量计由超声波换能器、电子线路及流量显示和累积系统三部分组成。超声波发射换能器将电能转换为超声波能发射到被测的流体中，接收器接收的超声波信号经电子线路放大并转换为代表流量的电信号，供给显示器和积算仪表进行显示和积算，检测出流体的流量。

超声波流量计，不需在流体中安装测量元件，不会改变流体的流动状态。测量准确度基本上不受被测流体温度、压力、黏度、密度等参数的影响，但对被测流体的温度范围有一定的要求（选煤厂环境温度没有问题），且流量计测量线路比较复杂。

超声波流量计依信号的检测原理不同分为多种类型，其中超声波多普勒流量计要求被测流体应是含有一定数量反射声波的固体粒子或气泡等的两相介质，最适合选煤厂测定煤浆流量。

6.3.1.2. 薄壁堰的堰流测定

在液体容器中安装一块板状障碍物（堰口板），使其上游液位抬高，液流经过堰口板上方溢过，这种流动称为堰流。堰流是常用的简易可行的流体流量测量装置。

选煤厂煤浆流量采用薄壁堰测定，如图6-3所示。薄壁堰的$\delta/H<0.67$，它的堰顶水流和堰顶只有线接触，堰顶厚度不影响堰顶水流的流动。

按照堰口形状，薄壁堰又分为矩形堰、三角堰、梯形堰三种类型，如图6-4所示。

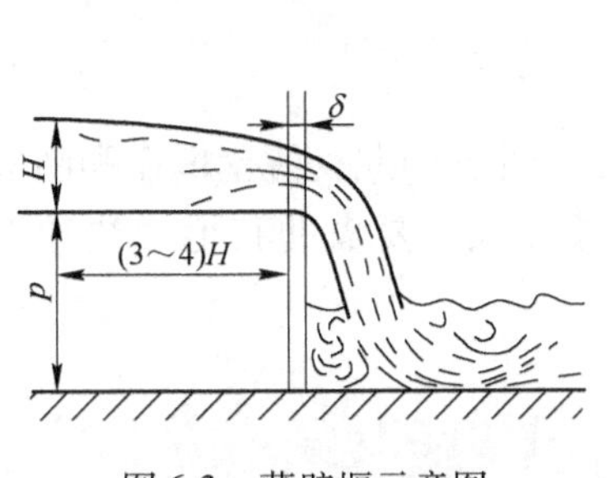

图6-3 薄壁堰示意图

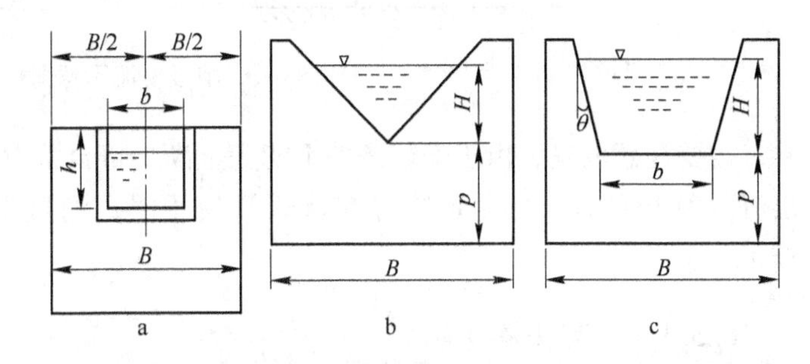

图6-4 薄壁堰的类型

a—矩形堰；b—三角形堰；c—梯形堰

正常情况下，测定流经堰口的煤浆高度H，一堰口宽度b就可测定煤浆的流量。

矩形堰：
$$Q=3600kb\sqrt{2g}H^{\frac{3}{2}}$$

三角形堰：
$$Q=5040H^{\frac{5}{2}}$$

梯形堰：
$$Q=6696bH^{\frac{3}{2}}\quad(\theta=14°)$$

式中 Q——煤浆流量，m^3/h

b——堰口宽度，m；

H——堰上水头，m；

g——重力加速度，m/s^2；

k——流量系数，与堰口宽度b、堰口高h、堰高p有关。

当煤浆流量小于$100m^3/h$时，采用三角形堰测量。梯形堰可测定较大的流量。

6.3.1.3 闸板出流的测定

在液体容器中安装一个闸板状的障碍物，使其上游水头抬高，液流通过闸板下方出口流出，这种流动称为闸板出流，其形式有两种（图6-5）。

可按下式计算闸板出流的流量：

$$Q=3600kA\sqrt{2gH}$$

式中 Q——煤浆流量，m^3/h；

k——流量系数；

A——闸板出口面积，m^2；

H——闸板上游水头，m；

g——重力加速度，m/s^2。

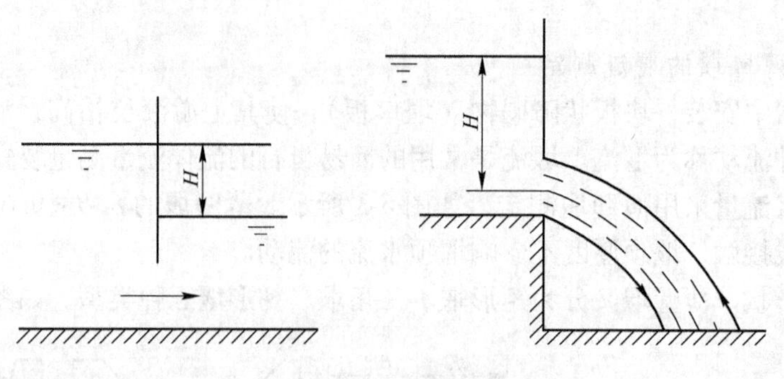

图6-5 闸板出流示意图

需要注意的是，由于安装条件不能完全满足符合水力学条件，因此，薄壁堰流和闸板出流两种类型的流量测定装置在选煤厂使用时，测量误差较大，要借助其他方法加以校正。

6.3.1.4 弯头流量计

利用煤浆流经管道弯头时，在弯头的凹面和凸面，由于流速差产生压差，测出该压力差就可计算出煤浆流量。弯头流量计可安装在任何平面的弯头上，使用方便，测量精度基本上能满足选煤工艺的要求，而且这种测量装置不增加设备。弯头流量计测量煤浆流量计算公式如下：

$$Q = 279.9k\sqrt{\frac{D^3Rh}{\rho}}$$

式中 Q——流过管头的煤浆流量，m^3/h；

k——流速系数，取0.94～0.96；

D——弯管内径，m

R——弯管曲率半径，m；

h——测压管的液位差，mm；

ρ——煤泥水密度，g/cm^3。

图6-6为弯头流量计的安装示意图，图6-7为测定煤泥水用的弯头流量计示意图。要指出的是弯头的形状必须规整，内壁光滑；在测定前，连接U形测压计的细胶管内要仔细充水，避免气泡存在；测量装置附属的旋塞阀门和各接头不得漏水。弯头凸凹二面的测压管应开设在弯头中心角平分线对应点上，当弯头内径不大于300mm时，测压孔径 d = 6mm，弯头内径大于300mm时，测压孔径 d = 8～10mm。测压孔钻出后，弯头管壁内的毛刺应除去。

测定步骤如下：

（1）测定流量前，关闭阀 a_1、a_2，打开阀 b_1、b_2 和阀 c；

（2）调整倒U形管的二管液位处于同一水平，然后关闭阀 c；

（3）测定时，将阀 b_1、b_2 关闭，即可测得液位差 h 值；

（4）测定后，将 b_1、b_2 阀打开，用大于弯头中煤泥水压力的清水注入，以避免堵塞。

测定浮选机入料流量时，由于矿浆预处理装置至浮选机的管道为静压自流形式，要保证流量计为充满煤浆，必要时应在弯头出料端的前方安装一个阀门。

弯头曲率半径 R 可用图 6-8 所示的简要方法测得。图中等腰直角三角板的斜边长为 L（m），斜边中点至弯头凹面的垂直距离为 F（m），弯头管壁厚为 e（m），曲率半径 R 可按下列计算式求得：

$$R = \frac{L^2 + 4F^2}{8F} + \frac{D}{2} + e$$

用弯头流量计测定煤泥水流量时，为防止煤泥堵塞测压孔，并在连接测压计的细胶管内沉淀，可采用倒 U 形管形式测定（图 6-7）。

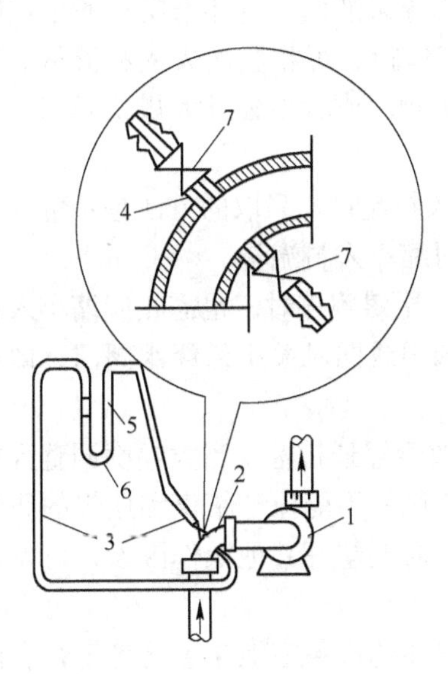

图 6-6 弯头流量计的安装示意图

1—水泵；2—弯头；3—细胶管；
4—短铁管；5—U 形玻璃管；
6—重液；7—旋塞阀门

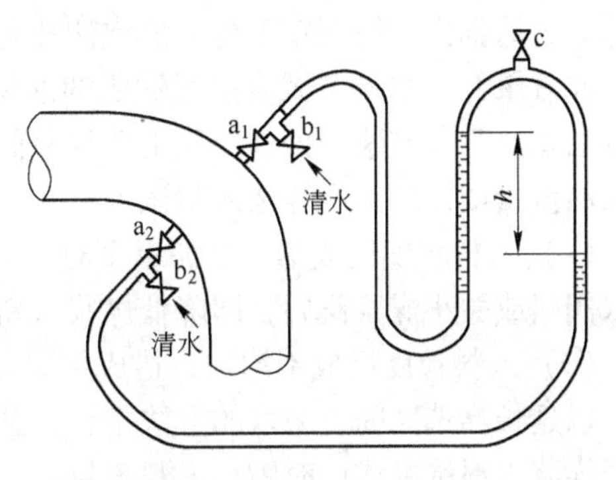

图 6-7 测定煤泥水用的弯头流量计示意图

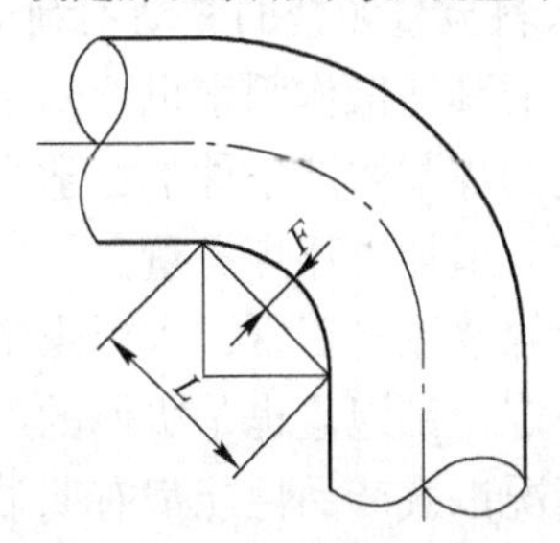

图 6-8 弯头曲率半径的测定

例如：有一内径 $D = 0.2$m、曲率半径 $R = 0.25$m 的煤泥水弯头流量计，测得倒 U 形测压管内的清水液位差为 400mm，求入浮煤浆流量。已知煤浆浓度 $q = 100$g/L，煤泥真密度 $\delta = 1.55\text{g/cm}^3$。

煤泥水密度为：

$$\rho = \frac{1000 - \frac{q}{\delta} + q}{1000} = \frac{1000 - \frac{100}{1.55} + 100}{1000} = 1.035\text{g/cm}^3$$

流经弯头的煤浆流量为：

$$Q = 279.9 \times 0.94 \times \sqrt{\frac{0.20^3 \times 0.25 \times 400}{1.035}} = 231.1\text{m}^3\text{/h}$$

6.3.1.5 间接测定法

除直接测定浮选入料流量外，也可采用上述方法先测出浮选尾煤流量，然后再换算为浮选入料流量。

为保证测量数据的可靠性，不论采用哪种方法都必须在正常生产条件下进行，每隔半小时测量一次，计算时间不应少于4h，取其算术平均值。

6.3.2 入浮煤浆流量的调整和观察

浮选机入浮煤浆流量的调整方式见表6-1。一般情况下，根据不同入浮煤浆的粒度来调整入料流量。调整时考虑以下几点：

（1）入料粒度组成均匀，细泥量少时，煤粒浮选速度快，在浮选机的前一、二室已将大部分泡沫刮出，第三室不能形成泡沫覆盖层，已露出煤浆液面，若浮选精煤脱水回收设备工作效果好（如圆盘式真空过滤机的滤饼厚、脱落率高），可相应增大入料流量。采取的方法是：开大矿浆预处理装置上的煤浆阀门和稀释水阀门或者单独开大煤浆阀门，即增大入料流量或同时提高煤浆入料浓度。

（2）入料粒度组成细、细泥量多时，则需要缩小入料流量。采取的方法是：可开大稀释水阀门或关小煤浆阀门，即降低煤浆入料浓度或同时缩小入料流量。

（3）入料粒度组成不均匀，造成精煤滤饼水分高、尾煤跑煤时，也需相应缩小入料流量，以延长浮选时间。采取的方法是：单独关小煤浆阀门或同时关小稀释水阀门，即单独降低煤浆入料浓度或同时缩小入料流量。

（4）入料流量频繁的变动不利于稳定生产条件和改善浮选指标。当大幅度调整入料流量时，浮选的其他操作因素也要随之作相应的变动，否则就不能保证精煤和尾煤的质量指标。在合适的煤浆浓度条件下，适当加大入料流量，同时调整好其他操作因素，可发挥浮选机的潜力，增加入浮煤泥量。

当入浮煤浆流量正常，入浮煤浆的浓度也适合时，浮选机各室泡沫层的稳定性和流动性可保持一定，刮泡量也是协调的。但是当入浮煤浆流量发生较大变化时，浮选机各室泡沫、刮泡情况以及产品性能都有明显的改变。

（1）入浮煤浆流量加大，可以观察到：

1）前几室泡沫层变薄，泡沫中带煤量少，多为细粒，直到后几室才出现较密实的泡沫层；

2）前室泡沫层变薄，但不发虚，大量泡沫后串，“跑煤”现象严重；

3）对于直流式给料的浮选机，各室液位升高，泡沫层不稳，时而露出液面，严重时刮泡器刮水。但液位调节闸门降低时，因流速加快，会加重“跑煤”现象；

4）对于吸入式给料的浮选机，还因叶轮吸浆能力所限，过多的入浮煤浆甚至从矿浆预处理装置的敞口处自溢出来。

（2）入浮煤浆流量过小时，可以观察到：

1）除前二、三室外，后几室只能刮到少量泡沫，甚至刮不到泡沫；

2）当浮选机液位调节闸门没有及时升高时，各室液位降低，刮泡量少，甚至刮不到泡沫，泡沫层积压出现空气上冲现象，泡沫层逐渐紧密、发死，流动性差；

3）为刮泡需提高闸门，但造成尾煤流量剧减，带泡沫，跑煤，颜色发黑，浓度高；

4）泡沫产品出量少，泡沫发黏，产品脱水性也不好。

6.4 浮选药剂的添加和控制

充分发挥浮选药剂的作用是获得良好技术经济指标的重要保证。浮选作业的药剂制度应通过实验室煤泥浮选试验和工业性试验来确定，当选煤厂已经确定药剂制度后，浮选操作工的任务是如何正确添加浮选药剂，主要包括加药量、油比和加药点。

6.4.1 浮选药剂的用量

浮选药剂用量是指浮选一吨干煤泥所消耗的捕收剂和起泡剂的总量，它与煤浆性质有关。浮选生产中，入浮煤浆随着原料煤的煤质、全厂处理量和煤泥水浓缩设备的底流排放量等变化，从而在煤质、粒度组成、煤浆入料浓度等方面发生变化。同时，每批进货的浮选药剂也存在质量波动，作用性能发生变化。因此，浮选操作工应根据具体生产条件来调整浮选药剂的用量，调整时可参考以下两点：

（1）入浮煤浆的粒度组成较粗、细泥含量少时，可适当加大入浮煤浆量，煤浆浓度可调配得高些，此时应加大药量，特别是增加起泡剂的添加量。虽然煤浆浓度增加了，但由于煤粒变粗，煤粒总表面积并没有随浓度的增高而成正比例的增大，所以捕收剂的添加量不需要按比例增多。由于煤浆浓度增加，单位时间需产生数量更多的泡沫来浮起更多的煤泥，因此，要加大起泡剂用量。相应地，油比也增加了。

（2）入料粒度组成较细、细泥含量多时。为保证浮选精煤质量，应降低入浮煤浆的浓度，同时减少加药量，特别是减少起泡剂的添加量，即油比减小了。由于煤粒变细，煤粒的总表面积仍较大，需要较多的捕收剂。

浮选生产过程，浮选操作工可以从矿浆预处理器（或搅拌桶）上的泡沫、浮选机的泡沫层和尾煤变化，来判断加药量和药比是否适当。

1）观察矿浆预处理器（或搅拌桶）。起泡剂添加量过小时，产生的泡沫均匀、发虚，呈海绵状，覆盖整个液面，不易游动。捕收剂添加量过小时，泡沫面不平坦，颜色比前者黑一些，并有一些大气泡。当加药量适当时，周边泡沫少，只有中心有泡沫存在。

2）观察浮选机。当捕收剂和起泡剂添加量较小时，可以观察到：

① 浮选机各室的泡沫层普遍变薄，流动性差，且不稳定，泡沫刮出量大为减少；

② 后室矿浆发黑，尾煤中有大量煤流失，即跑煤现象严重；

③ 当捕收剂用量过小时，各室出现大虚泡，表面黏附细粒煤，泡沫易碎；

④ 当起泡剂用量过小时，各室出现小虚泡，泡沫层覆盖不了液面，液面稍低就刮不出泡沫，液面稍高就刮水。

当起泡剂添加量较多时，可以观察到：

① 各室泡沫层变厚，泡沫重叠如蜂窝，气泡变小，水膜带油光；

② 泡沫坚韧，富有弹性，多为黏附煤粒少的大虚泡，用手接取泡沫，甩掉后手不沾煤；

③ 严重时，泡沫发黏，流动性极差，刮入溜槽后也不破灭，以致造成跑槽现象。即

泡沫刮入泡沫槽后，不易消泡，不易流动，从槽中溢出。泡沫上多为煤尘和细粒。

当煤油、轻柴油添加量较多时，对泡沫层的影响不如起泡剂明显，可以观察到：

① 泡沫层致密、发脆、不出现大泡，但产生海绵状的小虚泡；

② 虚泡上有油膜，特别是气泡接缝处可以见到小油珠；

③ 泡沫不黏，刮入泡沫槽后仍有流动性；

④ 浮选精煤脱水性能较好，用手攥泡沫，煤水分离清楚，泡沫刮入溜槽有沙沙声。

⑤ 尾煤水呈灰色或黄褐色，并夹带坚韧、不易消泡的气泡。

6.4.2 浮选药剂添加量的控制

浮选过程中有效地计量和控制浮选药剂的添加量十分必要，应做到发现情况及时，分析判断正确，调整添加量准确，防止产生负面影响。

配备浮选工艺参数自动测控的选煤厂可以实现浮选药剂添加量的自动测定和控制，能保证精煤质量稳定、产率提高、并节省大量浮选药剂。

目前，我国仍有很多选煤厂还是沿用手工调节阀门控制加药量的方法。在这种情况下，主要是强化操作，保证浮选药剂添加量的控制。应做好两点：

（1）选用合适的加药阀门，确保调整好阀门后，加药量不会随时间的推移而发生较大幅度的变化。以耐磨陶瓷为阀芯的各类新型阀门较为合适；

（2）加药量调整前后都应进行测定，做好记录，以便分析比较。可用玻璃计量容器（如量筒、量杯）或自制的薄铁皮容器进行计时接取测定，接取时间在 10 ~20s 范围内为宜。时间过短，影响测定的精确度；时间过长，影响浮选药剂性能的发挥。事先列出浮选药剂的计算表或坐标图，测得盛满时间 t 值后，即可得到当时浮选药剂的添加量。

对于没有配置浮选药剂自动测控系统的选煤厂，可用筒式管嘴流量计或针筒式流量计来测定浮选药剂的添加量。

6.4.2.1 筒式管嘴流量计

图 6-9 为筒式管嘴流量计示意图，添加的浮选药剂经阀门流入该流量计，先用滤网去除杂物，再由长管漏斗导入筒底，这样可避免浮选剂垂直溅落冲击，保持液位平稳。

筒体内的液位是由进入的加药量与管嘴排出的流量平衡时形成的，也就是说，在该稳定的液位条件下，管嘴排出的流量等于被测的加药量，浮选药剂的添加量计算式为：

$$Q = 395.92d^2k\sqrt{H\delta^3}$$

式中 Q——浮选药剂的添加量，kg/h；

d——管嘴内径，mm；

k——流速系数；

H——浮选药剂液位高度，mm；

δ——浮选药剂的密度，g/cm³。

在确定圆柱筒体高度 H_0 时，应考虑以下因素：

（1）浮选剂添加量的最大波动范围；

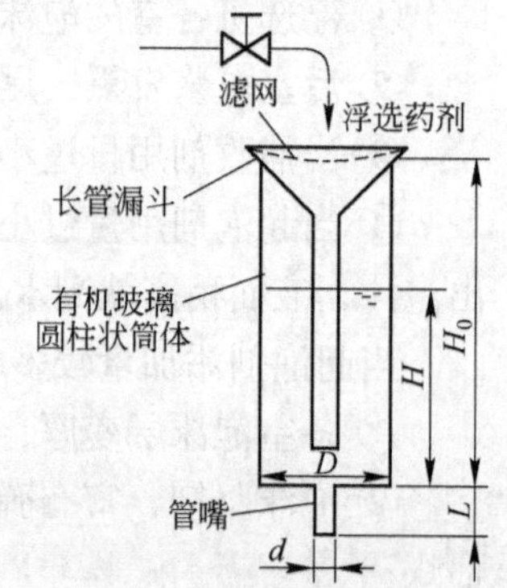

图 6-9 筒式管嘴流量计

（2）测定的精确度；

（3）便于现场安装和观测。

管嘴内径 d 的大小取决于加药量。一般取 $D \geqslant 7d$，$L=(3\sim4)d$。

使用筒式管嘴流量计测量浮选药剂加药量，首先要标定流速系数 k。将浮选药剂连续稳定地加入流量计，等到液位不变时，采用容器计时接取法实测流量 Q'。流速系数用下式计算：

$$k = \frac{Q'}{395.92d^2\sqrt{H\delta^3}}$$

求得 k 值后，就可以计算出在不同液位条件下的加药量，然后在有机玻璃筒体上刻上或贴上相应的标度。

浮选剂的黏度随室温有所变化，应该随着季节的变更，及时定期标定流速系数。

6.4.2.2 针筒式流量计

图6-10为针筒式流量计示意图，它适用于在较狭小的空间场所测定微小添加量。在分段加药时，加药点增加不少，如果不对它们进行精确测定，常常适得其反。针筒式流量计的使用，就能满足浮选工艺的要求。

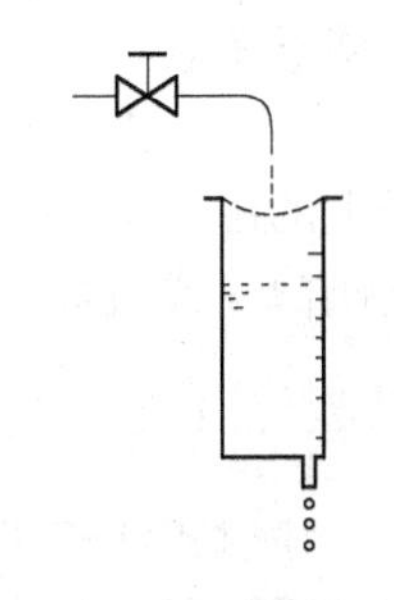

图6-10 针筒式流量计

根据筒式管嘴流量计的原理，选用100mL或50mL注射器针筒（最好是塑料制的）作为针筒式流量计。浮选剂由阀门通过滤网给入针筒，等到液位稳定后，它上面的刻度值就能表示出此时的加药量。

使用针筒式流量计事先要进行标定，测定从针筒排出浮选药剂的流量，然后求出加药量与液位之间的回归方程（加药量与液位的平方根间为线性关系），利用该回归方程就能精确地测出浮选药剂的添加量。

6.5 浮选机的操作调节

浮选机的操作因素，如调整充气量、循环孔面积大小、搅拌机构的间隙以及刮泡量大小与液位的高低，直接影响到浮选产品的数质量指标和各项技术经济指标，同时还影响后续的脱水回收作业的工艺效果。

6.5.1 充气量的调整

充气量对浮选过程有极大的影响，适合的充气量可获得较好的浮选指标。充气量过大，将降低分选选择性，提高精煤灰分。充气量超过某一极限值后，气泡大量兼并形成气流，容易造成液面翻花，没有平稳的泡沫层，严重恶化浮选效果。同样，充气量不足，浮选机中不能形成足够数量的气泡，造成煤粒损失在尾煤中。因此，浮选生产中，充气调整是很重要的操作因素之一。

通常情况下，当入浮煤浆浓度较高、煤泥的可浮性较好时，可适当调大充气量，以保证浮选机有较高的处理量。当要求的精煤质量指标严格、煤泥可浮性较差或入浮煤浆浓度较低时，可相应调小充气量。

此外，每个浮选室在浮选机中所处的序位不同，充气量也有所不同。除最后一室可以有大泡形式的泡沫外，其他各室都应是稳定的气絮团形式的泡沫层。

6.5.1.1 机械搅拌式浮选机

机械搅拌式浮选机的叶轮-定子组的结构尺寸、轴向间隙、径向间隙、叶轮实际转速、定子循环孔实际面积、定子外缘的导向叶片与浮选槽底（或假底）上的稳流板相对位置等均影响充气量和充气质量。

一般来说，实际生产中可通过改变浮选机吸气管上阀门或盖板的开启程度来调节浮选机充气量的。我国煤用机械搅拌式浮选机采用从套筒上的进气管、中空轴两种进气方式。其中 XJM 型浮选机和 XJX 型浮选机采用从套筒上的进气管和中空轴双进气，XJM—S 型浮选机采用从套筒上的进气管单进气。因此，充气量调整时要注意以下两点：

（1）对于套筒进气的浮选机来讲，若减少进气口面积，充气量会急剧降低，并稍微增大吸浆量。

（2）对于空心轴进气的浮选机来说，增大进气面积时，吸气量增加幅度不大，但吸浆量降低明显。

此外，我国近年开发的一些机械搅拌式浮选机，叶轮旋转形成的离心力和煤浆通过定子上的循环孔产生的抽吸作用，使得套筒内部有较大的负压，因此，无须将吸气管上的进气阀门（或盖板）完全打开。

6.5.1.2 喷射式浮选机

喷射式浮选机的充气搅拌装置的工作压力决定了浮选机的充气量、充气均匀系数、煤浆循环量、微泡析出量、循环泵功率消耗等主要技术指标。适宜的工作压力应保持在 0.15 ~0.20MPa。

喷射式浮选机循环物料的渣浆泵工作压力、充气搅拌装置的结构参数和磨损情况等也都影响充气量和充气质量。

试验研究表明：循环煤浆经喷嘴以较高的速度旋转射出，产生强烈的抽吸作用，导致混合室内负压程度大。因此，吸气管盖板只要有缝隙，空气就被大量吸入。对于喷射式浮选机来说，浮选生产过程中并不需要将盖板开启很大，就能满足需要。

6.5.1.3 FCSMC 型旋流-静态微泡浮柱

浮选柱气泡发生器的工作压力对吸气量、混合系数的影响巨大。旋流-静态微泡浮柱（床）微泡发生器应保持较高的工作压力才能满足充气量的要求，在生产使用时应根据所浮选入料的可浮性及精煤灰分要求，选择合适的工作压力，循环矿浆压力一般在 0.20 ~0.35MPa。这类浮选柱（床）每个微泡发生器吸气管都安装有阀门，可调整阀门的开启度来调节吸气量。

目前，各类浮选机都没配置充气量的计量仪表。所以，充气量的调整在很大程度上还是依靠操作者的实践经验。因此，需要在理论指导下，勤于观察和研究，不断总结，提高操作水平。

6.5.2 循环孔面积

我国煤用机械搅拌式浮选机在定子上或套筒上均开设有一定面积的循环孔，以便浮选槽内煤浆循环。循环孔开设在搅拌机构的套筒上，称为套筒循环孔。开设在定子上、下盖板上称为定子循环孔。循环孔面积大小不仅影响到煤浆循环量，在很大程度上影响到浮选机的充气性能和生产指标。浮选机的循环量过大，不仅导致液面翻花，还会增加电耗、煤粒的粉碎和叶轮的磨损等。

对于定子循环孔，循环孔面积增加，浮选机的充气量按一次函数关系增加，浮选机的功耗也略有增加。

对于套筒循环孔，循环孔面积对浮选机性能影响比较复杂。有的浮选机（如 XJM—4型浮选机）随着套筒循环孔面积的增加，充气量和功耗均随之增加，但当面积增加到一定大小后，充气量反而下降，而功耗仍在增加。

实际生产中应根据浮选产品质量和浮选机的处理量，调整循环孔面积，形成合适的循环量。具体操作是，将一部分循环孔堵住，或将每个循环孔一部分堵住，同时也应注意定期清除非人为堵在循环孔上的杂物。

6.5.3　搅拌机构的间隙

机械搅拌式浮选机叶轮与定子的径向间隙和轴向间隙（如图 6-11 所示）对浮选机性能影响显著，当径向、轴向间隙增大后，浮选机的充气量、吸浆量和充气均匀系数都要下降，而功耗却要上升。我国规定：径向间隙不得超过 8 ± 1mm，轴向间隙不得超过 10 ± 1mm。检测搅拌机构的间隙可用金属或塑料自制一个简易的塞尺，利用浮选机放料检修等机会进行测定。测定时必须沿叶轮圆周多点测量，至少要测 3 个点，然后取其平均值。

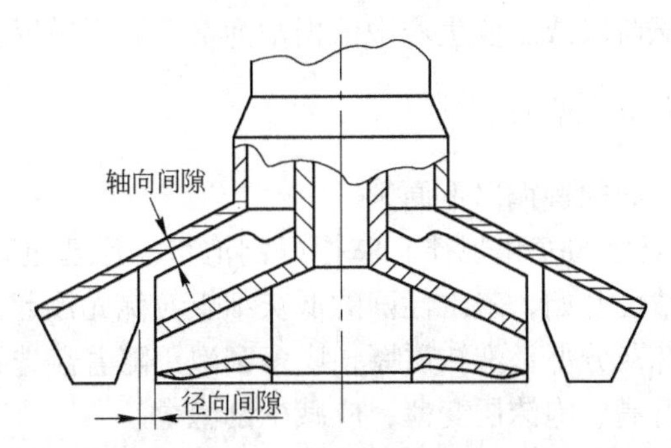

图 6-11　搅拌机构的间隙

叶轮长时间工作会使搅拌机构磨损，使叶轮和定子间间隙加大，同时减少吸气量和吸浆量。可通过轴承座和套筒间的调节垫片来调整叶轮和定子之间的轴向间隙。径向间隙调整比较困难，其间隙过大无法调整时应更换叶轮或定子。

6.5.4　导向叶片和稳流板的相对位置

我国 XJM-4 型浮选机、XJX 型系列浮选机和 XJM-5 型浮选机定子上都设有导向叶片，其目的是使叶轮甩出的煤浆能有序地、均匀地、通畅地甩到浮选机槽底，并在浮选机底板或假底上又设有数目相同的稳流板，其目的是对经导向叶片甩出的煤浆整流，并减缓其旋转程度。

按照浮选机的技术要求，定子导向叶片的尾端和稳流板的头端（距离叶轮中心近者为头端，远者为尾端）位置应该相对，这样才能使叶轮甩出的煤浆顺利地经导向叶片、稳流板均匀分布于浮选槽，否则将使煤浆流发生撞击造成液面翻花。

6.5.5 刮泡与液面的调整

刮泡是浮选作业最后一道关键的工序，直接影响着浮选产品的质量和脱水性能，以及浮选机处理能力等。如果泡沫层不及时从浮选机中刮出，导致泡沫层积压，低灰煤粒损失在尾煤中，同时也影响浮选机的处理量。同样，如果刮取泡沫的同时又将煤浆刮出，一些灰分高的细矿粒必然会增加精煤灰分，并降低了泡沫浓度，致使浮选精煤脱水回收作业的工作指标变坏。

浮选生产中要及时准确地进行刮泡，浮选各室都要保持一定厚度的稳定泡沫层，泡沫层要保持一定的流动性，生成多少，刮出多少，不积压，不刮空，不刮煤浆。

6.5.5.1 刮泡与液面的调整方法

刮泡量的大小与浮选机液面的高低直接相关。当液面调高时，刮泡量变大，泡沫层变薄。当液面降低时，刮泡量变小，泡沫层变厚。

（1）对于吸入式给料的浮选机，各浮选室的液面是依靠它们之间的中矿箱阀板升降来调节的；

（2）对于直流式给料的浮选机，各浮选室的液面都是根据浮选机末端尾矿箱中的闸板升降来调节的。各室活动刮泡堰的高低，应按照设备安装使用说明书中有关规定进行调节，并在浮选机加煤调试阶段或工业生产中依据刮泡情况，再做反复仔细的调整。

6.5.5.2 刮泡与液面调整的原则

刮泡与液面调整时，必须遵循以下原则：

（1）根据各室泡沫灰分的变化规律，掌握好刮泡量。浮选过程是一个连续分选的过程，以最大的入浮煤浆浓度开始，疏水性好的低灰细煤粒优先浮起。因此，在正常的生产情况下，浮选机前室泡沫灰分低，泡沫层厚，应多刮泡，随着浮选过程的进行，煤浆浓度降低，后室的泡沫灰分升高、泡沫层变薄，应减少刮泡量。

（2）保持一定厚度的泡沫层，以利于二次富集作用。刮泡要保证浮选机各室的泡沫层能充分地进行二次富集作用，有利于提高精煤质量和产品脱水性能。因此，刮泡时应使浮选机各室保持一定厚度的泡沫层。通常，当煤泥可浮性好，精煤质量易保证时，泡沫层可薄一些，应多刮泡，有利于提高浮选机的处理量。当煤的可浮性差时，为保证精煤质量，需要保持较厚的泡沫层，应少刮泡。

泡沫层的厚薄还跟刮泡速度有关，刮泡速度快，泡沫层自然变薄，刮泡速度慢，泡沫层必然变厚。为了不破坏泡沫层的稳定性，并避免刮出的泡沫飞溅，浮选机的刮泡器转速一般为25r/min左右。选煤厂可根据生产情况和试验决定各浮选室的刮板片数，通常前室采用4片刮板，后几室可采用3片、2片甚至1片刮板。

浮选操作中，为防止泡沫层厚度过薄或过厚，应注意：与有关岗位勤联系，保证进入矿浆预处理装置的煤浆量、稀释水量、滤流量均匀平稳，切忌忽大忽小；尾矿箱闸板升降得当，当浮选机入料量有较大变动时，应及时调整；对于吸入式给料的浮选机中矿箱闸板调整要及时、准确，不要人为地提得太高或降得太低。

（3）沿刮泡堰长度均匀刮泡。刮泡时力求浮选机的整个泡沫层平稳地向前移动，及时将浮起的精煤刮出，避免出现死区。为做到泡沫层有一定的游动性，不积压、不空刮，保持泡沫层的动态平衡，要求刮泡堰水平、平直，刮泡器刮泡均匀。

由于浮选机的充气搅拌机构本身在设计、制造、检修上不够完善，可能造成泡沫层分布不均衡，以致不能沿刮泡堰长度均匀刮泡。可以用调节刮泡器刮板外沿与刮泡堰的间隙或直流式浮选机活动刮泡堰的高低来解决。操作者在生产中更应该认真观察浮选机能否实现均匀刮泡，并及时反映，尽快解决。

6.6 浮选产品质量指标波动的分析

浮选和选煤厂其他生产工艺一样，对浮选产品质量都有一定的要求。浮选作业受到多种因素影响，其产品质量在小幅度范围内波动是难免的，也是允许的。但是对于那些大幅度波动或周期性、规律性出现的指标恶化，应该分析原因、采取措施、尽力消除。

质量指标的波动与工艺条件、操作者的技术水平、责任心有关。浮选机的操作，除了可借助一些检测和控制装置外，更为主要的是通过实践来提高技术水平。仔细观察在生产过程中所发生的种种现象，在理论指导下，将这些观察到的现象进行由此及彼、由表及里的分析，抓住实质，找出规律，做出正确判断。

6.6.1 精煤灰分超标的原因

选煤厂各分选作业都有产品的质量要求，如果出现浮选精煤灰分严重超标，可能存在以下几个方面的原因：

（1）入浮煤浆浓度过大；

（2）入浮煤浆流量过大，浮选时间太短，只有灰分高的细粒、细泥才能浮起；

（3）液面太高、泡沫层薄且不稳定，甚至刮泡时将煤浆刮出；

（4）浮选药剂性能发生变化，添加量掌握不准，起泡剂用量过多；

（5）选煤入选原煤的煤质变差，细粒含量增多，黏土类矿物质增多，没有及时调整操作条件；

（6）入浮煤浆流量过小，浮选时间太长，使一些高灰分杂质浮起而污染精煤；

（7）浮选机各室刮泡量的比例与各泡沫的灰分变化规律不相适应；

（8）浮选稀释水质量差，如循环水浓度增高，高灰细泥或残余絮凝剂含量过多；

（9）频繁开机、停机，打乱了正常生产秩序。尤其在停机后各类闸门关闭不及时或不严密（特别要注意浮选剂阀门），在重新开机时，对精煤质量影响很大；

（10）长时间停机后，浮选机重新运转时，机槽内积存的煤泥。浮选剂及其他杂质随同浮起，严重影响精煤质量。

上述各项原因都有可能导致浮选精煤灰分超高。在确定具体原因时，可结合泡沫层厚度、颜色、泡沫状态以及过滤机滤饼厚度、水分、脱落情况等方面的变化，并根据快速灰分检查的结果去分析，才能判定精煤灰分超高的真正原因。

6.6.2 尾煤灰分偏低的原因

一些选煤厂将浮选尾煤作为尾弃物处理，要求尾煤灰分较高，如果尾煤灰分偏低可能是以下原因造成：

（1）入浮煤浆浓度过大，导致低灰煤泥和高灰杂质不能有效分离而进入尾煤，浮选效果大大恶化；

（2）给料量过大，浮选时间不足，造成泡沫后串；

（3）超限大颗粒进入浮选机，不能上浮，损失于尾煤之中，“跑粗”现象严重；

（4）浮选机液面太低，泡沫不能及时刮出、致使低灰分煤粒损失在尾煤中；

（5）浮选药剂添加量不足，低灰分粗、中粒级浮不起来或起泡剂多、捕收剂少。药剂管道堵塞，或油中含水，出现加油不足或加油中断等现象；

（6）前室浮选不能充分及时刮泡，出现泡沫严重后串现象；

（7）开、停车频繁，在下一次开车时，浮选机里未经充分分选的煤浆混入尾煤流出，或是操作者接到停车指令后，立即将浮选机停下，等到再次开车给料时，剩在机槽中的煤浆没有足够的浮选时间，从而造成损失；

（8）机械搅拌式浮选机充气搅拌能力不足，煤粒浮不起来；或充气搅拌机构装配不符要求，在机槽内造成强烈涡流液面不稳，破坏正常的浮选过程。喷射式浮选机所配套的循环渣浆泵有故障，泵压不足；或渣浆泵的泵殿内有空气，致使泵压不稳；或喷嘴出口被杂物堵塞，都能造成充气搅拌能力减小。

在检查尾煤是否达到质量指标要求时，除了观察泡沫层外，同时还要观察尾煤的颜色，用手捞取尾煤，分辨浓度和粒度组成，这对于分析尾煤跑煤原因是大有帮助的。

6.6.3 过滤机滤饼变化的原因

近年来一些选煤厂采用了加压过滤机、压滤机、沉降过滤式离心脱水机等设备对浮选泡沫进行脱水回收。对于使用圆盘式真空过滤机处理浮选精煤的选煤厂，可通过观看滤饼脱水和卸落状态来判断浮选作业效果。

（1）滤饼薄、水分大，但不发黏，说明起泡剂用量不足；

（2）滤饼薄而发紧，说明捕收剂用量过少；

（3）滤饼薄且很不容易脱落，说明入浮选煤浆浓度过高，或者是起泡剂用量过大；

（4）滤饼薄、水分大而又发黏，说明入浮煤浆的细粒含量较多；

（5）滤饼出现“大头小尾”现象，说明浮选精煤粒度较粗，并且组成不均匀，同时泡沫浓度过低，在过滤机槽内按粒度分层，粗粒沉于槽底；滤饼厚、水分大，滤板离开液面后，部分滤饼即自行脱落，严重时，由于机槽内淤积大量煤泥，将滤板挤坏，可向机槽内补加清水。

6.7 保证浮选产品质量的措施

影响浮选效果的操作因素很多，只有抓住主要矛盾，才能顺利地生产，获得良好的工艺效果和技术经济指标。为保证浮选产品质量，可采用以下技术和管理措施。

（1）加强生产管理，严格控制浮选入料粒度上限。

生产实践表明，+0.5mm 的低灰超粒在浮选精煤中的回收率是很低的，相当一部分都会损失到尾煤之中，并且还会对尾煤压滤作业造成负面影响，无论从技术上还是经济上讲都是极不合理的。因此，生产过程中一定要严格控制浮选入料的粒度上限，防止低灰超粒煤进入，一旦发现入料中混有超粒，就应该向有关的生产部门反映，并督促及早处理。

（2）确立以矿浆预处理装置为中心的浮选操作制度。

浮选流程通常由矿浆预处理装置和浮选机共同组成，矿浆预处理装置的操作为浮选创造前提条件，这个前提条件的好坏，直接影响分选效果。因此，浮选操作的侧重点应该放在矿浆预处理装置上，建立以其为中心的浮选操作制度，从而保证获得良好的浮选效果。

矿浆预处理装置包括矿浆预处理器、矿浆准备器和搅拌桶，有 4 个方面操作因素，即调整入浮煤浆浓度、入浮煤浆流量和入浮煤泥量、浮选药剂的添加量和配比以及浮选机液面。这些因素的改变是用设在矿浆预处理装置上的阀门来实现的，其中两个是大阀门即浮选入料阀门和稀释水阀门（有些直接浮选的选煤厂不设此阀门），两个是小阀门即捕收剂阀门和起泡剂阀门。调整好这几个阀门，就成为煤泥浮选的关键。调节方法如下：

1）调节入浮煤浆浓度由入料阀门和稀释水阀门来调整；

2）调节入浮煤浆流量的大小靠入料阀门和稀释水阀门来调整，而入浮煤泥量多少是靠入料阀门来调整；

3）浮选药剂添加量大小、捕收剂与起泡剂的配比全由两个小阀门来调整（对于一次加药而言）；

4）尤其是对于直流式入料的浮选机，在它的尾矿箱闸板位置保持不变的情况下，入料流量的增减直接影响浮选机泡沫液面的高低。

（3）立足全厂，互相配合。

浮选作业是选煤厂煤泥水处理系统中的一个中心环节，浮选作业这个中心环节操作的好坏直接影响其他环节，以至整个煤泥水处理系统的正常生产。因此，浮选作业的任务不但是生产出合格浮选精煤，而且更重要的是最大限度地将进入生产系统的煤泥处理掉，防止细泥在循环水中聚积，为全厂生产创造良好条件。这就要求浮选操作工必须立足全厂，不但要保证浮选产品质量指标，还要保证洗水浓度指标。

煤泥水处理系统是由若干个生产环节组成的，一环扣一环，互相依存、互相联系、互相制约。因此，这就要求各作业之间要互相配合，围绕中心环节加强联系。根据现场经验，要以浮选操作为中心，搞好入料输送和浮选精煤脱水回收工作。

1）浮选操作与入料输送的关系。绝大多数选煤厂的浮选入料是由泵来输送的，力求输送量稳定，切忌忽大忽小，并且要根据浮选操作的需要及时调整。浮选操作与入料输送两个岗位相距较远，需要设置信息联络，做到及时沟通。

有些选煤厂的过滤机或精煤压滤机的滤液是由单独泵送到矿浆预处理装置中去的。由于这些煤泥脱水回收设备的工作特性，瞬间滤液量是不够均衡的，可能造成滤液池水位大幅度波动，使得输送量时大时小，直接影响浮选机液位的高低，即滤液瞬时量大时浮选机刮水，滤液瞬时量小时又刮不出泡沫。通过闸阀调节加强操作，力争稳定泵送。

2）浮选操作与浮选精煤脱水回收的关系。浮选精煤脱水回收作业的工作效果及处理量的高低直接影响浮选机的能力发挥，有些选煤厂所谓的浮选能力不足，实质上是浮选精煤脱水回收作业薄弱所致。而浮选操作的好坏也可以从精煤脱水回收上反映出来。这两个工艺环节是互相联系、互相影响的。

脱水回收设备能开动多少台，浮选作业就保证供给多少泡沫，充分利用设备能力，避免停机待料，争取多回收煤泥。滤饼均匀而且厚，容易卸落，保证脱水回收设备有较高的生产效率，并促使浮选机有较大的处理能力。浮选操作工必须经常到精煤脱水回收设备处观察滤饼形成和卸落情况，从而采取相应的措施。

(4) 浮选操作要坚持“稳”和“勤”。

要使不断变化的入浮煤浆经分选后得到指标稳定的精煤和尾煤，关键在于熟练掌握适应各种入料性质的不同操作方法。掌握适应入料性质变化的操作方法的前提是：在生产过程中能及时发现情况变化，作出正确判断，采取相应措施。在浮选操作中，必须坚持“一稳五勤”的原则，做到“以勤保稳，稳中求勤”。

操作上的“稳”是指要保持稳定的浮选操作条件，它包含两个含义：

1）对于浮选操作工而言，“稳”是理解为生产过程的动态平衡。当入料性质发生变化时，要求及时对入料流量、煤浆入浮浓度、浮选剂、液面和充气量作相应调整。因入料性质变化，打破了原有的平衡，调整各操作因素后，又实现了新的平衡。在入料性质没有再次发生变化时，就应该稳定新的生产条件，这样才能保质、保量完成生产任务。

2）对于全厂生产而言，选煤过程是高度机械化的连续性生产过程。所谓连续性是指时空上的连续性，即生产时间上的连续性和生产工艺系统上的连续性的有机结合。这种连续性生产的相互依赖性、制约性很强，因此生产过程中频繁开停机、原料煤处理量大幅度波动（尤其是超负荷生产）等等，都会破坏浮选生产条件的稳定性。因此，必须从加强管理入手，搞好各生产环节的互相配合，协同创造均衡、稳定的生产条件，才能保证浮选生产，乃至整个选煤厂生产全面完成。

为做到及时发现、正确判断、合理调配应做到“五勤”，即勤检查、勤观察、勤联系、勤分析、勤调整。操作工不能只依据快速检查结果来调整操作，而要通过亲自检查和观察，做到“一听”、“二摸”、“三看”。即听泡沫刮出后落到精煤槽中的声音、摸入浮煤浆的粒度组成和浓度、看泡沫层、液面和尾煤。根据观察到的现象和检查的结果，并根据相关生产环节的联系，操作工应该能经过分析做出正确判断，当机立断地进行调整，使浮选操作条件尽快地适应入料性质的变化，避免生产指标的波动。只有入料性质发生变化时进行调整才是正确的，调整要做到及时、准确。

在浮选操作中的“稳”与“勤”关系中，“勤”是第一位的，它反映了操作工的责任心、敬业精神，只有积极能动地参加浮选生产实践，才能逐步精通适应入料性质变化的不同操作方法，及时调整，保证有实效的“稳”，实现“以勤保稳”。

“稳”反映了操作工的基本功底和技能水平，只有熟练掌握浮选生产过程的规律，才能进行正确的浮选操作。根据浮选生产的特点，某一操作因素的改变，需要经过一定时间，才能从生产中表现出来，也就是某个因素的调整是否合理，需要用时间来鉴定，所以浮选操作要相对稳定，这就是所谓的“稳中求勤”。

6.8 浮选机的安装与维护

浮选机是实现煤粒与矸石分离的设备，浮选机的工作性能好坏与其安装和日常维护有密切的关系。

6.8.1 机械搅拌式浮选机的安装与维护

机械搅拌式浮选机是目前广泛使用的一类浮选设备，有很多系列和型号，但其工作原理相似，安装与维护也基本相同，下面以 XJZ-12 型浮选机为例说明机械搅拌式浮选机的安装与维护。

6.8.1.1 安装

A 浮选机槽体

（1）安装顺序：先安装头部槽体，再安装中间槽体，最后安装尾部槽体。

（2）槽体安装前要用水平测绘仪测出基础座的水平偏差，槽体装到基础上以后，使各个槽体的两边溢流堰成同一水平，用水平尺在不同槽体间找正，并用不同厚度的垫板使整机在长度方向和宽度方向上水平一致，在长度方向上总偏差不应超出 3～5mm，入料口、槽体与槽体、槽体与中矿箱连接部均不得有渗漏现象，然后紧固机体各部螺栓。

B 搅拌机构

（1）空心轴与叶轮应安装牢靠，叶轮水平面应保证与空心轴垂直，且不能上下窜动。

（2）叶轮应与假底中心孔对中，其偏差不大于 3mm。

（3）定子导向叶片与假底上的稳流板对齐，不得错开。

（4）叶轮与定子之间的径向、轴向间隙应保证在 7～9mm，在安装中可从叶轮外径上任取等距离的三点测量其间隙，轴向间隙由调整垫来调节。

（5）传动三角带的安装松紧应适度，装三角带之前，先将电机和搅拌轴上的大小皮带轮安装合适，找平后再将三角带放入皮带轮槽中，调节中心距，张紧三角带。转动电机继续调整三角带，使在带负荷驱动时松边稍呈弓形。

（6）安装三角带轮安全罩，安全罩支腿插入管座应稳固。

（7）检查电机转动方向，叶轮为顺时针方向转动，搅拌机构应转动灵活，无卡阻现象。

C 刮板机构

（1）安装刮板轴、刮板架、刮板橡皮，并使刮板轴转动，刮板橡胶板与溢流口之间的间隙一致，不大于 5mm，后一槽刮板与前一槽刮板依次错开 30°。

（2）刮板轴的中心都在同一直线上，相邻两轴的同轴度偏差不大于 0.8mm。

D 液面控制机构

固定液面调整机构，使该机构在手动或自动的操作状态升降灵活，并在设计要求的升降范围内。

E 闸板机构

闸板机构的安装，应保证闸板灵活升降，而且无渗漏。

F 放矿机构

放矿机构的安装，应保证手轮转动灵活。

G 安装检查

（1）浮选机安装后应根据设计要求向各润滑点注入各种润滑脂，并清理安装过程中掉入槽体中的螺栓、棉布等异物。检查浮选室槽中反射板是否牢固，位置是否合适，放矿口是否堵好。

（2）各电动机-皮带轮上的三角传动带是否数量齐全，松紧程度是否适当。用手盘动各皮带轮，以检查有无杂物卡住叶轮。

（3）检查叶轮中层轮腔是否被木屑或杂物堵塞，循环孔是否通畅。

（4）检查各调节门是否灵活，刮泡的刮板是否牢固、转动灵活、叶片是否齐全。

（5）浮选机进行空载运转检查。主要检查：叶轮旋转方向是否正确，根据图纸上标示的旋转方向进行检查；叶轮旋转时有无偏摆和振动现象，各部有无杂音，轴承部分有无发热现象；运转一段时间（一般为30min ~ 1h）后，检查电动机有无过热现象。

（6）空载运转检查无误后进行清水运行检查，将水灌满到溢流口，在不开动搅拌机构的情况下，主要检查：槽体安装水平，机室溢流堰是否水平、平直，各室溢流堰是否在一个水平上。如果是双侧刮泡时，各机室两侧溢流堰均必须在同一水平上；各浮选室的接缝处、放矿口、调节门是否有严重漏水现象，对调节门尤其要注意。

（7）检查正常后，启动电动机，空负荷运行8h，检查电机电流情况及各部位发热情况，如无异常，可加料运行。

6.8.1.2 操作与维护

（1）在设备运行中，巡回检查搅拌机构的轴承、刮板轴承的温升，不应超过25℃，电机轴承的温升不应超过允许值。

（2）转子机体内有异响时，应检查定子与转子之间的间隙、主轴轴承、传动胶带、转子固定部件，对异常问题进行处理和更换。

（3）定子导向叶片和假底稳流板在高速矿浆的冲刷下极易磨损，要经常检查并及时更换。

（4）槽体内各紧固螺栓在高速矿浆的冲击下，易松动脱落，可能导致定子下沉，要每班检查并及时更换。

（5）刮泡机构刮泡率下降时，检查耐油橡胶板是否损坏，并及时调整更换。

（6）刮泡机构出现振动或摆动时，检查传动轴是否有裂纹以及各联轴节是否脱开。

（7）叶轮检查，当叶轮磨损直径超过10%、有洞眼或裂纹时，要及时更换。

（8）润滑。

1）搅拌机构和刮泡机构减速机每3个月换油一次。

2）搅拌机构主轴轴承每月注油一次。

3）刮泡机构的含油轴承应每天加油一次。

（9）给料量、入料浓度应保持稳定，加药制度应合理，空心轴及套筒进气量应调整合适，浮选槽液位应进行调整，刮板不得刮水。

（10）停车前先停止给料。停车时间过长时，应打开放矿阀将煤浆放空，避免槽底煤泥沉积而堵塞管道。

（11）经常检查液位自动控制装置动作是否可靠，液位给定值是否适宜。

6.8.1.3 常见故障及处理

机械搅拌式浮选机常见故障及处理措施见表6-2。

表 6-2 机械搅拌式浮选机常见故障及处理措施

序号	常见故障	处 理 措 施
1	压盖过紧或缺少润滑油	(1) 适当调整压盖; (2) 补充润滑油。
2	床层发紧	(1) 叶轮严重磨损。更换新叶轮; (2) 叶轮与定子轴向径向间隙过大。适当调整; (3) 充气量太小。适当调大。
3	生产能力下降,吸浆能力减少	(1) 检查进气孔是否堵塞,液位调整机构是否有故障; (2) 检查叶轮吸浆口与箱体吸浆法兰是否中心对正,应保证两者同心和周边等距离,中间间隙不应大于 6mm; (3) 检查给矿管道是否堵塞或有关管道是否脱落; (4) 检查空心轴进气孔面积是否过大,并及时调整; (5) 检查传动胶带是否打滑,使叶轮搅拌机构轴承温升过高; (6) 转数不够,调整、更换传动三角带。
4	液面不稳,出现翻花	(1) 检查槽体底部导向板,看定子上的导向板与假底导向板是否准确配置,当发现错位时,特别是假底导向叶轮超前时,应及时调整,使二者准确对正; (2) 检查主轴支撑装置是否松动,使叶轮底面与槽体底面平行。

6.8.2 喷射式浮选机的安装与维护

喷射式浮选机由浮选槽、充气搅拌装置、刮泡器和循环泵组成,其核心部分是充气搅拌装置,它是由喷射器和旋流器所组成。以下以 XPM—4 浮选机来说明这类浮选设备的安装与维护。

6.8.2.1 安装

A 槽体

找正基础标高水平,箱体组合安装,依次连接各箱体。要求沿纵横方向平直水平,每个槽箱两边的溢流口必须保持在同一水平线,其不平度不超过 3mm。槽箱各接合面平面偏差、接合面对底面的垂直度偏差均不大于 2mm。每室的活动堰板比后一室提高约 40mm,确保直流的煤浆借助水力坡度从浮选机的第一室流到最后一室。

B 充气搅拌装置

注意充气器必须垂直,各连接法兰严密不漏水,喷嘴与混合室和喉管均应同心,以防造成各种零件不均匀磨损而影响喉管的吸气效能。充气搅拌装置对地脚平面(或槽箱底面)的不垂直度偏差不大于 4mm,下伞轮端面距槽底的距离为(140 ±5)mm。

C 刮泡器

安装前先把刮板和刮板架与轴组装在一起,再把它们安装在轴承座上,找正后固定。连接各轴段链式联轴器,找正后刮板轴应成水平,其不水平度每米不应超过 ±0.5mm,前后两室的刮板彼此错开 30°,而同一室内的两边刮板互成 90°。

固定于刮板上的可调耐油橡胶板与槽箱溢流口之间的间隙不大于 3mm,两侧刮泡堰对地脚平面的高度偏差不大于 3mm。安装刮板器电机、减速机,找正后固定。

D 煤浆预处理设备

喷射式浮选机采用直流、吸入兼备的入料方式，煤浆必须借助一定的压浆进入浮选机，且在很大程度上煤浆流量取决于压头的大小。因此，安装煤浆预处理设备时，必须保证其液面与浮选机首槽液面高度差大于1.5m，并尽量选用直径较大的入料管，确保浮选机有足够的入料量。

E 安装检查

(1) 安装完后，检查各部位是否有卡阻现象，并按要求注油，清理杂物。

(2) 正常带水运行4h，检查是否渗漏，检查电机电流及各转动部位温升，如无异常可投料运行。

(3) 由于喷射旋流式浮选机的工作状况与循环泵、管路等系统关系密切，故调试过程中应注意系统的配套情况。

6.8.2.2 操作与维护

(1) 经常检查喷嘴磨损情况，并定期清理喷嘴内的杂物。

(2) 正确调节搅拌桶或矿浆预处理器的通过量、浓度和药剂添加量。

(3) 严格控制浮选机液面，如果闸板位置调整过高，便会造成前段刮泡沫，后段刮水；反之，则会出现前段刮泡量减少，后段积聚很厚的泡沫层，致使尾矿灰分下降，精矿流失增大。

(4) 通过吸气管的盖板，正确调节各浮选槽的充气量。其调节的一般顺序应由前到后逐渐减弱。

(5) 经常检查刮泡器与槽箱两侧溢流口的间隙，如出现间隙过大、刮板变形或缺损时，要及时调整、平直或更换。

(6) 检查旋流器导向板，磨损严重时及时更换。

6.8.3 浮选柱的安装、维护与操作

近十几年，针对选煤厂大型化和选煤产品质量要求提高，浮选柱在选煤厂已经得到广泛应用。下面以FCSMC型旋流-静态微泡浮选柱来说明该类浮选设备的安装与维护。

6.8.3.1 安装

(1) 柱体安装：明确给矿进口、精矿出口、循环中矿出口和尾矿出口的方位后，分下部柱体、中部柱体、上部柱体三部分吊装柱体；各部件之间用密封垫或盘根密封；整个柱的垂直度不大于0.5%；安装后的泡沫溢流堰的水平度应不超过1%。

(2) 管浮选装置安装：一般要求管浮选装置的下部为活连接，以便其拆装；每个混合矿化管的安装应保持垂直。

(3) 设备柱体安装完成后，应保证无渗漏。

(4) 柱体内部充填：根据物料的性质与分选的具体要求，制定充填方案，现场装配。

(5) 泡沫输送吸浆器：根据设备布置和浮选泡沫性质的具体要求，决定是否采用该输送模式，现场装配吸浆电机。

(6) 操作平台：在距离柱体顶端1~1.2m的位置上，设主操作平台；在距离气泡发生

器底端200~400mm的位置上，设气泡发生器检修平台。

(7) 循环泵的安装与连接：循环泵应靠近主体设备，并方便连接；为减少压力损失，循环泵出口管应与进口管的管径一致。

(8) 事故排放管的设置：在循环泵入口，尾矿上升管底部设事故排放管；管径要求根据具体设备和现场情况确定。同时浮选柱底部中矿和尾矿出料管道上要求增加高压冲水管（水压≥0.3MPa），用于堵塞时冲洗。

6.8.3.2 安装注意事项

(1) 安装时注意水平校准，保证精矿溢流堰周边水平及整个柱体垂直度。

(2) 气泡发生器各管均沿柱体均匀布设，注意协调与美观。

(3) 设备自带泡沫收集槽，但须设操作规程平台。

(4) 循环泵入料口与浮选柱底部循环中矿出料口尽量保持在同一水平线上，减少能量损失。

(5) 循环泵出料管应分成两根管道对称接入浮选柱中上部的循环中矿分配环，尽量保持气泡发生器能量分配的均匀。

(6) 注意所有外联管子出口方位，先核定然后开口连接，矿用浮选柱的中矿循环管要求采用耐磨管道。

6.8.3.3 浮选柱操作

A 设备的启动

(1) 启动前的准备与检查

1) 对新检修的浮选柱必须拣出柱体内一切杂物；

2) 检查各工作泵的阀门是否完好，阀门开启、关闭关系是否正确。

3) 检查供电情况，泵、搅拌桶等设备是否正常供电，数显PID（配置液位自动控制系统的浮选柱）是否正常显示。

4) 检查各用水点供水情况。

5) 在柱内已放空的情况下，开车前往柱体内注水约1/4~1/3。

(2) 启动顺序

1) 针对系统：PID控制仪表（带尾矿自动控制）→搅拌桶→加药→粗选尾矿泵→粗选循环泵→精选给料泵→精选中矿泵→精选循环泵→精矿泵，依次向后。

2) 针对单机：打开PID控制仪表至一定液位（配置液位自动控制系统的浮选柱）→打开尾矿阀→循环泵。

注意：在PID仪表显示粗选浮选柱液面上升至设定值之前，应将粗选PID置于手动状态，电控阀门开度在10%以上，以保证矿浆液面未达到设定值之前尾矿管仍有矿浆排出。

B 设备停车顺序

(1) 针对系统正常停车：药剂→给料→（泡沫涌出完成后）粗选浮选柱循环泵（将粗选电控阀开度置于20%以上）→关闭粗选尾矿电控阀前手动阀→精选浮选柱→中矿泵→搅拌桶→精矿泵。

(2) 针对单机：待泡沫涌出基本完毕后→手动打开尾矿阀→尾矿排放至一定液位后停

循环泵→关闭 PID 控制仪表。

(3) 停止药剂及给料，并在粗选浮选柱内加入部分水保持矿浆液面，此时应通过 PID 将粗选电控阀置于手动状态，并保持开度在 30% 以上，待粗选浮选柱泡沫涌出完成后，停粗选浮选柱循环泵，粗选矿浆液面降低至气泡发生器检修口以下时关闭粗选电控阀门。

(4) 若停车时间较长，应将粗选浮选柱内矿浆放空。

(5) 精选浮选柱也应加入部分水以保证精矿泡沫涌出，待精矿泡沫涌出完成后，依次停精选循环泵、精矿泵，并关闭电控阀门，停中矿泵。

C 设备维护

(1) 检查各工作泵运转是否正常，有无颤动、刮、拽及异常响动。

(2) 检查电机温升是否正常，各电机最高温升不得超过 75℃。

(3) 检查各阀门、执行机构是否完好。

(4) 检查各用水点供水情况，及时疏通泡沫喷淋水和尾矿槽消泡水水路杂物。

(5) 润滑点要及时注油，保持足够的润滑。

(6) 电机三角带在运转中要保持松紧适中，否则要适时调整。

(7) 生产过程中要经常检查气泡发生器充气量，若部分气泡发生器不充气或充气量小时应作好标记，留待设备停车检修时处理。

D 技术操作

(1) 工作中勤走、勤看，勤检查，发现问题及时调整。

(2) 上下工序应相互联系，密切配合。

(3) 要经常与调度联系，根据原料性质和生产指标调整好加药量和充气量。

(4) 搞好机台环境卫生，详细填写交接班记录，向接班者详细介绍本机台运转情况。

(5) 开启循环泵，调节循环矿浆压至 0.20 ~ 0.35MPa，具体压力要求视分选作业而定。

(6) 检查气泡发生器的吸气与工作状况，若部分气泡发生器不充气或充气量小时应作好标记，留待设备停车检修时处理。

(7) 打开药剂阀门，调节药剂至正常用量。

(8) 打开浮选柱入料管，检查入料是否正常。

(9) 检查泡沫带矿及涌出流动情况，主要调节药剂用量、矿浆液位、充气量、入料量。

(10) 在正常运行过程中，应注意来料及其他因素的波动并及时有效地加以处理，确保设备运行及生产指标的稳定。

(11) 浮选柱底部循环中矿和尾矿出料管道安装有防堵塞高压冲水管路时，要求每个班用高压水冲洗这些易堵塞管路至少 1 ~2 次，确保设备运行过程中底部尾矿排放管路的畅通。

7 浮选作业的技术检查与工艺效果评定

浮选机应定期进行检查和分析，以确定浮选机工作效果，及时发现问题并进行调整。有经验的操作者通过对泡沫精矿的观察和触摸能大致判断精煤的质量，通过对尾矿的观察和触摸能大致判断尾矿中的粗粒级损失和灰分多少。但作为准确的科学资料，应进行浮选机的单机检查，内容包括：处理量、药剂耗量、总的及各室的精煤、尾煤的数量和质量。

7.1 浮选机单机检查取样和计量点

浮选机的单机试验检查应该在正常生产条件下进行。煤泥浮选过程是逐室进行的，总效果是各分室效果的综合。因此，分析浮选过程还要检查各室浮选效果。

浮选机单机试验检查先应该对浮选入料、精煤（泡沫）、尾煤分别测定它们的灰分、浓度，并进行粒度分析试验。由于泡沫中含有气泡，因此，浓度采用质量百分比浓度来表征。泡沫采样用泡沫接取器，如图 7-1 所示。

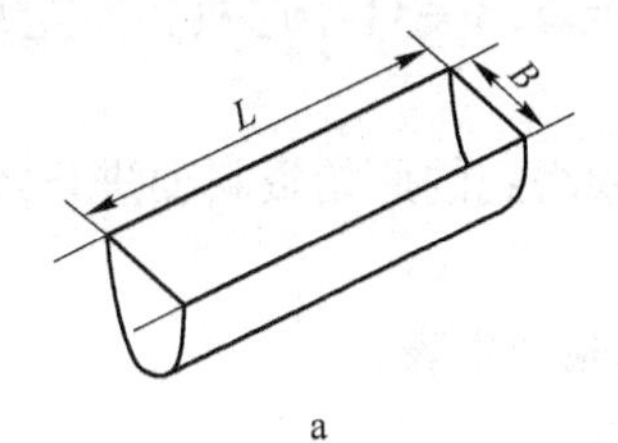

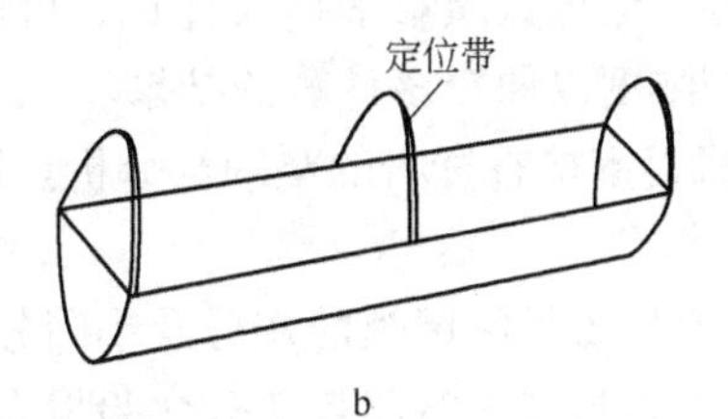

a　　b

图 7-1　泡沫接取器

a—泡沫接取器；b—柔性泡沫接取器

泡沫接取器一般用帆布或滤布缝制，两侧穿上铁管（或木棍）作为把手，其展开宽度 B 要小于泡沫槽的宽度。其长度 L，对于中、小型浮选机即为浮选室刮泡堰的长度；对于大型浮选机可采用柔性泡沫接取器，见图 7-1b，在其两端及中端连上定位带，在进行标定时，三个人用定位带张紧接取器，沿刮泡堰接取泡沫。

在浮选机单机检查时，可按时间间隔接取若干次泡沫，并进行称量，按下式计算各浮选室的刮泡量：

$$Q = \frac{60rnWC}{k}$$

式中　Q——浮选室每一侧的精煤产量（按干煤计量），t/h；

r——刮泡器转速，r/min；

n——刮泡器的刮板片数；

W——泡沫接取器所接取的泡沫质量，kg；

C——泡沫的质量分数,%；

k——接取泡沫时，刮板的刮泡片数。

泡沫样可从接取的泡沫中采集，也可另行沿刮泡堰长度用采样勺接取。所采集的泡沫样应做灰分、质量百分比浓度测定和进行煤泥筛分试验。

7.1.1 吸入式浮选机的检查

（1）取样点及采样的检查确定。机械搅拌吸入式浮选机的室与室之间都有一个中矿箱，最后有尾矿箱，可以用作采样点，每个室的精煤与尾煤可以按图7-2所布置的采样点取。采样应采取浮选总入料、总精煤、总尾矿和分室的精煤、尾煤。

（2）取样时间的确定。由于浮选物料粒度细，容易获得采样的代表性。因此，浮选机生产稳定以后，采样时间一般在1～2h即可。

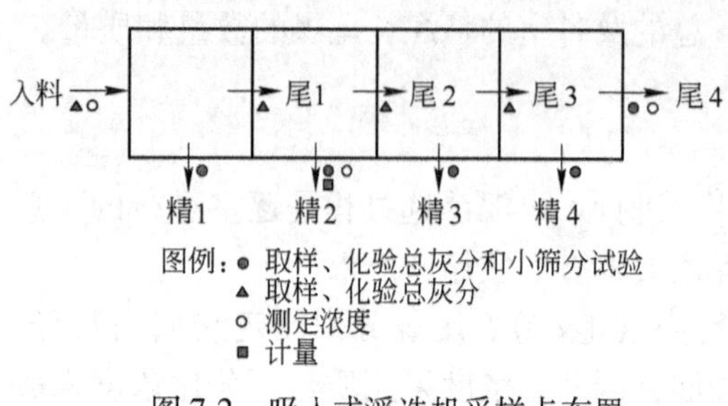

图7-2 吸入式浮选机采样点布置

（3）试验和化验项目的确定如图7-2所示。各室的浮选精煤和最终尾煤，除化验灰分外，还须进行小筛分试验，各室的尾煤和浮选机的入料只化验灰分，不需要做小筛分试验。因为在浮选过程中煤泥受浮选机叶轮多次破碎，解离现象严重。所以，采用各室资料计算出的浮选入料，更符合实际。用实测法确定浮选第1室或第2室的小时产量，经过入料、精煤、尾煤数质量平衡式计算，可以推算出一台浮选机各室全部数质量指标。入料与尾煤应测浓度以便校核计算的结果。

（4）浮选机逐室检查资料的整理与分析。试验得到的原始资料要进行整理和分析。要求如下：

1）填写各室精煤最终尾煤的灰分及小筛分试验报告表；

2）填写浮选入料和各室尾煤灰分化验报告表；

3）整理测定的数据；

4）记录入料性质、设备性能、加药浓度，测定处理量和浮选机充气量；

5）用数质量平衡关系式计算出浮选精煤和尾煤的实际产率；

6）计算出各室的浮选精煤占入料的产率；

7）绘出各粒度级在各室的分配率图；

8）计算浮选效率。

7.1.2 直流式浮选机的检查

由于直流式浮选机无法对各室的尾煤进行采样，所以不进行逐室采样试验，为了能找到各室数量与质量变化规律，故在进行单机试验时应采取一些措施。直流式浮选机采样点布置如图7-3所示。

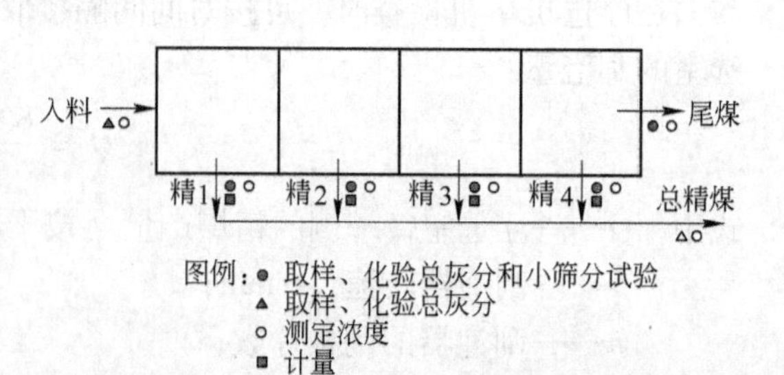

图7-3 直流式浮选机采样点布置

取样时间、试验化验项目和要求与吸入式浮选机相同。但由于直流式无法取出各室的尾煤，必须采用间接方式反推出浮选数量流程，所以各室浮选精煤都需计算。在计量时，取一个浮选室长 1/5 或 1/10 的接泡器，在刮泡的边缘上接取一次或两次精煤泡沫，然后将精煤泡沫称量，测出体积和浓度，用刮泡器的长度和每个室的宽度计算出单位时间处理的固定量。有了各室的精煤产量，总计为一台浮选机的精煤产量。已知浮选入料、精煤、尾煤的灰分，用数质量平衡式，计算出浮选精煤的产率，由于各浮选室的精煤产量为已知，故可以推算出各室的精煤产率。用各室的精煤灰分量之和，校核精煤灰分是否准确和试验资料的数据是否准确。如果误差在允许的范围内，则用数质量平衡式所计算的精煤、尾煤产率可以使用，从而可计算出直流式浮选机逐室的数质量流程图。

7.2 单机检查计划

为保证有条不紊地完成浮选机单机检查，应事先制定采样计划和计量计划，如表 7-1 和表 7-2 所示。

表 7-1 采样计划

名 称	总样重/kg	子样重/kg	子样份数	间隔时间/min	取样地点	取样工具	试验项目
各室精煤	24	1	24	5		取样器	浓度、总灰、小筛分
总精煤	24	1	24	5	总精溜槽	取样器	浓度、总灰、小筛分
各室尾煤	24	1	24	5		取样器	浓度、总灰、小筛分
入 料	24	1	24	5	搅拌桶	取样器	浓度、总灰、小筛分、小浮沉

表 7-2 计量计划

名 称	计算地点	计量方法	间隔时间
浮选入料	搅拌桶	搅拌桶放空后按正常入料测装满一定容积的时间	采完样后计两次
一室精煤		用容器接取泡沫称重	20min
起泡剂和捕收剂	各加药点	用量筒接取称重	20min

为了分析细泥对浮选的影响，小筛分至少要做到 0.075mm 以下，如果有可能，应做到 0.045mm 以下，并用湿法筛分。

试验结束后，用灰分量平衡法计算各室精煤、尾煤产率并和计量结果对照，以计量结果为根据，计算浮选机处理干煤量、矿浆通过能力、药耗量、数量效率、浮选时间，并据此分析浮选机的工作效果。

7.3 试验数据的检验

获取浮选机单机检查试验的各项数据后，应该进行必要的检验。检验的原则是：(1) 符合相关试验标准的要求；(2) 符合试验或生产实际的规律。检验标准如下：

1) 煤泥小筛分的加权灰分与筛分前煤样灰分的绝对差值应符合表 7-3 的规定。

表 7-3 煤样筛分前后灰分绝对差值

煤样灰分/%	<10	10～30	>30
灰分绝对值/%	≤0.5	≤1.0	≤1.5

2）煤泥小筛分的各粒级质量之和与筛分前煤样质量的相对差值不得超过2.5%。

3）一般情况下，浮选入料、浮选精煤、尾煤灰分随粒度减小而呈增高趋势。若出现反常情况，需做出合理的解释。

4）对于同一粒级的颗粒，精煤中的灰分最低，尾煤中的灰分最高。

5）正常情况下，精煤的粒度组成较粗，尾煤的粒度组成较细。浮选过程中，煤粒存在破碎现象。所以，由精煤和尾煤综合而成的计算入料的粒度组成，要比浮选入料细一些。若出现反常现象，说明采样的代表性较差，或是煤泥筛分试验的准确度不够。

7.4 浮选机的生产性能

矿浆浓度是指矿浆中固体矿物与水重量或体积的关系，评价浮选机的生产性能或选煤工艺流程计算中通常使用以下几种浓度：

（1）质量百分浓度（P）。以矿浆中固体物含量的质量百分数表示，计算公式如下：

$$P = \frac{M}{M + W} \times 100\%$$

式中 P——煤浆的质量百分浓度,%；

M——煤浆中干煤质量，g；

W——煤浆中水分质量，g。

（2）液固比（R）。指矿浆中水的质量与固体物质量之比，计算公式如下：

$$R = \frac{W}{M}$$

式中 R——煤浆的液固比；

M——煤浆中干煤质量，g；

W——煤浆中水分质量，g。

（3）固体含量（q）。指单位体积矿浆中固体物的质量，通常以g/L或kg/m^{3}表示，计算公式如下：

$$q = \frac{M}{V} = \frac{M}{W + \frac{M}{\delta}} \times 1000$$

式中 q——煤浆的固体含量，g/L；

M——煤浆中干煤质量，g；

V——煤浆的体积，L；

W——煤浆中水分质量，g；

δ——煤泥的真密度，g/cm^3。

在实际生产过程中，只要知道其中一个浓度，就可通过上述计算出其他浓度。换算公式如下：

$$P = \frac{1}{1 + R} \times 100\%$$

$$q = \frac{1000}{R + \frac{1}{\delta}}$$

7.4.1 处理能力

浮选机的处理能力包括矿浆处理量和干煤处理量。通过浮选入料的计量可直接求得浮选机的矿浆处理量，并可计算单位容积矿浆处理量。根据浮选机的矿浆处理量和浮选入料浓度可算出浮选机的干煤处理量和单位容积干煤处理量。

7.4.1.1 干煤处理量

干煤泥处理量是指一组浮选机在单位时间内处理干煤泥的数量，常用单位容积处理量计算。浮选机干煤处理量的计算公式为：

$$Q = \frac{60KVn}{\left(\frac{1}{\delta} + R\right)t}$$

式中 Q——浮选机干煤处理能力，t/h；

K——浮选机容积系数，浮选机矿浆体积与有效容积之比，选煤时取 0.9 ~ 0.95；

V——浮选机机室总容积，m^3；

n——浮选机的槽数；

δ——煤浆中固体的真密度，g/cm^3；

R——以液固比表示的煤浆浓度；

t——浮选时间，min。

按上式计算出浮选机干煤处理量后，按下式计算浮选机单位容积干煤处理量：

$$q = \frac{Q}{V}$$

式中 q——浮选机单位容积干煤处理量，t/（h·m^3）；

Q——浮选机干煤处理能力，t/h；

V——浮选机机室总容积，m^3。

7.4.1.2 矿浆处理量

浮选机的矿浆处理量可以通过实测求得，对单台浮选机来说，可用电磁流量计测定浮选机的入料矿浆量。测量是在正常生产条件下进行，每隔半小时测量一次，计算时间不应少于 4h，取其算术平均值为结果。

测量出浮选机的矿浆处理量和浮选入料浓度后可由下式计算其干煤处理量。如果，浮选机的矿浆处理量为 G（m^3/h），单槽容积为 V（m^3），浮选入料浓度为 q（g/L），一组浮选机共有 n 室，容积利用系数 K = 0.65 ~ 0.75。则：

$$单位容积矿浆处理量 = \frac{G}{nVK} \quad (m^3/(h \cdot m^3))$$

$$干煤处理量 = \frac{Gq}{1000} \quad (t/h)$$

$$单位容积干煤处理量 = \frac{Gq}{1000nVK} \quad (t/(h \cdot m^3))$$

7.4.2 电耗

电耗是指浮选1t干煤泥所消耗的电能，或分选$1m^3$煤浆所消耗的电能。在正常生产情况下，用功率表逐台测定浮选槽箱电机的功率消耗，或者在1台浮选机的电源母线上测定1台浮选机总功率消耗，分别计算干煤量和煤浆的电耗。

$$W_{干} = \frac{N}{Q} \quad (kW \cdot h/t)$$

$$W_{浆} = \frac{N}{G} \quad (kW \cdot h/m^3)$$

式中 $W_{干}$——浮选机干煤量的电耗，kW·h/t；

$W_{浆}$——浮选机煤浆的电耗，$kW \cdot h/m^3$；

N——浮选机的总功率消耗，kW；

Q——浮选机干煤处理能力，t/h；

G——浮选机的矿浆处理量，m^3/h。

7.4.3 浮选机充气性能

煤用浮选机的充气性能指标包括充气量、充气均匀度、充气容积利用系数、动力指数、最大通过量以及混合系数、叶轮区负压和气泡直径等。在目前的技术条件下，浮选机充气性能指标的测定只能在清水条件下进行，因此又称为浮选机的清水试验。

7.4.3.1 充气量

充气量用在清水条件下，每平方米浮选槽液面每分钟逸出的空气体积来表示。浮选机充气量的测定可以采用量筒法和仪表法。

7.4.3.2 充气均匀度

浮选机结构类型的不同，气泡在矿浆中分布均匀性差别很大，同一浮选机不同点上的空气含量亦有不同。气泡在矿浆中分布的均匀性影响着浮选机槽体的“有效容积”或“充气容积”。并不是浮选机所有容积都存在气泡，只有存在气泡的那部分容积才能实现矿粒和气泡的碰撞和附着，故含有气泡的那部分容积称为“有效容积”或“充气容积”。机械搅拌式和充气搅拌式浮选机内，提高搅拌强度可以改善气泡分布的均匀性和弥散程度。气泡在矿浆中分布的均匀性，可用“充气均匀度”K来衡量，计算公式为：

$$K = 100 - \frac{\sum_{i=1}^{n} |Q_i - Q_m|}{nQ_m} \times 100\%$$

式中 Q_i——被测点充气量，$m^3/(m^2 \cdot min)$；

Q_m——各测点充气量的算术平均值，$m^3/(m^2 \cdot min)$；

n——测量点数。

此式可较准确地表示浮选机的充气均匀程度，但此式是以从槽底液面测得的充气量来计算的，由此要求测量点数要足够，测量间距小于300mm。

浮选矿浆中气泡分布均匀性也可用“充气容积利用系数”F来表示，它是指充气容积占该槽矿浆容积的百分数，计算公式如下：

$$F = \frac{n - n'}{n} \times 100\%$$

式中 n，n'——充气量测定的总点数和充气量小于0.1m³/（m²·min）的点数。

气泡在矿浆中分布的均匀性，直接影响浮选机的工作效率。充气均匀度或充气容积利用系数越大，按单位槽体衡量的浮选机生产能力也越大。

7.4.4 药剂消耗

用药量测定可用量筒法。计量时，捕收剂和起泡剂应分别测定、计算。用秒表计时，换算成单位时间的用药量。根据前面的干煤处理量计算出每吨干煤所用捕收剂和起泡剂用量，并计算油比。

药剂消耗是指浮选每吨精煤所使用的药剂数量，为捕收剂和起泡剂的总和，计算公式为：

$$B = \frac{W_c + W_f}{Q}$$

式中 B——浮选1t精煤的药剂消耗，kg/t；

Q——实际生产的浮选精煤量，t；

W_c，W_f——生产Q吨浮选精煤所使用的捕收剂和起泡剂用量，kg。

7.4.5 计算各室精煤产率

根据各浮选室取样的灰分化验结果，用灰分平衡公式计算各浮选室的精煤产率：

$$r_c = \frac{A_f - A_t}{A_c - A_t} \times 100\%$$

式中 r_c——精煤产率,%；

A_f——入料灰分,%；

A_c——精煤灰分,%；

A_t——尾煤灰分,%。

注意，按上式计算出是精煤产率为该室浮选出精煤占该室入料的百分比，还应换算成占浮选机总入料的百分比。

7.4.6 逐槽试验结果分析

7.4.6.1 浮选入料和产品小筛分组成

浮选入料和产品的小筛分应到0.075mm，有条件时可到0.045mm。入料粗、细粒级含量的多少、灰分的高低对浮选有很大的影响。所以，从浮选入料小筛分组成可大致判断浮选过程能达到的效果。结合产品的小筛分可分析浮选的实际效果，分析各产物中高灰细粒物料的分选效果和对精煤的污染程度，分析粗粒低灰物料的捕收情况和在尾煤中的损失程度。如果细粒级含量大且灰分高，则可能造成对精煤的污染。如果各产品与尾煤的各粒级灰分相差较大，说明浮选效果好。粗粒灰分低，易损失在尾煤中，如尾煤中粗粒物料量少，则说明粗粒的捕收效果较好。

7.4.6.2 各室产品的数量和质量

各浮选室的产率：浮选过程中，浮选机各室的浮选速度应该逐渐降低，各室浮出的精煤数量逐渐减少，但开始时必须有足够的速度和数量，否则，使可燃体在尾煤中损失增多，使浮选尾煤灰分过低，造成浮选槽不足的假象。应注意分析造成该情况的原因，是由于煤泥本身可浮性低，还是由于浮选操作条件控制不当造成的，如充气量、药剂、给矿量、给矿浓度等不合适所致。如是后者则可作适当调整。

各浮选室产品的质量：各室泡沫产品的质量也应逐渐发生变化。煤泥浮选过程是个不断优化的过程，因此，灰分应逐室递增。如果各浮选室泡沫产品灰分很相近，尾煤灰分又不高，属不正常现象。首先分析前几室，看操作上是否有问题，如药剂用量、液面高低、充气量是否合适。前几室产品的灰分如果很相近，灰分又低时，应采取提高浮选速度。通常，浮选机各室泡沫产品灰分的变化，前面的应较慢，后面的较快。但最末室的泡沫产品灰分不应高于原煤灰分。有时第一室的灰分会略高于第二室，这主要是细粒煤泥含量比较大，造成无选择性的吸附，污染泡沫精煤的结果。

7.4.6.3 结合浮选机其他指标分析

通过结合浮选机的其他指标，如处理量（矿浆量和干煤量）、药剂用量的分析，可了解浮选机的工作状况、药剂消耗量、有无潜力提高处理能力、药剂添加是否合理等。但以上因素常常互相影响，分析时应全面考虑。

7.5 煤泥浮选工艺效果评定

为评价选煤厂浮选生产状况，比较选煤厂之间的浮选效果，可采用浮选精煤数量指数和浮选精煤完善指标。

7.5.1 浮选精煤数量指数

用于评定不同煤泥之间的分选工艺效果，即用于不同选煤厂之间浮选工艺效果的比较。计算公式为：

$$\eta_{if} = \frac{\gamma_c}{\gamma_c'} \times 100\%$$

式中 η_{if}——浮选精煤数量指数,%；

γ_c——浮选精煤产率,%；

γ_c'——精煤灰分相同时，标准浮选精煤产率,%。

标准浮选精煤产率，根据《选煤实验室分步释放浮选试验方法》（MT/T 144—1997）试验结果绘制的浮选精煤产率-灰分曲线确定。分步释放试验采用选煤厂浮选入料进行试验时，必须在正常生产条件下采取未添加任何浮选药剂的浮选入料。一般每小时采 1 次，至少采 8 次，采样总量为 2 ~ 3kg 干煤泥（ <0.5mm）。

分步释放试验是在实验室中采用统一标准的浮选机，统一标准的浮选捕收剂（正十二烷）

和起泡剂（仲辛醇）以及浮选工艺参数，有一次粗选、四次精选（特殊情况下可进行六次精选）的方法，将煤粉或煤泥水分成灰分不同的若干等级，试验步骤见图 7-4。根据分步释放的试验数据绘制分步释放浮选曲线图，如图 7-5 所示。分步释放试验是在经过试验确定的最佳工艺参数条件下进行的，所获得的试验结果应该是在目前技术条件下的标准试验结果。

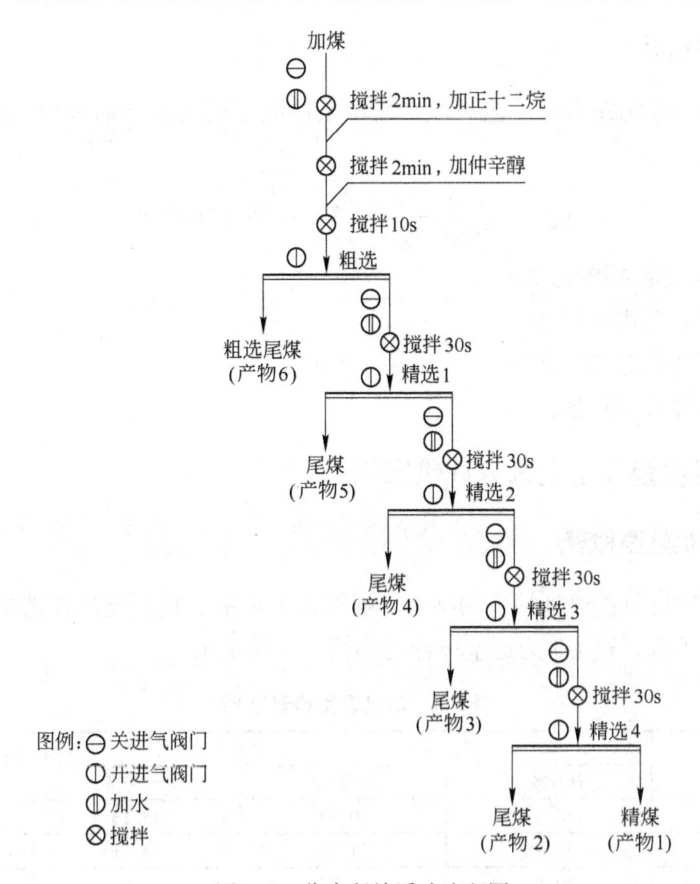

图 7-4　分步释放浮选流程图

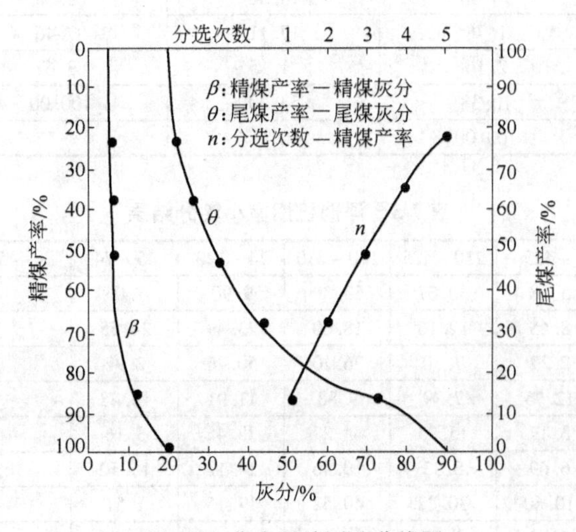

图 7-5　分步释放浮选曲线图

需要说明的是，浮选精煤数量指数 η_{if} 有时可能大于100%，这是正常的。因为标准浮选精煤产率不是理论精煤产率，它仅是人为建立的一个标准值。当工业生产的某项或某几项工艺条件优于实验室分步释放浮选试验相应条件时，实际浮选精煤产率高于标准浮选精煤产率是可能的、正常的，它并不影响作为评价选煤厂浮选工艺效果的真实性和可靠性。

7.5.2 浮选完善指标

用于评定同一煤泥在不同工艺条件、操作条件或不同的生产时间时的浮选完善程度。计算公式为：

$$\eta_{wf} = \frac{\gamma_c}{100 - A_{d,f}} \times \frac{A_{d,f} - A_{d,c}}{A_{d,f}} \times 100\%$$

式中 η_{wf}——浮选完善指标,%；

γ_c——浮选精煤产率,%；

$A_{d,c}$——浮选精煤灰分,%；

$A_{d,f}$——浮选入料灰分,%。

7.6 浮选单机检查及工艺效果评价实例

7.6.1 浮选机单机逐室检查

表7-4为浮选机单机逐室检查的结果。根据表7-4中的数据绘出浮选机的逐室质量流程图，如图7-6所示。表7-5为逐室取样的小筛分试验结果。

表7-4 单机逐室检查结果

名 称	产 品		产品累计	
	产率/%	灰分/%	产率/%	灰分/%
一室	14.13	10.89	14.13	10.89
二室	30.98	11.66	45.11	11.42
三室	29.69	11.76	74.80	11.55
四室	10.88	14.30	85.68	11.90
五室	1.78	17.11	87.46	12.00
六室	2.16	21.15	89.62	12.22
尾煤	10.38	53.20	100.00	16.48
合计	100.00	16.48		

表7-5 浮选机逐室小筛分结果

粒度级/μm		+425	230~425	120~230	74~120	45~74	-45	合计	总灰分/%
浮选入料	产率/%	5.58	30.07	53.39	9.90	1.06		100.00	16.48
	灰分/%	8.65	12.16	18.00	23.49	24.55		16.34	
精煤1	产率/%	2.72	7.50	36.10	50.76	2.92		100.00	10.89
	灰分/%	12.75	7.99	9.88	11.91	13.43		10.95	
精煤2	产率/%	3.17	15.95	44.27	33.45	3.16		100.00	11.66
	灰分/%	6.69	8.33	10.46	14.12	15.50		11.38	
精煤3	产率/%	10.60	30.22	40.52	17.15	1.51		100.00	11.76
	灰分/%	6.68	9.40	12.57	16.69	16.95		11.76	

续表 7-5

粒度级/μm		+425	230～425	120～230	74～120	45～74	-45	合计	总灰分/%
精煤 4	产率/%	14.84	32.86	30.78	20.25	1.27		100.00	14.30
	灰分/%	7.35	11.45	16.97	20.46	20.73		14.48	
精煤 5	产率/%	17.50	34.10	27.65	19.23	1.52		100.00	17.11
	灰分/%	7.40	14.08	21.40	28.28	24.42		17.82	
精煤 6	产率/%	13.02	27.85	33.15	23.92	2.06		100.00	21.15
	灰分/%	8.70	13.68	25.91	30.28	28.71		21.37	
尾煤 1	产率/%	9.28	33.96	36.38	18.92	1.06	0.40	100.00	17.40
	灰分/%	7.68	14.17	17.22	26.37	32.32	36.09	17.27	
尾煤 2	产率/%	13.11	36.81	32.88	15.79	1.01	0.40	100.00	20.64
	灰分/%	8.36	16.34	22.19	35.14	42.34	46.75	20.57	
尾煤 3	产率/%	19.09	33.18	27.78	17.27	2.02	0.66	100.00	31.10
	灰分/%	9.04	24.00	39.07	51.80	55.92	60.19	31.01	
尾煤 4	产率/%	26.56	33.15	23.64	15.09	1.06	0.50	100.00	43.87
	灰分/%	12.90	43.56	60.95	69.28	71.41	71.41	43.84	
尾煤 5	产率/%	31.66	31.76	22.39	13.43	0.51	0.25	100.00	47.68
	灰分/%	12.98	51.13	68.84	76.25	77.35	78.90	46.59	
最终尾煤	产率/%	28.05	33.18	24.90	13.11	0.51	0.25	100.00	53.20
	灰分/%	17.96	54.67	71.93	78.35	79.39	80.72	51.97	

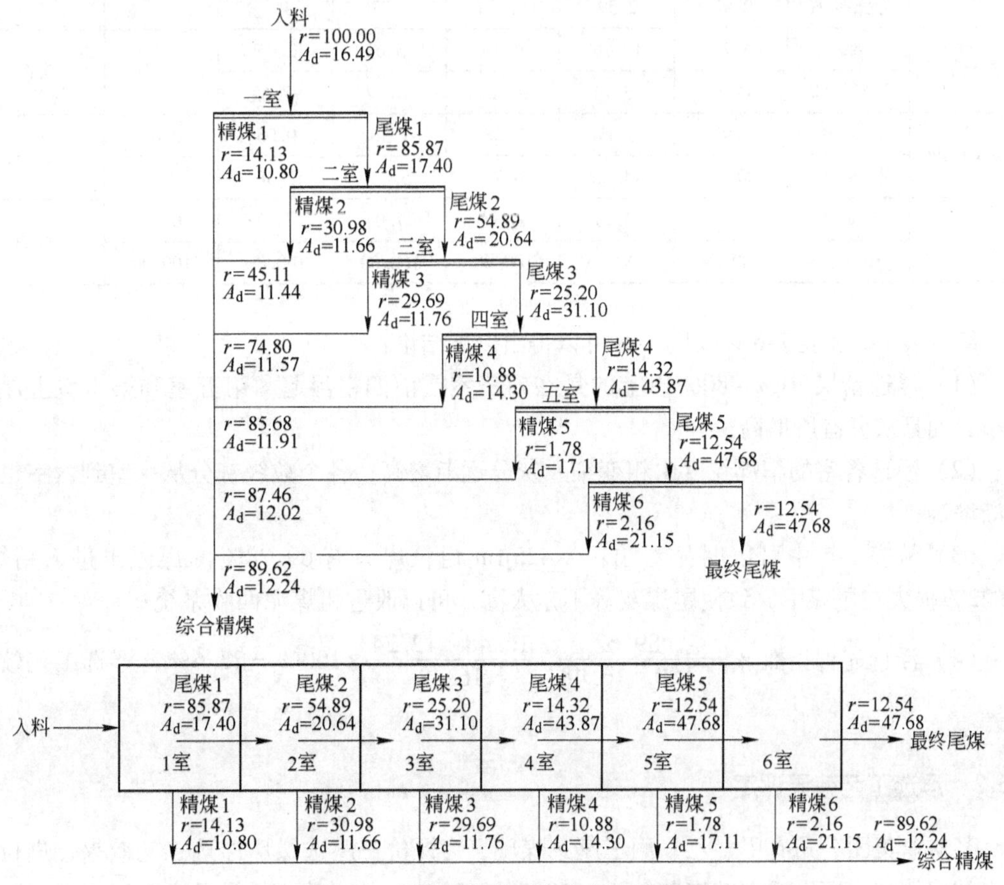

图 7-6　浮选机单机逐室检查数质量图

结合表7-4和表7-5中的数据可以计算出各粒级煤在精煤1至精煤6以及最终尾煤的含量占入料的百分比，从而计算出各粒级煤在浮选各室的分配率，计算结果见表7-6。

表7-6 各粒级在浮选室分配率

粒度级/μm		+425	230~425	120~230	74~120	45~74	-45	合计产率/%
精煤1	产率/%	0.39	1.06	5.10	7.17	0.41		14.13
	分配率/%	4.05	4.57	13.42	26.52	19.52		
精煤2	产率/%	0.98	4.94	13.72	10.36	0.98		30.98
	分配率/%	10.18	21.28	36.11	38.31	46.67		
精煤3	产率/%	3.15	8.97	12.03	5.09	0.45		29.69
	分配率/%	32.71	38.65	31.67	18.82	21.43		
精煤4	产率/%	1.61	3.58	3.35	2.2	0.14		10.88
	分配率/%	16.72	15.42	8.82	8.14	6.67		
精煤5	产率/%	0.31	0.61	0.49	0.34	0.03		1.78
	分配率/%	3.22	2.63	1.29	1.26	1.43		
精煤6	产率/%	0.28	0.6	0.72	0.52	0.04		2.16
	分配率/%	2.91	2.59	1.9	1.92	1.9		
综合精煤	产率/%	6.72	19.76	35.41	25.68	2.05		89.62
	分配率/%	69.78	85.14	93.21	94.97	97.62		
最终尾煤	产率/%	2.91	3.45	2.58	1.36	0.05	0.03	10.38
	分配率/%	30.22	14.86	6.79	5.03	2.38	100	
合　计	产率/%	9.63	23.21	37.99	27.04	2.1	0.03	100.00
	分配率/%	100.00	100.00	100.00	100.00	100.00	100.00	

综合表7-5和表7-6以及图7-6可以得出以下结论：

（1）浮选精煤70%~80%以上的是在前三室或前四室浮起，第五室和第六室上浮量很小，而且灰分有所增高；

（2）浮选各室的精煤粒度由粗变细，灰分逐渐增高，各个粒级灰分从一室到六室也是逐渐增高；

（3）从表7-6中可以明显看出：+425μm粗粒煤只有69.78%的煤浮出进入精煤，30.22%损失在尾煤中，致使尾煤灰分不是太高，可以改进粗煤泥回收系统；

（4）浮选完善指数 $\eta_{wf}=\frac{89.62}{100-16.48}\cdot\frac{16.48-12.24}{16.48}\times100\%=27.6\%$，浮选工艺效果较差。

7.6.2 浮选工艺效果评定

某矿业集团公司有甲、乙、丙三座选煤厂，为评价三座选煤厂浮选工艺效果，进行了生产技术检查，要求浮选精煤灰分为（10.5±0.2）%，技术检查结果见表7-7。

表 7-7 生产技术检查结果

选煤厂	指标	分步释放浮选试验结果							浮选结果		γ'_c	η_{if}
甲	累计产率/%	50.17	56.99	68.93	78.15	85.66	92.83	100.00	73.88	100.00	78.0	94.7
	平均灰分/%	8.74	8.79	9.55	10.36	11.56	13.76	18.53	10.32	18.35		
乙	累计产率/%	21.43	29.25	45.92	63.61	80.28	91.16	100.00	53.52	100	73.5	86.4
	平均灰分/%	6.82	6.90	7.94	9.36	11.54	14.56	20.04	10.50	20.15		
丙	累计产率/%	7.27	17.30	32.87	50.86	68.51	82.70	100.00	38.67	100.00	58.5	66.1
	平均灰分/%	7.20	7.26	8.28	9.77	11.38	14.42	24.70	10.45	24.57		

从表 7-7 可以看出：在要求精煤灰分为（10.5±0.2)%时，甲选煤厂的浮选工艺效果最好，丙选煤厂浮选工艺效果最差。

某选煤厂浮选车间有三个生产组开展技术竞赛，规定浮选精煤灰分要求5%～6%，尾煤灰分>50%；浮选精煤灰分<5%、>6%或尾煤灰分<50%均取消竞赛资格。为评价三个生产组的工艺效果，进行了采样，三组的浮选生产指标见表 7-8。

表 7-8 三个生产小组浮选生产指标

班 次	精煤产率/%	精煤灰分/%	尾煤灰分/%	入料灰分/%	η_{wf}/%
1	79.52	5.14	61.54	16.69	66.05
2	74.86	5.50	50.63	16.85	60.64
3	76.10	5.11	54.28	16.86	63.79

从表 7-8 可以看出：一组的工艺效果最好，二组最差。在入料灰分相近的条件下，一组的精煤产率和尾煤灰分最高，二组的精煤产率和尾煤灰分最低，η_{wf}值的判定与直观数据相吻合。

8 浮选产品的处理

煤泥经过浮选作业后分成浮选精煤和浮选尾煤两个产品。浮选精煤因含水量高，必须进行脱水处理后才达到产品的贮运要求。而浮选尾煤因浓度低、粒度细、灰分高，黏度大，且含有残余的浮选药剂，对选煤厂洗水闭路循环和重力分选作业影响极大，必须采取适合的工艺措施处理才能获得洁净循环水并回收煤泥。所以，浮选产品的处理在选煤厂生产系统中具有重要的作用。

8.1 浮选精煤的脱水

浮选精煤呈泡沫状，固体含量一般在250~400g/L左右。目前，我国产品目录中规定精煤水分为12%~13%，个别用户、出口煤和高寒地区湿煤冬运要求精煤水分在8%~9%以下。因此，浮选精煤必须进行脱水处理。通常，浮选精煤脱水可用过滤机、沉降过滤式离心脱水机、加压过滤机和精煤压滤机进行处理。高寒地区或特殊要求时，可用干燥方法进行脱水。

8.1.1 过滤脱水

过滤脱水是利用过滤介质两边的压力差将煤浆中的固体与液体分开的方法，选煤厂用真空过滤和加压过滤的方法对浮选精煤脱水。

8.1.1.1 过滤设备

选煤厂用于浮选精煤脱水的过滤设备主要有圆盘式真空过滤机和加压过滤机两类。当浮选精煤占总精煤比例较小，不影响总精煤水分时，可采用真空过滤机脱水。如果浮选精煤占总精煤比例较大，影响到总精煤水分时，或者过滤脱水后需要掺入电煤产品时，可采用加压过滤脱水。

A 圆盘式真空过滤机

圆盘式真空过滤机是以真空抽吸造成压力差为过滤动力的连续过滤设备，如图8-1所示。技术规格见表8-1。目前，圆盘式真空过滤机用于处理浮选精煤脱水时，其过滤后的精煤滤饼水分约为22%~26%。盘式真空过滤机已实现大型化。国产设备最大工作面积达到300m²，国外设备最大工作面积已达400m²。

图8-1 圆盘式真空过滤机

表 8-1 圆盘式真空过滤机的技术规格

型 号	过滤面积 /m²	过滤盘数 /个	过滤盘直径 /mm	外形尺寸/mm			总质量 /kg
				长	宽	高	
PG58-6	58	6	2700	3930	3355	3275	8000
PG78-8	78	8	2700	4730	3355	3275	8980
PG97-10	97	10	2700	5530	3355	3275	10900
PG116-12	116	12	2700	6330	3355	3275	12000
GPY-30	30	6	1800	3820	2340	3280	4300
GPY-40	40	4	2700	3015	3450	3280	2800
GPY-60	60	6	2700	4020	3450	3280	7400
GPY-80	80	8	2700	4820	3450	3280	7740
GPY-100	100	10	2700	5530	3450	3280	8700
GPY-120	120	12	2700	6420	3450	3280	10500
GPY-140	140	7	3800	5130	4330	4400	13500
GPY-160	160	8	3800	5590	4330	4400	14500
GPY-180	180	9	3800	6040	4330	4400	16000
GPY-200	200	10	3800	6500	4330	4400	18000
GPY-220	220	11	3800	6960	4330	4400	18500
GPY-240	240	12	3800	7000	4330	4400	19500
GPY-260	260	13	3800	7460	4330	4400	21000
GPY-280	280	14	3800	7920	4330	4400	22000
GPY-300	300	15	3800	8370	4330	4400	23500
GP200-10	200	10	4000	7765	5080	4640	26700
GP180-9	180	9	4000	7215	5080	4640	24700
GP160-8	160	8	4000	6665	5080	4640	22800
GP140-7	140	7	4000	6115	5080	4640	21500
GP120-6	120	6	4000	5565	5080	4640	14100
GP120-10	120	10	3100	6625	4205	3740	14500
GP108-9	108	9	3100	6175	4205	3740	13100
GP96-8	96	8	3100	5725	4205	3740	11700
GP84-7	84	7	3100	5275	4205	3740	10100
GP72-6	72	6	3100	4825	4205	3740	8800
GP60-5	60	5	3100	4375	4205	3740	7500

a 基本结构

圆盘式真空过滤机由槽体、主轴、过滤盘、分配头和瞬时吹风装置等五部分组成。图8-2 为 PG58-6 型圆盘式真空过滤机的结构图。

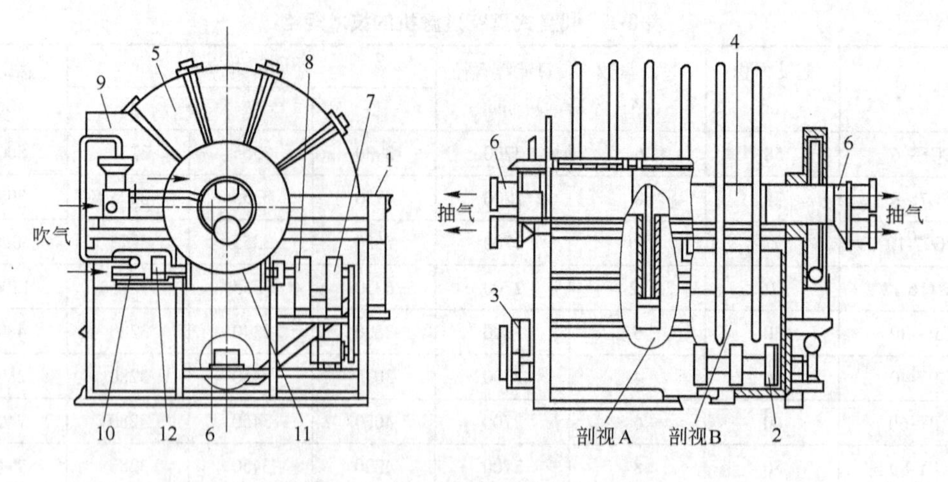

图 8-2 PG58-6 型圆盘式真空过滤机

1—槽体；2—轮叶式搅拌器；3—蜗轮减速器；4—空心主轴；5—过滤圆盘；6—分配头；7—无级变速器；8—齿轮减速器；9—风阀；10—控制阀；11—蜗杆蜗轮；12—蜗轮减速器

槽体 1 是过滤机的基体，由钢板焊制而成。它除了贮存煤浆外，还起支承过滤机零件的支架作用。槽体的正面设有排料斗（剖视 A 的位置），滤饼由此排出；槽体的后面有溢流口（剖视 B 的位置），将煤浆保持在一定的水平高度。

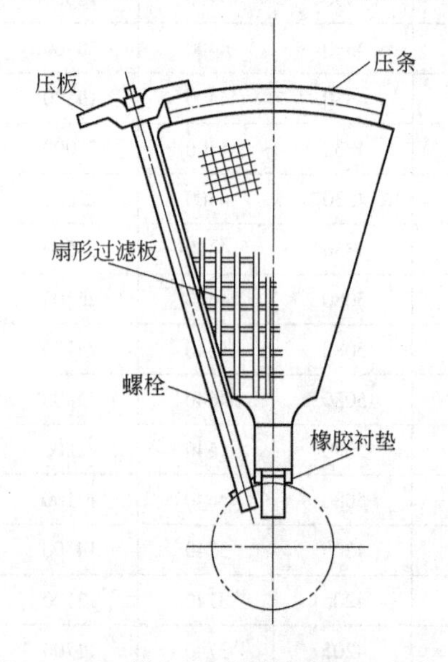

图 8-3 扇形过滤板

轮叶式搅拌器 2 安装在槽体的下部，其作用是防止煤浆在槽体内沉淀；电动机通过蜗轮减速器 3 带动搅拌器以 60r/min 的速度回转，使槽体内的煤浆保持悬浮状态。

空心主轴 4 安装在槽体中间，由五段空心轴组成，轴的断面上有十个滤液孔。主轴上装有六个过滤圆盘 5，每个圆盘由十块扇形过滤板（如图 8-3 所示）组成，用螺栓、压条和压板固定在主轴上。每块过滤板外面均包有滤布，内腔则与主轴内的滤液孔相通，当主轴转动时，过滤圆盘随之转动。

分配头 6 安装在主轴的两边端面，并固定在支架上。分配头的构造见图 8-4。主轴转动时，分配头固定不动。分配头的外接管子分别与真空泵和鼓风机相连，通过分配头的换气作用，使过滤板每转动一圈，经历过滤、干燥和吹落三个过程。

瞬时吹风系统由蜗轮减速器 12、控制阀 10 和风阀 9 构成。瞬时吹风的过程是：当过滤盘进入脱落区时，风阀开启，压缩空气由风阀进入分配头，再由分配头经与之对应的滤液孔进入扇形滤板，借助压缩空气突然鼓入的冲力将滤饼吹落；当扇形滤板转过脱落区时，风阀关闭，压缩空气停止给入。下一个扇形滤板进入脱落区时仍然重复上述过程。

目前，圆盘式真空过滤机多采用刮刀卸饼，不设瞬时吹风装置。既可减少瞬时吹风噪声，又可进一步降低滤饼水分。通过把入料点改到卸饼一侧，同时取消了搅拌装置，进一

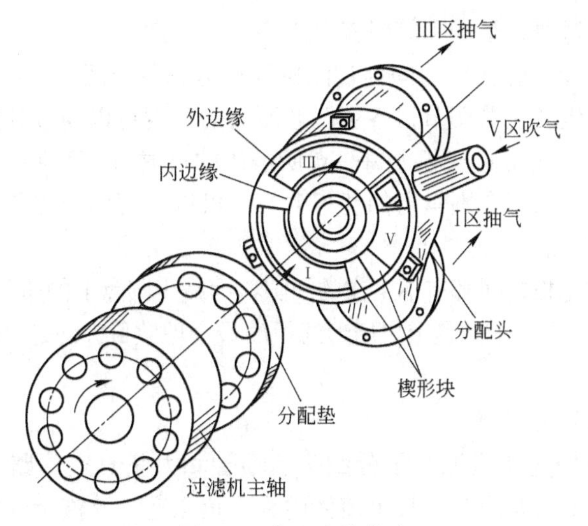

图 8-4 分配头的构造

步改善了过滤效果，提高了设备的处理能力。

b 工作原理

图 8-5 是圆盘式真空过滤机的工作原理图。过滤板放在槽体中，槽中煤浆的液面在空心轴的轴线以下，过滤板顺时针转动，依次经过过滤区（Ⅰ）、干燥区（Ⅲ）和滤饼脱落区（Ⅴ）。当过滤板处在过滤区时，它与真空泵相连接，在真空泵的抽气作用下，煤浆附在滤布的表面上并进行过滤；当过滤板处在干燥区时，它仍与真空泵相连，由于这时过滤板已离开煤浆，所以，其抽气作用只是让空气通过滤饼，将孔隙中的水分带走，使之进一步脱水；在过滤板处于滤饼脱落区时，它转而与鼓风机相连，利用吹风将滤板上的滤饼吹下。在这三个工作区的中间，均有过渡区（Ⅱ、Ⅳ、Ⅵ），过渡区是死带，其作用是防止过滤板从一个工作区转入另一个工作区时互相串气。如果出现串气，过滤效果会大大降低。过渡区应当有适当的大小。

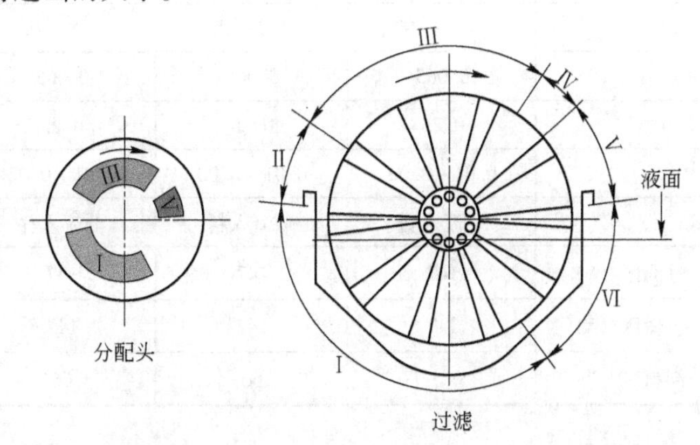

图 8-5 圆盘式真空过滤机工作原理图
Ⅰ—过滤区；Ⅱ，Ⅳ，Ⅵ—过渡区；Ⅲ—干燥区；Ⅴ—脱落区

c 圆盘真空过滤机的特点

(1) 圆盘式真空过滤机是连续工作的过滤设备，但对每个过滤板来说，它的工作却是

间断的。工作中经过过滤、干燥和卸料三个工序。

(2) 过滤板在各个工作区的时间与过滤机的转速和各个区域所占的角度大小有关。过滤机的转速可通过无极变速器调节，各个区域所占的角度可以通过分配头进行调节。

(3) 过滤工作时，扇形过滤板上每一点所经历的过滤时间都不一样，它取决于该点的径向和轴向的位置。增加每个圆盘上的滤板数目，可以缩短两个点的时间差距，从而更合理地利用过滤板的面积。

(4) 每个扇形过滤板之间都有不工作的间隙，为减少圆盘上的这些不工作的面积，过滤板的数目又不宜太多。在每个圆盘上，扇形滤板的最合理数目大约是10片，一般可在8~16片范围内选用。

B 无格折带式真空过滤机

GUD型无格式真空过滤机取消了分配头、喉管和大量真空管路，筒体外部与一般折带过滤机相同，筒体上密布通孔，整个筒体内为一负压室，滤液吸入筒腔后，不断从下部通过中空轴抽出，死区的密封依靠恒压的水袋压紧橡胶板封住筒体上的通孔完成。采用无格结构，真空度高达0.0665MPa以上。具有结构简单、真空度高、滤饼脱落率高、处理能力大，产品水分低等优点，可用于浮选精煤、浮选尾煤的过滤脱水，对于细黏物料的脱水仍具有较好的脱水效果。表8-2为GUD型无格折带式真空过滤机的技术规格。

表8-2 GUD型无格折带式真空过滤机的技术规格

型号		GUD-20	GUD-30	GUD-40	GUD-50
过滤面积/m^2		20	30	40	50
处理能力/$t \cdot m^{-2} \cdot h^{-1}$		0.3~0.6	0.3~0.6	0.3~0.6	0.3~0.6
筒体长度/mm		2500	3000	4000	5000
筒体直径/mm		2800	3350	3350	3350
筒体转速/$r \cdot min^{-1}$		0.125~1.25	0.125~1.25	0.125~1.25	0.125~1.25
搅拌器转速/$r \cdot min^{-1}$		4.8~48	4.8~48	4.8~48	4.8~48
真空度/MPa		0.065	0.065	0.065	0.065
清洗滤布水压/MPa		0.25	0.25	0.25	0.25
密封水压/MPa		0.01~0.02	0.01~0.02	0.01~0.02	0.01~0.02
入料方式		顺流入料	顺流入料	顺流入料	顺流入料
区域分配	过滤区/(°)	147	147	147	147
	干燥区/(°)	147	147	147	147
	卸料区/(°)	66	66	66	66

a 基本结构

GUD型无格折带式真空过滤机结构和工作原理见图8-6。滚筒结构采用GUD-30无格过滤机型式，在筒体的筒皮上分成互不相通的32个室，每个室内装塑料滤板，每个室中有4个直径40mm的孔与筒内相通，各室的孔排列在镶有密封圈的同一周上。

筒体内部的卸料区有两个密封胶板紧贴着密封圈，把筒体内各滤室相通的孔堵住，以保证卸料区的密封。密封胶板用安放于支承框内的充入定压水的密封胶囊来顶住，支承框固定在不动的空心轴上。

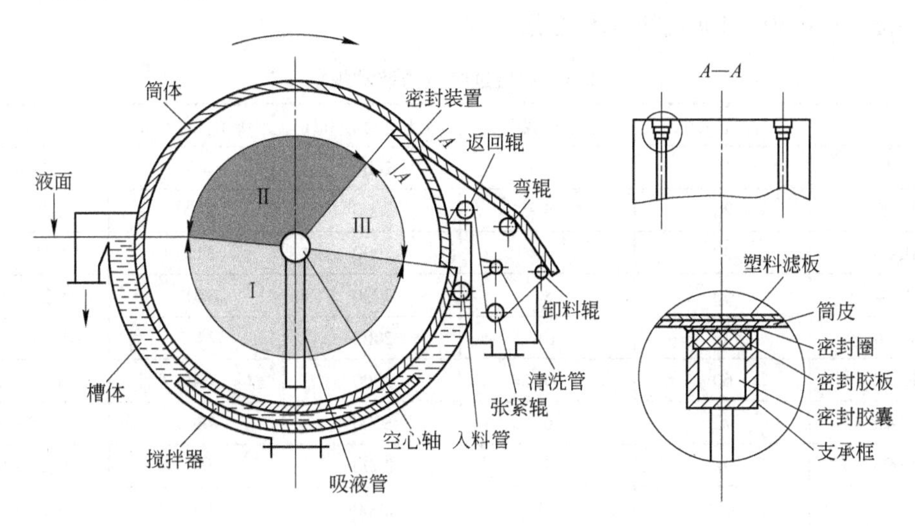

图 8-6 GUD 型无格折带式真空过滤机结构

b 工作原理

煤浆由入料管给入槽体，在搅拌器的作用下，使固体颗粒在煤浆中呈悬浮状，真空泵通过空心轴和吸液管在筒内产生负压，从筒体底部过滤区抽出滤液，同时使固体颗粒吸附在滤布上形成滤饼。随着筒体的转动，滤饼随滤布进入干燥区脱水后，又随着滤布离开滚筒，经过弯辊运行到卸料辊时滤布由直线运动变为曲线运动，滤饼在曲率弯折及重力作用下实现自行脱落。滤布继续运行，在张紧辊和清洗管清洗后，经返回辊和调偏辊返回筒体又开始下一个循环工作过程。

c 技术特点

（1）采用无格结构，无分配头、喉管及大量真空管路，结构简单，维修方便，真空度高。

（2）采用顺流过滤，入料在卸料侧并深入到过滤槽体中部，煤浆出口对着清洗后的滤布，使新鲜煤浆首先吸附于滤布表面上，可降低滤饼过滤阻力，提高过滤效果，处理能力达0.4t/(m^2·h)。

（3）主传动采用摆线针轮减速器、平面二次包络环面蜗杆及电磁调速电机，整体结构紧凑，承载能力大，传动效率高，使用可靠。

（4）采用弯辊使滤布沿中心对称向两侧分展，防止了滤布打褶，在滤布两边缝制橡胶边条，借助于橡胶边条产生的弹力限制了滤布跑偏，结构简单，使用效果良好。

（5）采用密封装置保持过滤区和干燥区的真空度，取消了分配头和滚筒内部管路。利用密封胶囊充以定压水，顶紧橡胶板密封筒体的吸液孔，保持卸料区的密封。泄漏机会少，真空度高，使用可靠。

（6）自动化程度高，实现了液位自动调节、滤布跑偏自动检测与调节及过滤机转速无级调节。

C 加压过滤机

真空过滤机是靠负压工作的，压力的上限值受到大气压的限制。因此，过滤的推动力不大。近年来，加压过滤机是作为一种新型高效的细粒物料脱水设备在选煤脱水作业中得到了广泛使用，用于浮选精煤脱水时，滤饼水分约为16% ~18%，滤液固体含量不大于10g/L。表8-3是加压过滤机的技术规格。

表8-3 加压过滤机的技术规格

型 号	过滤面积/m^2	过滤盘数/个	过滤盘直径/mm	仓体直径/mm	工作压力/MPa
GPJ-10	10	2	2000	3400	0.25 ~0.45
GPJ-20	20	4	2000	3400	0.25 ~0.45
GPJ-30	30	6	2000	3400	0.25 ~0.45
GPJ-40	40	8	2000	3400	0.25 ~0.45
GPJ-50	50	10	2000	3400	0.25 ~0.45
GPJ-60	60	5	3000	4600	0.25 ~0.6
GPJ-72	72	6	3000	4600	0.25 ~0.6
GPJ-96	96	8	3000	4600	0.25 ~0.6
GPJ-120	120	10	3000	4600	0.25 ~0.6
GPJ-180	180	10	3600	5400	0.25 ~0.6

a 基本结构和组成

圆盘式加压过滤机由加压仓、盘式过滤机、刮板运输机、密封排料装置、集中润滑系统、液压系统、反吹装置、清洗装置、气水分离器和自动控制装置等组成，如图8-7所示。

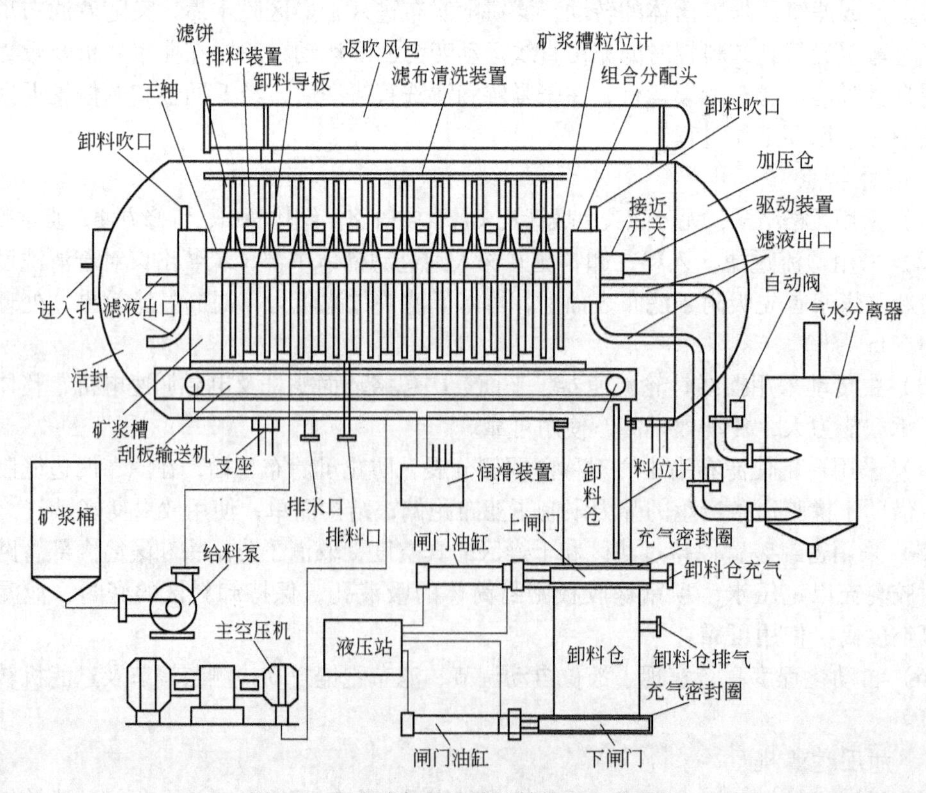

图8-7 圆盘式加压过滤机结构及工艺系统

（1）加压仓。加压仓为Ⅰ类压力容器，整个加压过滤过程在此仓中进行。加压仓由两鞍座支撑，两鞍座的下平面直接在承重作用梁上，仓顶装有安全阀。加压仓的一端有一大法兰与活封头组成可拆卸连接，以便从该处装入过滤机、刮板机等大部件，在仓内设有照明及三面维修平台，一般的检修都在仓内进行。为了便于人员及零部件的进出，在两端封头上设有 ϕ1200mm 和 ϕ900mm 人孔各一个。为了在工作时便于观察仓内的过滤机工作状况，加压仓设有多个观察视镜。

（2）盘式过滤机。盘式过滤机安装在加压仓内，是滤饼成型设备。每个滤盘由 20 片滤扇构成，工作时浸入液面深度为 50%，即过滤槽内液位与主轴的中心线在同一水平。为此，设计了一套主轴密封装置。为适应压差的增高，滤盘需有较高的耐压强度，滤扇材质为不锈钢或不锈钢制造，滤布采用特制的不锈钢丝编织布。工作时滤盘在槽中煤浆内旋转，煤浆在压缩空气作用下在滤盘上形成滤饼。滤饼在滤盘上部脱水并被带至卸料位置。该位置上有一特殊的导向装置，其上安有卸料刮刀，刮刀与滤盘间距保持在 2～4mm 之间，此种卸料方式使滤饼脱落率在 95% 以上，同时设有反吹装置，当滤饼厚度小于 5mm 时，需用反吹卸料。

为适应过滤强度的增加将滤液管断面加大了一倍，并放在主轴的外圈，磨损后便于更换。为了解决滤槽中粒度分层现象，特别研制了轴流式强力搅拌器，加强了滤槽中矿浆上下层的对流，改善了过滤效果。

主传动采用变频调速器，可在 0～2r/min 之间无级调速，并可与煤浆槽内的液位实行闭环控制。

主轴上装有分配阀，分配阀在一定程度上具有调节处理量功能。

（3）刮板运输机。刮板运输机位于过滤机卸料侧的下部，是把从滤盘上卸下的滤饼输送到排料装置的设备，链条采用双边圆环链，上有托链道，下有压链道，下链运输，机头卸料。机头机尾设有防存料装置，尾部设有断链报警装置。槽底衬有铸石防黏。刮板链设有张紧装置调整链条张紧。电机与减速机通过法兰直接连接，便于拆卸。

（4）密封排料装置。密封排料装置是加压过滤机的关键部件，如图 8-8 所示。它要求在密封状态下可靠地进行排料动作，使已脱水的滤饼顺利排出，同时消耗的压缩空气量最少。密封排料装置主要由上、下仓体，上、下闸板，上、下密封圈组成。两个闸板采用液压驱动，闸板上的密封采用充气橡胶密封圈。通过上、下闸板的交替运行，在保证加压仓压力稳定的前提下，物料以间歇的方式排出仓外，从而实现排料装置的连续运行。最短排料周期为 50s。

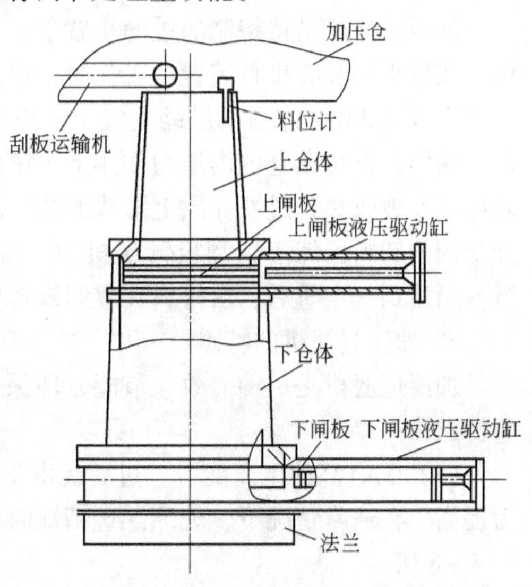

图 8-8 密封排料装置

（5）集中润滑系统。整机自动润滑，由分配器按需供油，避免造成浪费及污染。

（6）液压系统。专用液压系统，用来操纵排料装置中的上、下闸板的开启或关闭。配有空气冷却器对液压油进行冷却或加热，保证液压系统的连续稳定运行。

(7) 反吹装置。为提高滤盘卸饼效率，特别是滤饼较薄的情况。压缩空气通过气动调节阀调节，使进入反吹风包的气压与加压仓存在一定压差，再通过反吹风阀进行瞬时反吹，从而达到把滤饼从滤扇上吹落的目的。

(8) 清洗装置。设备停止工作后，清洗附着在滤盘上的煤泥和掉落在加压仓内的煤泥。清洗装置有自动冲洗和手动冲洗两种方式，主管上装有过滤器，保证喷孔不被堵塞。

(9) 气水分离器。从加压仓排出的空气和水的混合物，通过该装置进行分离，空气从上口排出，滤液从下口排出。为降低冲击，入口必须是切向入口。

(10) 自动控制装置。自动控制装置由传感器、变送器及控制器、调节器和执行器三部分组成。

加压过滤机的盘式过滤机、刮板输送机、清洗装置等安装在加压仓内，工作环境恶劣、动作频繁、闭锁严格，为保证加压过滤机经济合理，安全高效的运行，安装了一套技术先进、功能完善、工作可靠、操作灵活方便的参数监测装置。该装置配置了压力、液位、料位、位移、流量等多种传感器与变送器。该装置由计算机集中控制，具备程序控制、参数监测调整、操作提示及故障报警等多种功能。

加压过滤机的控制方式有就地、集中与自动三种。前两种用于检修与调整，后一种用于生产运行。

加压过滤机的调节系统有加压仓压力自动调节回路与贮浆槽液位自动调节回路。执行器有阀门类、泵类和电机变频及电机等。

b 工作原理

加压过滤机是将特制的过滤机置于一个封闭的加压仓内，过滤机落料槽下有刮板输送机，在机头处装有排料装置。工作时，过滤的煤浆由入料泵给入到过滤机的槽体中，加压仓内充以0.3MPa左右的压缩空气，在滤盘上，通过分配阀与通大气的气水分离器形成压差，这样，在加压仓内内压力作用下，槽体内的液体通过浸入煤浆中的过滤介质排出，而固体颗粒被收集到过滤介质上形成滤饼，随着滤盘的旋转，滤饼经过干燥降低水分后，到分配阀的卸料区卸落到刮板输送机中，由刮板输送机收集到排料装置中，这样连续的运行，当达到一定量后，由排料装置间歇排出机外，整个工作过程自动进行。

c 加压过滤机的特点

加压过滤机是一种高效、节能、环保、能连续工作、全自动化的新型脱水设备，其主要特点为：

(1) 具有高的生产能力。过滤机由于过滤压力的增加及滤液系统的改进，生产能力大为提高。在通常情况下，处理浮选精煤时生产能力为0.5~0.8t/(h·m^2)，是真空过滤机的4~8倍。

(2) 产品水分低，滤液浓度低。浮选精煤脱水的工作压力为0.25~0.35MPa，滤饼水分在20%以下，而滤液的固体含量通常为5~15g/L。

(3) 能耗低。加压过滤机工作压力为0.25MPa时，处理浮选精煤，其吨煤电耗只有真空过滤机的1/4~1/3左右，节省了大量的电力，具有很高的经济效益和社会效益。

(4) 环保、无污染。加压过滤机是将过滤机置于一个封闭的加压仓中，因此可以防止外泄，降低噪声，大大改善洗煤厂的工作环境。滤液可循环利用，有利于节能减排。

（5）全自动化操作。全机由计算机控制，运行情况可以直观显示。加压过滤机的启动、工作、停止及特殊情况下短时等待均为自动操作，液位、料位自动调整和控制，具有故障报警及停止运转等功能，也可根据实际情况修改自动程序以满足不同工作状态的要求。

8.1.1.2 过滤系统

过滤系统由真空过滤机和一些辅助设备，如真空泵、压风机、气水分离器等组成。物料必须在过滤系统中才能实现过滤脱水，常用的过滤系统有三种：一级过滤系统、二级过滤系统、自动泄水仪，如图8-9所示。

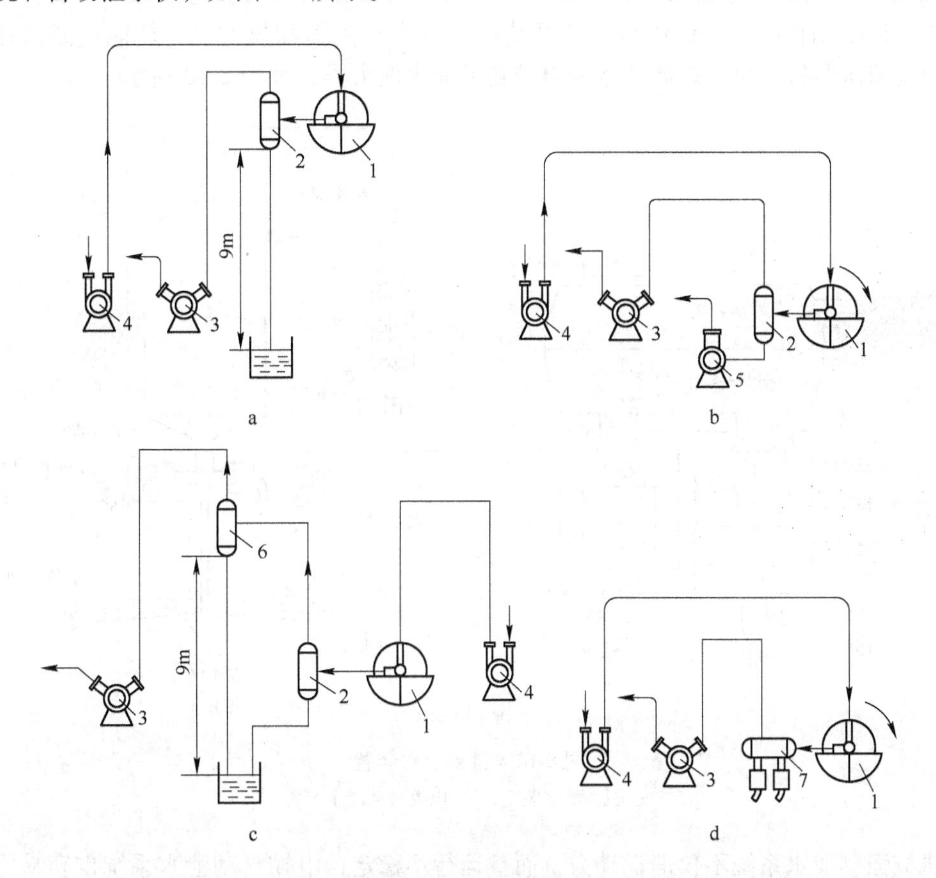

图8-9 过滤系统

a，b—一级过滤系统；c—二级过滤系统；d—自动泄水仪

1—过滤机；2—气水分离器；3—真空泵；4—鼓风机；5—离心泵；6—二级气水分离器；7—自动泄水仪

A 一级过滤系统

一级过滤系统，也称单级气水分离系统，如图8-9a、8-9b所示。一级过滤系统只用一个气水分离器，滤液和空气由于真空泵造成的负压被抽到气水分离器中，空气从气水分离器的上部排走，滤液从气水分离器的下部排出。由于气水分离器在负压下工作，要使滤液从气水分离器中排出，其滤液排出口和滤液池液面之间必须有10.5m的高差。为防止空气进入气水分离器，滤液流出的管口必须设有水封。由于只设一个气水分离器，有可能气水

分离不够彻底，影响真空泵的工作。

B 二级过滤系统

二级过滤系统中有两个气水分离器，过滤机可安放在较低位置，连接过滤机的气水分离器也安装在较低的位置。该气水分离器上部排出的气体再进入安放在较高位置的二级气水分离器。二级气水分离器的气体由真空泵抽走。由于二级气水分离器位置较高，即使一级气水分离器在较低位置，也不至于影响真空泵的工作。因此，该系统在选煤厂得到了广泛的使用，如图 8-9c 所示。

C 自动泄水仪

如图 8-9d 所示的过滤系统，不需要将过滤机设置在很高的位置，也不用设两个气水分离器，而采用自动泄水仪代替过滤系统中的气水分离器和离心泵，就能使滤液自流排出。自动泄水装置有机械强制泄水和电控自动泄水两大类，如图 8-10 所示。

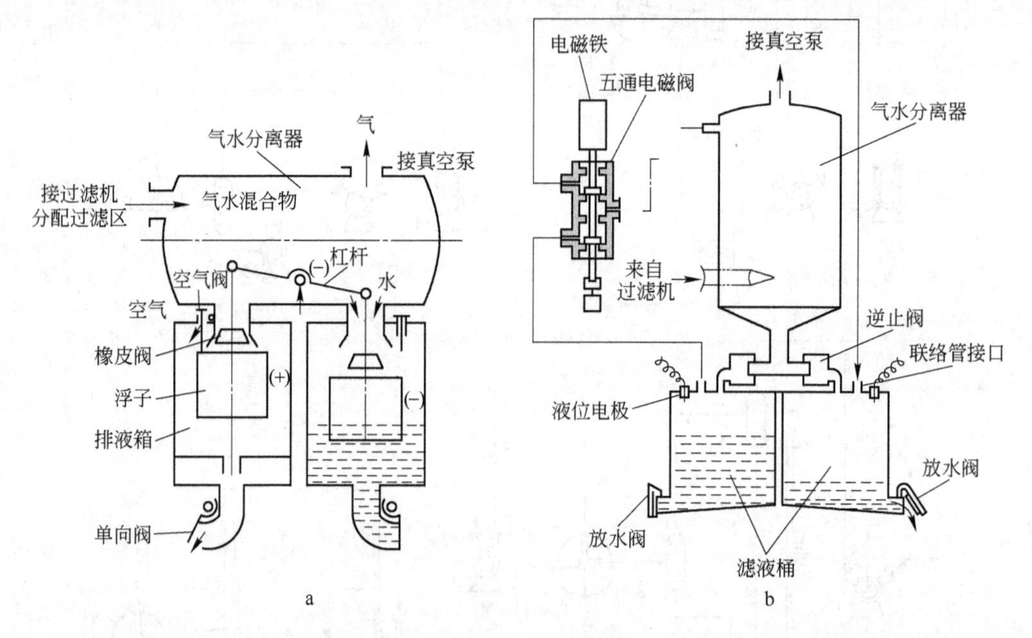

图 8-10 自动泄水装置

a—机械泄水装置；b—电控自动泄水装置

机械强制泄水系统不仅消耗动力，而且运行不稳定，电控自动泄水系统也容易因装置失灵造成系统不稳定。

8.1.1.3 影响过滤脱水效果的因素

过滤脱水是一个极其复杂的工艺过程，过滤脱水效果受以下因素的影响。

A 过滤的推动力

真空过滤机的过滤推动力为真空度，真空度的高低直接影响过滤机的生产能力、产品水分和滤液中的固体含量。通常，真空度越高，过滤机的处理量越大，滤饼水分就越低。对细泥含量高的物料，应采用较高的真空度，但过高的真空度，容易使滤液中固体含量增大，影响过滤效果。真空过滤机处理浮选精煤时，真空度应在 0.05 ~ 0.067MPa 之间。处理浮选尾煤时，最好在0.067～0.08MPa之间。处理原生煤泥时，一般在0.04～0.05MPa之间。

对于加压过滤机来说，工作压差是最重要也是最基本的影响因素。工作压差直接关系到低压风机和高压风机的压力等级的确定。低压风机主要是供给加压过滤用，而高压风机则是供给主机的进风调节阀、密封排料装置中的密封圈和气动调节阀使用。高压风机与低压风机的工作压差在0.5～0.8MPa之间。

B 过滤矿浆性质

过滤矿浆的粒度组成、浓度、黏度以及矿浆中的泡沫量等均会影响到过滤脱水的效果。入料的粒度组成均匀且平均粒度较粗时，可得到较低水分的滤饼。过滤矿浆的粒度组成越细，过滤越困难，滤饼越薄，滤饼水分较高，且滤饼又难于脱落，降低了过滤机的处理能力。过滤矿浆中细粒含量较多时，可在过滤系统中加助滤剂或适当掺入一些低灰分的粗煤泥来改善过滤效果。但是掺入的粗煤泥量不宜太多，且粒度不应大于2mm，否则物料在过滤机槽内容易分层、产生沉淀，使过滤机不能正常工作。

提高入料浓度可以提高过滤机的处理能力，缩短滤饼形成时间，减少滤液中固体含量，而且还有利于增加机槽中矿浆的稳定性，减弱矿浆中粗粒的分层作用。但入料浓度过大时，形成的滤饼过厚，过滤阻力太大，致使过滤效果变差，滤饼水分增加。适宜的入料浓度为350～400g/L。

矿浆黏度大，会降低滤饼增厚速度，使滤饼变薄、脱水效果变差。过滤入料中细泥含量较高时，矿浆黏度增大。煤泥浮选过程中使用黏性较大的起泡剂（如煤焦油），将生成稳定、牢固的泡沫，不但提高了过滤机入料的黏度，而且泡沫吸附在滤扇上时也增加了脱水的困难。

矿浆中含有大量空气泡时，生成的滤饼中也含有气泡，特别是细小微泡，它将堵塞滤饼颗粒之间的通道，降低过滤效果；若泡沫量过大时，在过滤前，最好进行消泡。浮选精煤的浓缩也有一定的消泡作用。提高矿浆温度，可以降低矿浆的黏度，减小过滤阻力，提高过滤速度，降低滤饼水分。

C 滤布和滤板

滤布是覆盖在滤板表面的一层过滤网膜，滤布的性质对过滤效果有一定的影响。理想的过滤介质应具有过滤阻力小、滤液中固体含量少、不易堵塞、易清洗等性质，并具有足够强度。通常，金属丝滤布具有过滤阻力较小、不易堵塞、滤饼容易脱落等优点，但滤液中固体含量较高；尼龙滤布比较耐用。特别是锦纶毯的效果很理想，除耐用外，还具有滤饼容易脱落、产品水分低、滤液中固体含量少等特点，但价格较高。目前，我国选煤厂多使用尼龙或不锈钢丝滤布。滤布的孔径越大，滤布的过滤阻力越小，但滤液中固体流失将增多。细粒含量较多的入料，选用较小孔径的滤布。粗粒含量较多的入料，选用较大孔径的滤布，以利于水分的渗透。

滤板对滤饼的脱水效果也有一定的影响。铝制的扇形滤板较木质和竹质的滤板脱水效果好，可降低水分2%～4%，塑料滤板脱水效果更好。

D 入料方式

浮选精煤在流动中，特别在受到冲击作用后，会产生大量泡沫，浮在过滤机槽矿浆液面。当携带有滤饼的滤扇露出矿浆面时，它们就会挂在滤饼的表面上。由于它的黏性大，在干燥区也很难使其水分降低，致使滤饼水分增大，因此要尽量避免在过滤机槽中矿浆的液面上给料，以免入料冲击矿浆面而产生大量的泡沫。在实际生产中，大多采用在过滤机槽内液面下入料的方式。不断用压力水喷洒过滤机槽内的液面，有消泡和降低滤饼水分的效果。

E 主轴转速

主轴转速决定过滤机的吸滤时间和干燥时间，影响滤饼的厚度和水分。吸滤时间越长，滤饼越厚。干燥时间越长，滤饼水分越低，但是，干燥到一定时间后滤饼增厚速度和水分下降速度变得平缓。对于一定性质的入料，在一定的真空度或工作压差下，应有一个合适的滤饼厚度及相应的过滤时间，从而形成这一合适厚度的滤饼所需的过滤时间，这就是确定过滤机主轴转速的前提条件。

在实际生产中，入料中粗粒较多时，采用较快转速。入料浓度较大时，采用较快的转速。入料浓度较小或入料中细粒含量多时，采用较低的过滤机转速。

F 卸料效果

圆盘式真空过滤机靠压风吹落实现卸料并清扫滤布，滤饼脱落是否彻底，影响着过滤机的处理能力和滤饼水分。压风由瞬时吹风装置控制，其卸料效果取决于风压、风量和吹风相位。因此要保持压风系统密封良好，风包的容量要足够大，风阀开启要灵活。

浮选精煤中细粒级含量越多，吹风风压就越高，一般为0.3～0.5kg/cm^2，但是风压过大会使滤布的损坏加剧。实际生产中，应综合考虑滤饼厚度、黏性、滤布性质和滤布的工作状态等来确定风压。

8.1.1.4 强化过滤脱水的措施

强化浮选精煤的过滤不但有利于改善煤泥水处理和产品的贮运工作，而且有利于改善选煤厂的洗选效果，可采用以下措施。

(1) 加强技术管理，提高过滤机的真空度或工作压差。加强滤布的管理，重视滤饼的卸落等过滤机的操作管理工作。

(2) 预先浓缩入料，提高入料浓度，从而提高真空过滤机的处理能力。

(3) 将适量的粗粒煤泥掺入过滤机的入料，改变入料粒度组成。

(4) 使用助滤剂增强改善浮选精煤的过滤效果。生产实践证明，当浮选精煤中细粒含量较多，尤其是黏土质含量较高时，使用聚丙烯酰胺的脱水效果将更为明显，可大幅度地提高过滤机的处理能力，同时改善滤饼的卸落效果并降低滤饼水分。

(5) 用过热蒸汽干燥滤饼，可使滤饼水分下降8%～10%，甚至更低。

8.1.2 压滤脱水

真空过滤机压力的上限值受大气压的限制，过滤的推动力不大。压滤机是靠正压力工作的，只要机器允许，其压力可达1MPa，甚至更高，可用于细粒含量较高的浮选精煤的脱水。

快开式隔膜压滤机是针对浮选精煤脱水难而开发的一种新型压滤机，是在传统厢式压滤机的基础上改进而成，除原有压滤方法外，增加了隔膜压榨和高压空气置换脱水方法，即在精煤压滤机上能同时实现高压流体进料初次过滤脱水、滤饼二次挤压压榨脱水与压缩空气强气流风吹滤饼三次脱水，强化物料脱水。适合低浓度含泡沫的浮选精煤压滤脱水，滤饼水分约为18% ~23%。该压滤机亦适用于浮选尾矿或未浮选过的原煤泥压滤脱水。目前生产和使用的快开式隔膜压滤机的主要型号有 QXM(A)Z、XMZG、APN18 及 KM 等系列。

8.1.2.1 主要结构

快开式隔膜压滤机主要由机架部分、自动拉板部分、过滤部分、液压部分和电气控制5个部分组成。

(1) 机架部分，主要用于支撑过滤机构和拉板机构，由止推板、压紧板、机座、油缸体和主梁等连接组成。设备工作运行时，活塞杆推动压紧板，将位于压紧板和止推板之间的滤板、隔膜板及过滤介质压紧，以一定压力在滤室内进行加压过滤。

(2) 自动拉板部分，由变频电机、拉板小车、链轮、链条等组成，在 PLC 的控制下，变频电机转动，通过链条带动拉板小车完成取拉板动作。

(3) 过滤部分，由排列在主梁上的滤板、隔膜板和夹在滤板之间的过滤介质组成。过滤开始时，滤浆在进料泵的推动下，经止推板的进料口进入各滤室内，滤浆借助进料泵产生的压力进行固液分离，由于过滤介质的作用，固体留在滤室内形成滤饼，滤液由水嘴或出液阀排出。

(4) 液压部分，主机的动力装置，在电气控制系统的作用下，通过油缸、油泵及液压元件来完成各种工作。可实现自动压紧、自动补压及自动松开等功能。

(5) 电气控制部分，电气控制部分是整个系统的控制中心，它主要由变频器、PLC、热继电器、空气开关、断路器、中间继电器、接触器、按钮及指示灯等组成。

8.1.2.2 工作原理

快开式隔膜压滤机正常工作循环分为脱水、卸料和冲洗滤布3个过程，可实现全自动完成。

A 脱水过程

在全部滤板压紧后，脱水过程分三个阶段执行：

第一阶段：采用高压强的流体静压力过滤脱水。其工作原理与箱式压滤机相同，即由供料泵将料浆给入主管路后分流各滤板，每块滤板呈上、下对角形入料，当压力上升到0.5 ~0.6MPa 后，即完成静压力过滤脱水过程。该阶段主要脱出滤饼颗粒间的游离水分和部分孔隙水，降低颗粒间的孔隙率和饱和度。

第二阶段：采用二维变相剪切压力过滤脱水。该阶段是借助橡胶隔膜在星点式滤板侧的弧面变形产生的二维变相剪切压力来实现的。主要是破坏静压力脱水过程中形成的滤饼定型孔隙，改变颗粒桥联的几何结构，强制重新排列滤饼颗粒排序状态，脱出滤饼颗粒孔隙水。当压力上升到0.6 ~0.7MPa（高于前阶段压力0.1 ~0.2MPa），并在此压力作用下保持一定时间（60 ~90s）后，即完成该阶段脱水过程。

第三阶段：采用强气压穿流压力脱水。采用高压、大气量的净压缩空气流穿滤饼颗粒孔隙，快速运载颗粒内的润滑水和剩余孔隙水，当压力达到0.7 ~1.0MPa（高于前阶段压力0.1 ~0.3MPa）时，保持足够气流量和穿流时间（30 ~45s）后，即完成该阶段脱水过程。

B 卸料过程

当完成第三阶段脱水过程后，依次逐一拉开各滤板，快开式则分三次或一次全部拉开滤板。在拉开滤过程中，部分滤饼借助重力自行脱落，剩余黏附的滤饼则借助抖饼装置强行卸除。

C 冲洗滤布过程

当卸料过程完成后，借助滤布冲洗装置冲洗滤布和隔膜，该过程可自动完成。

8.1.3 沉降过滤离心脱水

沉降过滤式离心脱水机主要是借助离心加速度实现固液分离并采用螺旋刮刀进行卸料的一种新型脱水设备。在结构上，它是沉降式离心机和一个过滤式离心机的组合。选煤厂用其代替真空过滤机进行浮选精煤脱水，其技术特征如表 8-4 所示。沉降过滤离心脱水也可用于煤泥及浮选尾煤的脱水回收。

表 8-4 沉降过滤式离心脱水机技术特征

型号	转筒最大内径 /mm	转筒长度 /mm	矿浆处理量 /$m^3 \cdot h^{-1}$	处理能力 /$t \cdot h^{-1}$	产品水分 /%	溢流固体量 /%
TCL-0918	915	1830	200	10 ~ 20	15 ~ 20	2 ~ 3
TCL-0924	915	2440	200	15 ~ 25	15 ~ 20	2 ~ 3
TCL-1134	1120	3350	400	35 ~ 50	15 ~ 20	2 ~ 3
TCL-1418	1370	1780	250	35 ~ 60	12 ~ 20	3 ~ 7
SVS-800 × 1300	800	1300				
WLG-900	900	1700		15 ~ 20		

8.1.3.1 沉降过滤离心脱水机结构

沉降过滤式离心脱水机构如图 8-11 所示，除转筒与沉降式离心脱水机不同外，其他结构大同小异。沉降过滤式离心脱水机转筒由圆柱—圆锥—圆柱三段焊接组成。转筒的大端为溢流端，端面上开有溢流口，并设有调节溢流口高度的挡板。转筒的小端为脱水后产品排出端。脱水区筒体上开设筛孔，脱水区进一步脱除的水分可通过筛孔排出。

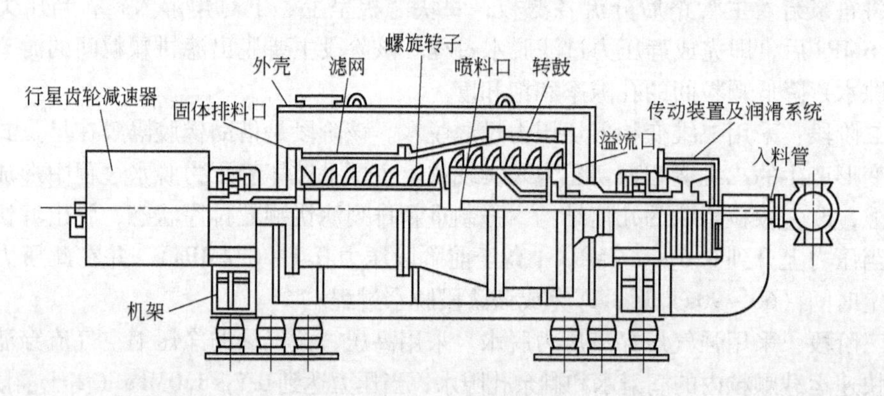

图 8-11 WLG-900 型沉降过滤离心脱水机结构

矿浆经给料管给入离心脱水机转鼓锥段中部，依靠转鼓高速旋转产生的离心力，使固体在沉降段进行沉降，并脱除大部分水分。沉降至转鼓内壁的物料，依靠与转鼓同方向旋转，但速度低于转鼓2%的螺旋转子推到离心过滤脱水段。在离心力作用下，物料进一步脱水，脱水后的物料经排料口排出。由溢流口排出的离心液含有少量微细颗粒。由过滤段排出的离心液，通常含固体量较高，需进一步处理。

离心机转鼓采用分段结构（图8-12），共分三段，每段可采用铸造或铆焊。WLG-900型离心机采用焊接结构。

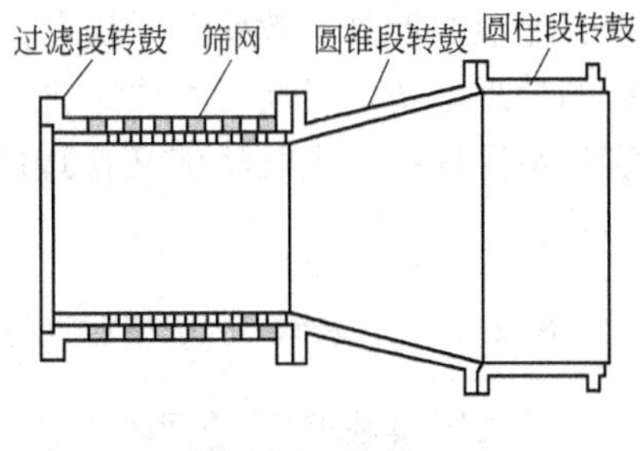

图8-12 转鼓

过滤段内有不锈钢筛条焊接的整体筛篮，筛缝为0.25（0.20）mm。

推料螺旋采用双头螺旋叶片，螺距为125mm，导程为250mm。在螺旋叶片推料侧外缘喷涂一层80mm宽、1mm厚的镍基耐磨金属粉。

沉降过滤式离心脱水机的结构较复杂，转速较高，所以要求机件加工精度高，并采取一系列保护装置，如过电流保护装置、过振动保护装置、油压保护装置和扭应力保护装置等。

沉降过滤式离心脱水机常用于浮选精煤、浮选尾煤和旋流器底流的脱水。伯德型沉降过滤式离心脱水机通常可回收95%～99%的干煤泥，产品水分可降至12%～20%，比真空过滤机滤饼水分低5%～7%，所需功率消耗却比真空过滤机低20%。因此，在选煤厂浮选精煤的脱水中受到欢迎。

8.1.3.2 沉降过滤式离心脱水机的特点

沉降过滤式离心脱水机主要用于浮选精煤脱水，生产实践证明，该机与过滤机比较具有如下优点：

（1）处理能力大，在入料浓度为230～300g/L时，处理能力可达11～14t/h。

（2）产品水分低，在入料中－0.044mm物料占40%～50%的情况下，处理肥煤时，产品水分为22%～24%，处理无烟煤时，产品水分可达21%～23%，且水分稳定，不受入料、浓度影响。

（3）电耗低，该机装机容量115kW，仅为两台PG-58型过滤机（包括辅助设备）的44%。

（4）没有辅助设备，系统简单，操作条件较好，有利于实现自动化，占地面积小，维护工作量小。

8.2 浮选尾煤的处理

浮选尾煤是一种粒度细、浓度低、黏度大的细粒悬浮体系，必须采取合适的工艺流程处理才能获得洁净的循环水，实现选煤厂洗水闭路循环并回收煤泥。浮选尾煤浓度很低，脱水处理前必须先进行浓缩澄清，浓缩得到高浓度底流进一步进行脱水，彻底实现固液分离。

8.2.1 浮选尾煤的处理工艺

浮选尾煤早期的处理方法是将尾煤水流入大面积沉淀池，晾干后挖取。现在一些老厂和小型简易选煤厂仍采用这种方法，但在新厂设计中已不允许采用。此外，浮选尾煤浓缩后的底流曾采用过滤脱水方法回收。但是，浮选尾煤的过滤存在滤饼薄、水分大、卸饼慢、滤液浓度高、效率低等缺点，不应将过滤机作为最终的把关设备，可用压滤机作为最后的处理设备。目前，细粒浮选尾煤的处理技术和设备关键已经解决。选煤厂应根据生产实际情况选择一个既经济又合理的处理工艺和设备。浮选尾煤处理工艺主要有以下几种形式：

8.2.1.1 浓缩-压滤回收工艺

浮选尾煤浓缩-压滤回收工艺也称全压滤流程，即浮选尾煤经过一次浓缩，底流全部通过压滤机处理，如图 8-13 所示。浓缩机的溢流和压滤机的滤液可作为选煤厂循环水使用。该流程在一次浓缩效果较好的条件下，可以最大限度地避免循环水中细泥的积聚，适用于厂型小、煤泥量少或粒度组成细、灰分高、过滤性能差的选煤厂。

8.2.1.2 浓缩-分级-压滤回收工艺

当浮选尾煤中粗、细含量接近时，用分级旋流器对浓缩后的底流进行分级，分级后的粗粒物料用高频振动筛或沉降过滤式离心机进行回收，分级的细粒物料用压滤机回收，如图 8-14 所示。该流程可避免细粒级在循环水中的积聚，减少压滤机数量和降低投资，适用于大中型选煤厂。

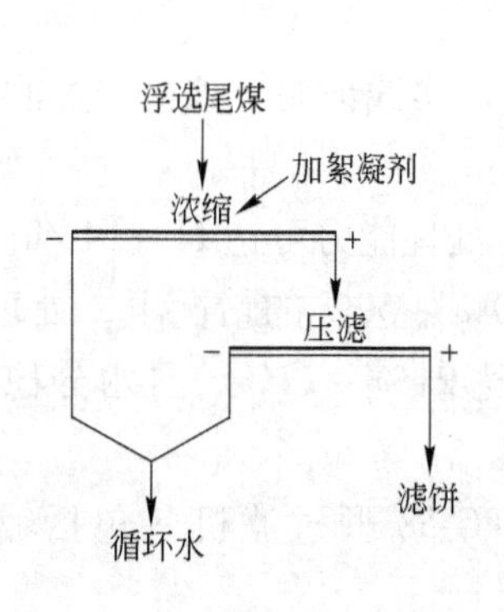

图 8-13 浓缩-压滤回收工艺

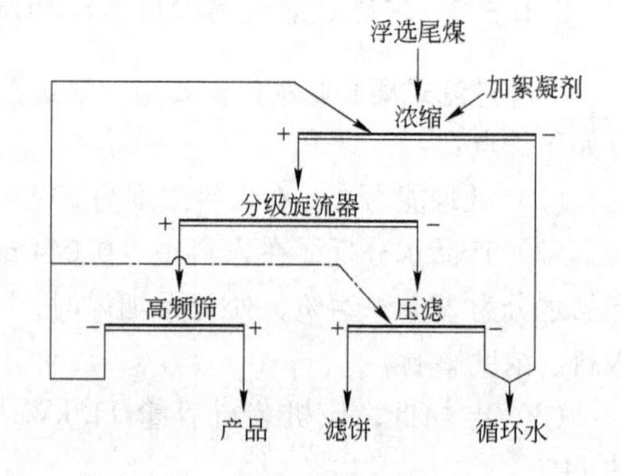

图 8-14 浓缩-分级-压滤回收工艺

8.2.1.3 浓缩-分级-浓缩-压滤回收工艺

浮选尾煤经过浓缩后，底流用沉降过滤式离心机或高频振动筛回收，溢流与离心机的滤液进行再次浓缩，其底流用压滤机回收，滤液作为循环水，如图 8-15 所示。

该工艺流程采用一段浓缩和一段回收来回收浮选尾煤中较粗粒级部分，可将其掺入洗混煤或洗末煤，提高经济效益。用二段浓缩和二段回收对一段未能回收的细粒级部分进一步回收，确保获得洁净的循环水。此流程的一段为粗粒级的自然沉降，二段为细粒级物料

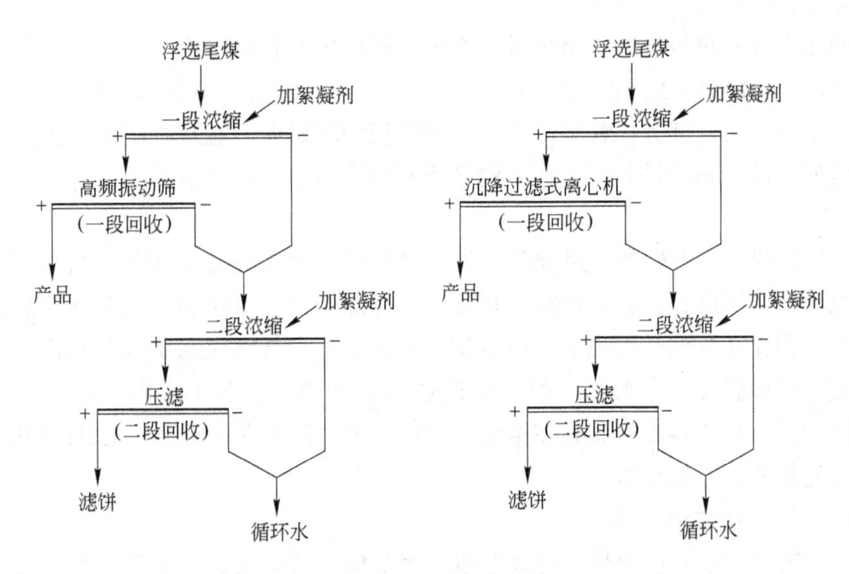

图 8-15 浓缩-分级-浓缩-压滤回收工艺

的絮凝强化沉降。一段粗粒级的回收可用沉降过滤式离心机或高频振动筛，由于沉降过滤式离心机价格高，运行、维修的技术水平要求较高，筛篮容易磨损。因此，倾向采用高频振动筛。此外，许多炼焦煤选煤工艺设计对煤泥多采用分级分选的原则，一般大于 0.25mm 的粗煤泥用重选方法进行单独回收，浮选的煤泥多是小于 0.25mm 的细煤泥。采用该工艺流程处理浮选尾煤，将使先后经过二次脱除粗粒后的浮选尾煤变得更细，进一步增加了压滤回收的难度。

8.2.2 浮选尾煤的浓缩澄清设备

浮选尾煤不但具有悬浮液的性质，而且往往具有胶体的性质，为加快沉降速度，需添加少量的絮凝剂浓缩。常用的浓缩澄清设备有耙式浓缩机、高效浓缩机和深锥浓缩机。

8.2.2.1 普通耙式浓缩机

耙式浓缩机是使用最普遍的浓缩设备，全国约有 78% 的选煤厂使用耙式浓缩机。按传动方式的不同分为中心传动式和周边传动式两类耙式浓缩机，周边传动式又分为周边齿条传动、周边辊轮传动和周边胶轮传动。

A 工作原理

耙式浓缩机是利用煤泥水中固体颗粒的自然沉淀特性，完成对煤泥水连续浓缩的设备，浓缩过程见图 8-16。

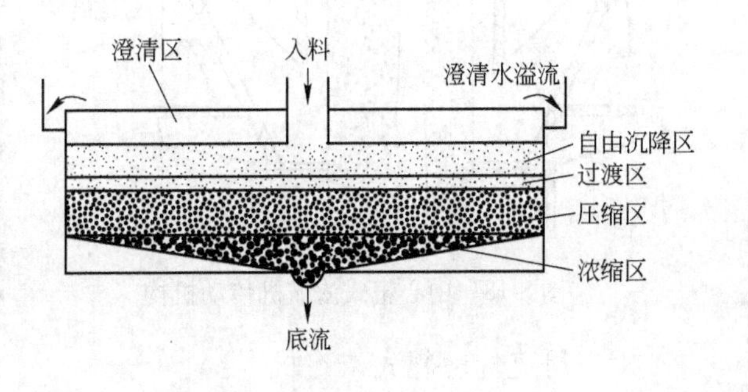

图 8-16 耙式浓缩机浓缩过程

需要浓缩的煤泥水首先进入自由沉降区，水中的颗粒靠自重迅速下沉。当下沉到压缩区时，煤浆已汇集成紧密接触的絮团，继续下沉则到达浓缩区。由于刮板的运转，使浓缩区形成一个锥形表面，浓缩物受刮板的压力进一步被压缩，挤出其中水分，最后由卸料口排出，这就是浓缩机的底流产物。煤浆由自由沉降区沉至压缩区时，中间还要经过过渡区。在过渡区，一部分煤粒能够因自重而下沉，另一部分煤粒却因受到密集煤粒的阻碍而不能自由下沉，形成了介于自由沉降和压缩两区之间的过渡区。在澄清区得到的澄清水从溢流堰流出，称为浓缩机的溢流产物。

煤浆浓缩过程中，颗粒的运动比较复杂。浓缩机一般给料比较稀薄，自由沉降区运动的颗粒可视为自由沉降；过渡区以后，煤浆浓度逐渐变大，颗粒实质上是在干扰条件下运动的。所以，颗粒在浓缩过程中的下沉速度是变化的，它与煤泥水中煤的粒度、密度、煤泥水的浓度、环境温度等有关，一般只能通过试验来确定。对于一定的原料，浓缩机溢流、底流的浓度，与给料浓度和它在浓缩机中停留的时间有关。显然，浓缩物料停留的时间越长，溢流越清，底流越浓。

B 中心传动耙式浓缩机

中心传动耙式浓缩机由池体、传动装置、稳流筒、转动架、耙架等五部分组成，如图 8-17 所示。耙架的末端与转动架铰接，转动架由传动装置带动旋转，全部传动装置用罩盖

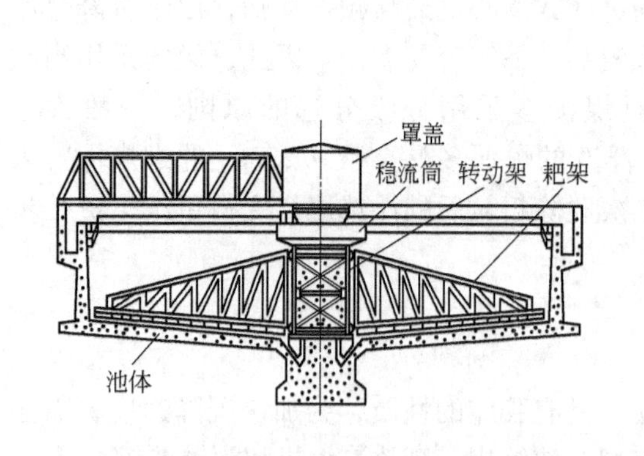

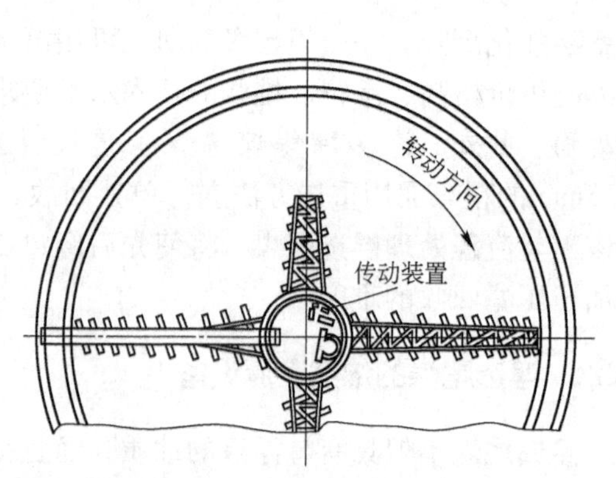

图 8-17 中心传动耙式浓缩机

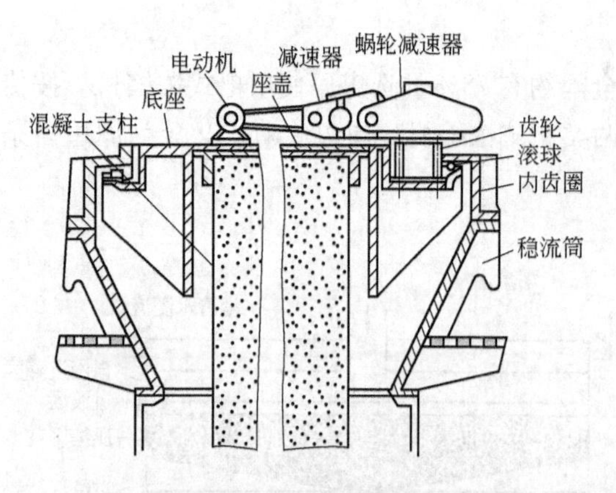

图 8-18 中心耙式浓缩机传动机构

盖住。中心传动耙式浓缩机的池体一般是钢筋混凝土结构，小直径浓缩机一般采用钢板池体。电机、减速机和蜗轮减速机组成传动装置。蜗轮减速机输出轴上装有齿轮，与转动架的内齿圈啮合，内齿圈通过稳流筒与转动架连起来。内齿圈与底座之间有一个止推轴承，轴承上放置钢球，钢球放在耐磨的滚环之间。由于齿轮的带动，内齿圈可绕浓缩机中心线旋转，通过稳流筒和转动架，带动耙架绕中心线旋转，如图 8-18 所示。

C 周边传动耙式浓缩机

大直径浓缩机一般采用周边传动。根据传动方式不同，又分为周边辊轮传动和周边齿

条传动两种，表 8-5 为周边传动耙式浓缩机的技术规格。

周边齿条传动耙式浓缩机由耙架、料槽、支架、传动装置、齿条、辊轮等部分组成，如图 8-19 所示。

表 8-5 周边传动耙式浓缩机的技术规格

型 号	NG-15	NG-18	NG-24	NG-30	NT-15	NT-18	NT-24	NT-30
内径/mm	15	18	24	30	15	18	24	30
深度/mm	3.7	3.708	3.7	3.97	3.7	3.708	3.7	3.97
沉淀面积/m^2	176	225	452	707	176	255	452	707
耙架每转时间/min	8.1	10	12.3	15.3	8.1	10	12.3	15.3
处理能力/$t \cdot h^{-1}$	3.6～16.5	5.29～23.3	9.4～41.6	65.4	3.7～16.25	5.29～23.3	9.4～41.6	65.4
电动机功率/kW	5.5	5.5	7.5	7.5	5.5	5.5	7.5	7.5
机器总重/t	10.32	11.54	23.171	25.870	14.166	20.250	28.136	30.986

注：NG—周边辊轮传动浓缩；NT—周边齿条传动浓缩机。

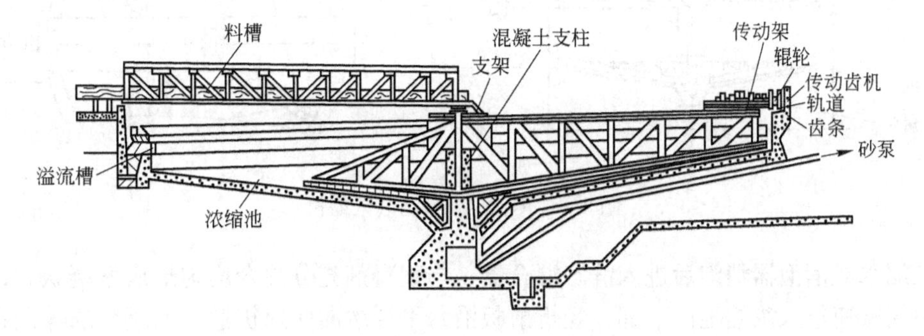

图 8-19 周边齿条传动耙式浓缩机

中心旋转支架固定在混凝土支柱上，耙架的一端与中心旋转支架固定，另一端与传动架相连，并通过传动机构上的辊轮支承在轨道上。

轨道和齿条装设在池体的边缘，电动机经减速装置带动传动齿轮绕池体中心回转而带动耙架转动。

周边辊轮传动耙式浓缩机的结构与周边齿条传动耙式浓缩机的结构相近，只是在池边上没有传动齿轮和齿条。电动机通过减速机直接带动辊轮，靠辊轮与轨道的摩擦力使耙架转动。

周边辊轮传动耙式浓缩机不适合在寒冷地区使用。当轨道结冰时，辊轮打滑，耙架停转，会造成压耙事故。另外，此种浓缩机也不适合在处理量较大、浓缩产物过多的情况下选用。这是因为在耙架阻力增大时，辊轮会发生打滑现象。需要注意的是，周边传动的辊轮起传动和支承作用，中心传动的辊轮只起支承作用。

8.2.2.2 高效耙式浓缩机

针对普通耙式浓缩机在机理方面存在的缺点，耙式浓缩机向高效型方向发展。我国从 20 世纪 80 年代就开始进行了高效浓缩机的研制工作，并取得了较大进展。目前，生产的高效浓缩机主要有 GXN、NZG、XGN 和 ZQN 系列。

A GXN 型高效浓缩机

GXN 型高效浓缩机主要用于浮选尾煤的浓缩、澄清，其技术特征见表 8-6。其中 GXN-18 型高效浓缩机的结构见图 8-20。

表 8-6 GXN 型高效浓缩机技术特征

型 号	GXN-6	GXN-9	GXN-12	GXN-15	GXN-18	GXN-21	GXN-24
浓缩池直径/mm	6	9	12	15	18	21	24
沉淀面积/m^2	28.3	63.6	113	176	255	346	452
耙子转速/$r \cdot min^{-1}$	0.3	0.25	0.2	0.152	0.152	0.1	0.1
处理能力/$t \cdot h^{-1}$	4~7.5	8~16	15~25	20~30	25~40	40~60	50~80

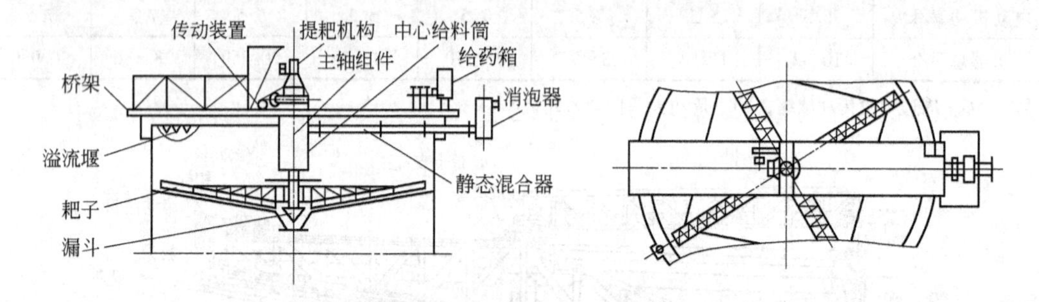

图 8-20 GXN-18 型高效浓缩机

煤泥水经消泡器消泡后进入静态混合器，与絮凝剂充分混合均匀形成絮凝状态，由中心给料筒减速给入浓缩池的下部，经折射板沿水平缓缓向四周扩散。絮凝后的煤泥在水中形成大而密实的絮团，快速、短距离沉降并形成连续而又稳定致密的絮团过滤层，未絮凝的颗粒在随水流上升过程中受到絮团过滤层的阻滞作用，最终随絮团层的沉降进入浓缩机下部的压缩区，因而形成高效浓缩机的澄清区和压缩区，达到煤泥水絮凝浓缩与澄清的目的。

GXN 型高效浓缩机的主要技术特点是：采用消泡器除气，在煤浆进入静态混合器与絮凝剂混合之前设置了消泡器进行除气；采用静态混合器及多点加药方式。装有左右螺旋叶片的静态混合器对煤泥水进行搅拌，通过剪切作用，使添加的絮凝剂在煤泥水中快速分散并均匀混合形成絮团。一般在每个静态混合器的入料端设有加药漏斗，采用 3 个静态混合器串联使用；采用下部深层入料并沿水平方向辐射扩散的入料方式；采用较高的耙速及池深；采用中心驱动、液压提耙及机械过载保护。

B NZG 型高效浓缩机

NZG 型高效浓缩机与普通耙式浓缩机的主要区别在于入料方式不同。普通浓缩机入料方式是煤泥水从池中心直接给入，由于水流速度很大，煤泥不能充分沉淀，部分沉淀的煤泥层会受到液流的冲击而遭到破坏。高效浓缩机入料方式是煤泥水直接给到浓缩机布料筒液面下一定深处，当煤泥水由布料筒流出时，成辐射状水平流，流速变缓，有助于煤泥颗粒沉降，提高了沉降效果。另外，煤泥水由布料筒底部流出，缩短了煤泥沉降至池底的距离，增加了煤泥上浮进入溢流的阻力，从而使大部分煤泥进入池底。在相同的浓缩效率下，单位面积处理能力比普通浓缩机的处理能力提高 1 倍以上。基建投资省，浓缩效果好。图 8-21 为 NZG-18 型高效浓缩机的结构。

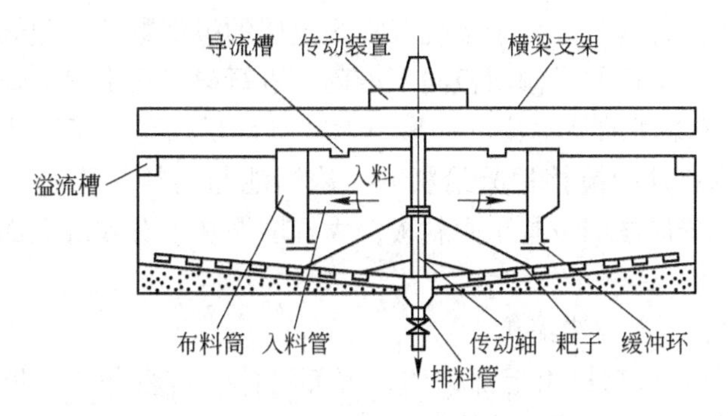

图 8-21 NZG-18 型高效浓缩机的结构

C XGN 型高效浓缩机

XGN 系列高效浓缩机采用中心传动或周边传动并装有倾斜板，技术规格见表 8-7，结构见图 8-22。

表 8-7 XGN 型高效浓缩机技术规格

型 号	XGN-12	XGN-20	XGN-15Z	XGN-20Z
浓缩池直径/mm	12	20	15	18
浓缩池深度/m	3.6	4.4	4.4	4.4
浓缩池沉淀面积/m^2	113	314	176	254
倾斜板沉淀面积/m^2	244	1400	800	1200
耙架每转时间/min	5 ~ 20	5 ~ 20	5 ~ 20	5 ~ 20
处理能力/$t \cdot h^{-1}$	30 ~ 45	45 ~ 65	30 ~ 45	40 ~ 60
总功率/kW	8.4	9.4	8.4	9.4
总质量/t	20	30	25	27

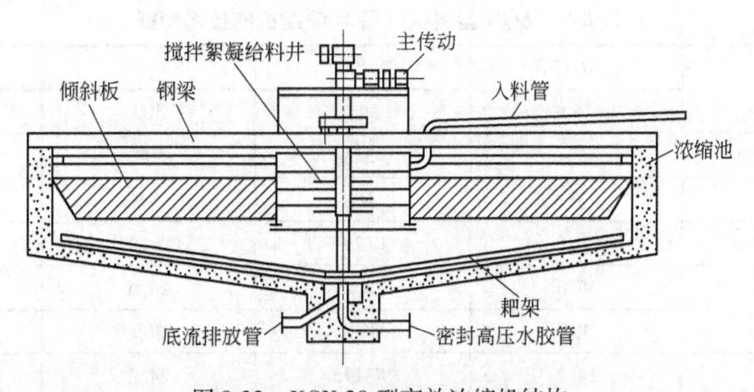

图 8-22 XGN-20 型高效浓缩机结构

XGN-20 型高效浓缩机的工作原理是：经预处理的煤泥水给入特制的搅拌絮凝给料井，形成最佳絮凝条件，使煤泥水到达给料井下部排料口时呈最佳絮凝状态，初步呈现出固液分离，絮团从给料井下部排料口排入距溢流液面 2.5m 深处，同时借助于水平折流板平稳向四周分散，使大部分絮团很快沉降于池底保持稳定的压缩区。当部分絮团随上升水流浮起时，由于所处位置是在絮团过滤层之下，上浮的絮团会受到絮团过滤层的过滤作用而将上浮的絮团截留在絮团过滤层。处于干扰沉降区上层的极细颗粒，随倾斜板间的层流落在倾斜板面上，形成新的絮团并沿倾斜板向下滑落，进行第二次干扰沉降。

XGN-20 型高效浓缩机的技术特点：采用喷雾泵计量加药，管道搅拌器混合，缓冲桶进行脱除气泡；采用特殊的搅拌絮凝给料井，浓缩池与给料井构成浓缩机的双溢流堰效应；澄清区与干扰沉降区之间设置了倾斜板，大幅度增加了有效沉淀面积；工况过程可自动控制。

D ZQN 型斜板（管）浓缩机

ZQN 型斜板（管）浓缩机由上部槽体、下部槽体、排料漏斗、耙子、上部轴、支承轴承、提耙机构和传动装置组成，结构见图 8-23，主要技术特征见表 8-8。

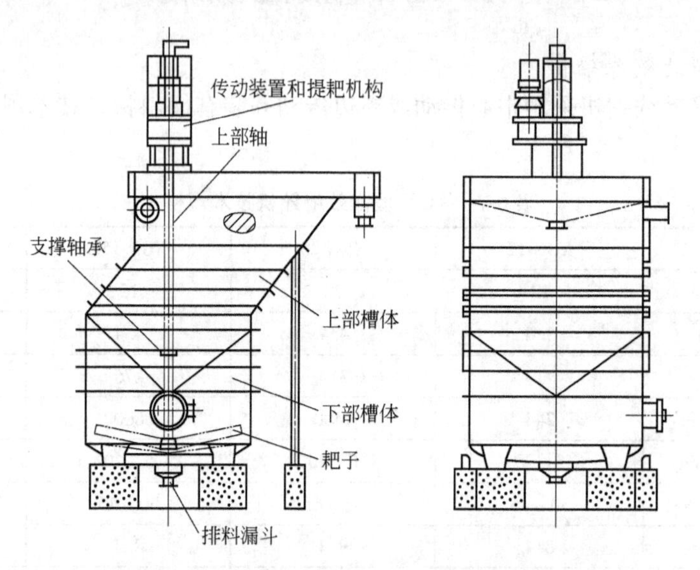

图 8-23 ZQN 型斜板（管）浓缩机结构

表 8-8 ZQN 型斜板（管）浓缩机的技术特征

型　号	ZNQ150	ZNQ200	ZNQ300	ZNQ500
沉淀面积/m^2	150	200	300	500
倾斜角度/（°）	55	55	55	55
容积/m^3	37	60	84	149
耙子转速/$r \cdot min^{-1}$	0.29	0.29	0.29	0.29
提耙速度/$mm \cdot s^{-1}$	26.6	26.6	26.6	26.6
提耙行程/mm	300	300	300	300
总质量/t	14.2	17.176	24.2	34

ZQN 型斜板（管）浓缩机工作原理：煤泥水从上部设置的倾斜板处进行固液分离，澄清水向上流动，经上部溢流槽排放口流出进入溢流管道，分离出来的固体物料顺倾斜板滑下，进入机体下部排料漏斗。

煤泥水直接从进料箱的侧边上流向倾斜板，并均匀地分布于每组倾斜板上。上面的清液进入溢流槽，在溢流槽内设有控制板，确保每个溢流槽的溢流量相同。由于倾斜板之间间距小，固体颗粒只需沉降很小距离就可落到倾斜板上，从而摆脱了水流的干扰向下滑，进入下部槽体，煤泥在下部槽体继续沉淀、浓缩，利用耙子刮入带有刮刀搅拌器的排料漏斗排出。

该类浓缩机主要特点：体积小，沉淀面积大，处理能力大，占地面积仅为普通浓缩机的1/10，主要用于小型选煤厂；采用侧边入料方式和封闭的进料道，使煤泥水均匀分布于倾斜板上，避免了入料对澄清过程的干扰；溢流槽控制的高度可调，使每个溢流槽的溢流量均匀；倾斜板长度大，间距小，既增大了沉淀面积又提高了细粒物料沉淀效果；传动系统简单可靠，实现了慢速转动和自动或手动提耙；安装方便，仅6个支承基础墩，便于安装在室内。

8.2.2.3 深锥浓缩机

深锥浓缩机由圆筒体和圆锥体两部分组成，整机呈立式桶锥形，如图8-24所示。其特点是圆锥部分较长，池深尺寸大于池的直径尺寸，在锥体内设有搅拌器；直径小（一般6~10m）、占地面积小、底流浓度高、溢流固体含量小、絮凝剂消耗量小；处理浮选尾煤和洗水澄清方面效果较好，不加絮凝剂也可用于浓缩浮选尾煤。

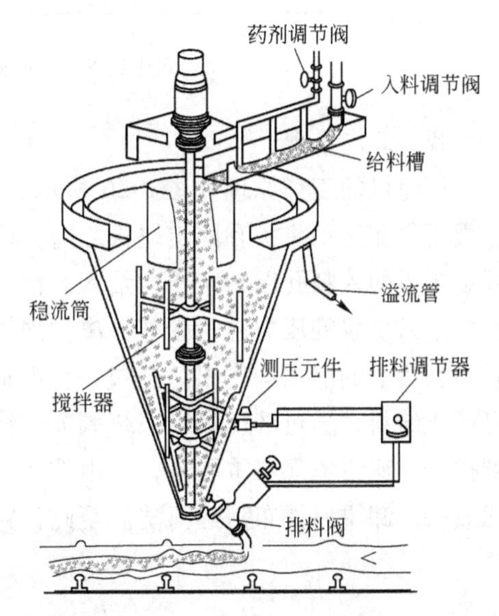

图8-24 深锥浓缩机结构

煤泥水和絮凝剂的混合是深锥浓缩机工作的关键。为了使絮凝剂与矿浆均匀混合，理想的加药方式是连续的多点加药。

由于深锥浓缩机圆筒部分高度大，锥体部分较深，可依靠沉淀物本身的压力压紧凝聚下来的物料，同时在沉淀过程中，凝聚物受慢速转动的搅拌器的辅助作用，将水分从凝聚体内挤出，进一步提高了沉淀物的浓度。

我国生产的用于浓缩浮选尾煤的深锥浓缩机，其直径5m，在尾煤入料浓度30g/L、入料量为50~70m^3/h、絮凝剂添加量3~5g/m^3的条件下，底流浓度可达55%。

8.2.3 浮选尾煤的脱水设备

浮选尾煤经浓缩设备澄清后，其底流需要进一步脱水才能回收。由于浮选尾煤黏土物质含量较多，粒度细，黏性较大，脱水困难。目前比较有效可靠的方法，仍是采用压滤机进行脱水，近年来很多选煤厂采用快开式高压隔膜压滤机脱水。生产实践表明，压滤机的滤饼水分可达20%~25%，滤饼可单独运输。滤液为清水，比较容易实现洗水闭路循环，避免对环境的污染。对于浮选尾煤粗粒含量较多，煤泥量少的小型选煤厂也可用沉降过滤式离心机脱水。常用的压滤设备主要有以下几种。

8.2.3.1 厢式压滤机

厢式压滤脱水是借助泵或压缩空气，将固、液两相构成的矿浆在压力差的作用下，通过过滤介质（滤布）而实现固液分离的一种脱水方法。

A 基本结构

厢式压滤机一般由固定尾板、活动头板、滤板、主梁、液压缸体和滤板移动装置等几部分组成。固定尾板和液压缸体固定在两根平行主梁的两端，活动头板与液压缸体中的活塞杆连接在一起，并可在主梁上滑行。结构如图 8-25 所示。

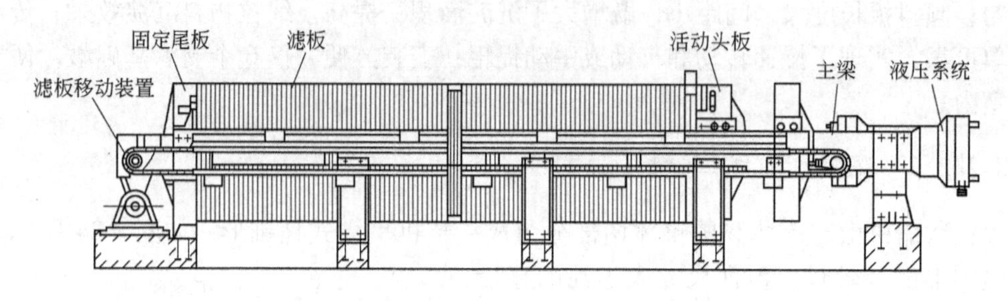

图 8-25 XMY340/1500-61 型压滤机结构

B 工作原理

压滤机的工作原理如图 8-26 所示。当压滤机工作时，由于液压油缸的作用，将所有滤板压紧在活动头板和固定尾板之间，使相邻滤板之间构成滤室，周围是密封的。矿浆由固定尾板的入料孔以一定压力给入。在所有滤室充满矿浆后，压滤过程开始，矿浆借助给料泵给入矿浆的压力进行固液分离。固体颗粒由于滤布的阻挡留在滤室内，滤液穿过滤布后沿滤板上的泄水沟排出。经过一段时间以后，滤液不再流出，即完成脱水过程。此时，可停止给料，通过液压操纵系统调节，将头板退回到原来的位置，滤板移动装置将滤板相继拉开。滤饼依靠自重脱落，并由设在下部的皮带运走。为了防止滤布孔眼堵塞，影响过滤效果，卸饼后滤布需经清洗。至此，完成了整个压滤过程。

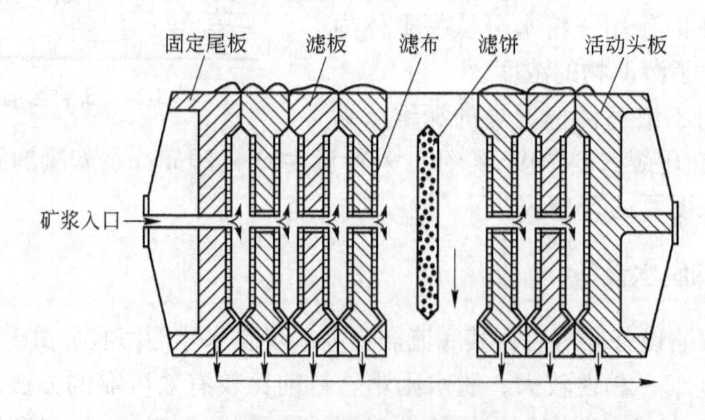

图 8-26 压滤机工作原理

C 滤液流出和洗涤流程

压滤机的滤液流出方式分为明流式和暗流式两种方式。明流式是由各滤板独自流出滤液，然后在机外汇集；暗流式是各滤板的滤液流出后即汇集在机内的暗流通道内。滤液流出和洗涤流程如图8-27所示。

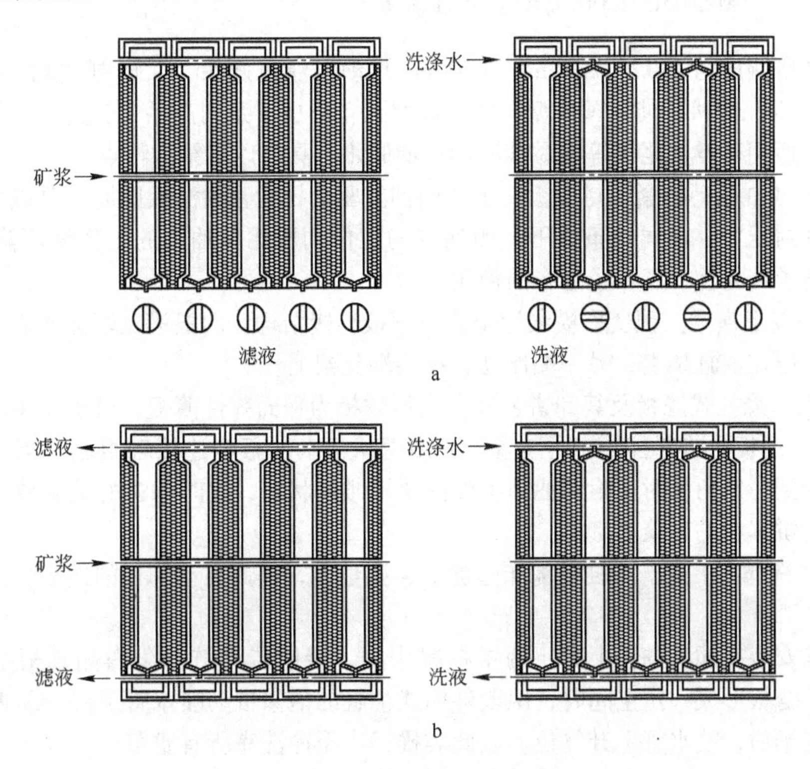

图8-27 滤液流出和洗涤方式

a—明流式；b—暗流式

D 压滤循环

一个压滤循环由给料阶段、加压过滤、卸落滤饼和冲洗滤布四个阶段组成。给料阶段，压紧滤板，以一定压力给入矿浆；加压过滤阶段，也称脱水阶段。给入矿浆后应保持一段时间，根据滤液排出速度判断过滤过程是否完成；卸料阶段，完成脱水任务后，减压并卸料；滤布清洗阶段，为下一压滤过程做准备，提高滤布的透气性，提高压滤效果。

E 压滤机给料方式

压滤机的给料方式有单段泵给料、两段泵给料和泵与压缩空气机联合给料3种形式。单段泵给料，在整个压滤过程中用一台泵给料，泵的压力固定。常用于处理过滤性能较好、在较低压力下即可成饼的物料，在选煤厂应用颇为广泛。两段泵给料，在压滤过程中采用两段泵给料，压滤初期用低扬程、大流量的低压泵给料，经一定阶段再换用高扬程、低流量的高压泵给料，满足压滤机不同阶段的压力要求。该种给料方式避免了单段泵给料的缺点，但在每个压滤循环中，中间需要换泵，操作较为麻烦。此外，高压泵的磨损也较大，一些选煤厂不愿采用。泵和压缩空气机联合给料，在泵和压缩空气机联合给料的系统中，需增加一台压缩空气机和贮料罐，因此流程复杂。该系统在开始工作时，用低扬程、大流量的泵向压滤机和贮料罐供料，充满后停泵。后一阶段利用压缩空气机将贮料罐中的矿浆给入压滤机中继续压滤，这种方式可使入料矿浆的性质均匀稳定，并利用贮料罐内液面的高低，对压滤过程可自动控制。

8.2.3.2 XMZ1050/2000 大型自动压滤机

我国在研制成功 230m^2、340m^2 和 500m^2 自动压滤机之后，又研制成功了 XMZ1050/2000 大型自动压滤机，使我国大型压滤机脱水设备形成了系列产品，迈进了世界先进水平行列。该机适用于浮选尾煤等细黏煤泥的过滤脱水，具有以下结构特点。

（1）四油缸驱动拉紧密封滤板。采用四油缸驱动拉紧密封滤板四周，足以保持过滤室所需要的密封压力。在同样条件下，四油缸的工作油压比单油缸的工作油压降低 15% ~ 20%，提高了密封性，延长了滤布的使用寿命。

（2）预变形横梁。预变形横梁为箱式双腹板焊接结构，两根梁在端部连为一体，一端用蝶形弹簧压在油缸架上，另一端浮动放在梁端支架上。

（3）大型悬挂式滤板及其卸饼装置。大型滤板为平面弹性薄板，可承受单面入料压力达 2.5MPa。滤板上装有自动卸饼装置，它由两块活动曲板和连接轴组成，当活动曲板牵动滤布移动到一定角度时，附在滤布上的滤饼呈倾斜状态，此时滤饼的动态取决于滤饼的附着力和滤饼本身的内聚力。

（4）冲洗滤布装置。为强化滤布过滤的再生性能，提高自动卸饼的效率，设置冲洗滤布装置。

该装置安装在滤板的正上方，两根横梁中间，借助传动链沿梁内侧翼板上的轨道移动，当拉开滤板形成一定空间时，两段伸缩式油缸的活塞带动喷水管下降，从两侧喷洗滤布，冲洗完毕后，喷水管上升复位。以此类推，直至冲洗完所有滤布。

（5）滤液和冲洗水的翻板集液装置。视需要，滤液和冲洗水可汇总收集或分开收集，可用管道阀门分设实现，初始汇集均由翻板集液装置来完成。

装置由翻板油缸、四连杆机构和两块翻板组成。翻板油缸在液压油的驱动下，通过四连杆的曲柄旋转，将两块翻板闭合和翻开。当翻板闭合时，收集滤液和清洗滤布水，并导流到翻板一侧的水槽内；当翻板打开时，与水平面呈 70°左右，便于卸落滤饼。

（6）电控程序系统。视用户需要，设计了继电器逻辑控制系统和 PLC 可编程序控制器两种电控程序方式，可实现对压滤机整个工作过程的自动控制。

8.2.3.3 快开式高压隔膜压滤机

快开式高压隔膜压滤机是集机、电、液于一体的固液分离设备，脱水效率高，可用于浮选尾煤的脱水。

9 浮选生产过程的自动检测与控制

选煤厂生产的自动控制对于保障产品数质量指标，提高选煤效益具有十分重要的作用。一般来说，选煤作业的自动控制可分为集中控制和生产单元的过程控制，其中生产过程的在线检测是选煤生产自动控制的基础。

随着机械化程度的提高，粉煤量呈上升趋势，煤泥分选比重越来越大。因此，浮选作业的好坏对选煤厂的影响越来越大。由于浮选过程十分复杂，影响因素繁多，仅靠浮选操作工的经验很难做到精确控制，降低成本，提高浮选效果。所以，浮选过程的检测和自动控制十分必要。

浮选过程的自动控制首先要检测其生产过程中的参数，如煤浆浓度、煤浆流量、药剂添加量、稀释水流量、浮选机液位以及煤浆灰分等，根据这些参数进行浓度的自动控制和浮选药剂的自动添加，如图 9-1 所示。

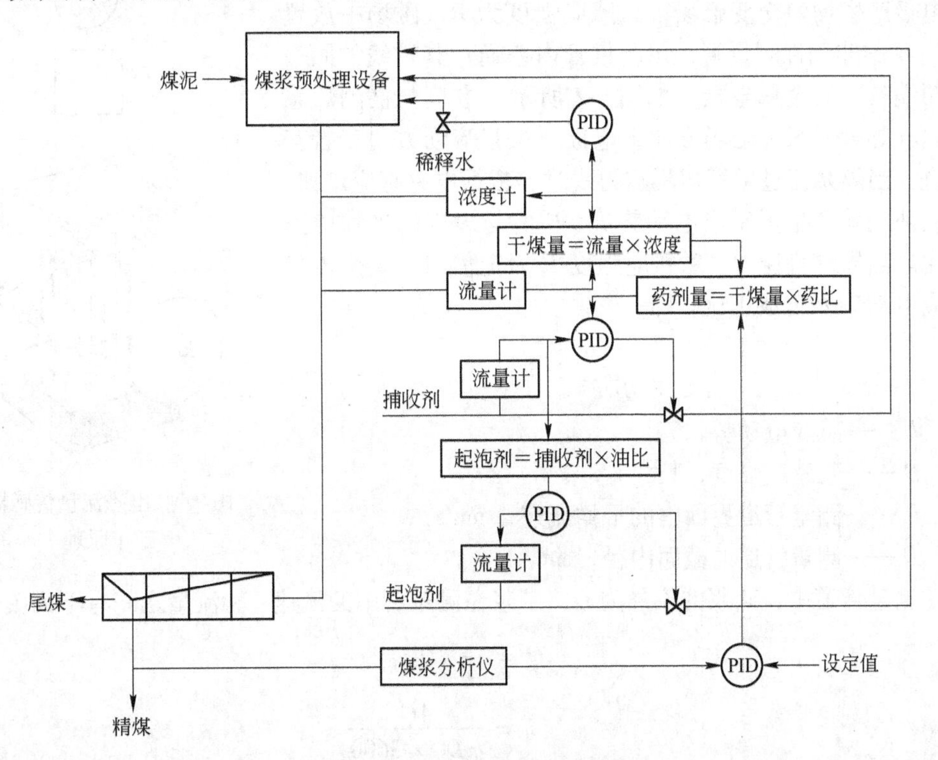

图 9-1　浮选过程自动控制框图

当然，浮选过程的自动控制还应包括液位的检测和自动控制。液位过高或过低都会对浮选产生不利的影响，但是由于浮选机在三相泡沫体系中和三维复杂流动条件下，液位的检测很难达到理想的效果，因此，在实际的浮选生产中也很少对浮选的液位进行控制。与浮选机相比，浮选柱的液位波动范围要大得多，液位的自动控制还处于研究和完善之中。

9.1 浮选过程参数的检测

要实现浮选过程自动化，提高浮选过程质量，首先需要对浮选过程中各参数进行实时准确的检测，这是实现自动化的前提条件。浮选过程中的参数主要有：浮选入料流量、浮选入料浓度、矿浆准备池液位、浮选槽液位以及产品灰分等。它们可以分为四类，即流量、浓度、液位和灰分。

9.1.1 入浮煤浆流量检测

入浮煤浆流量对浮选设备的处理能力和浮选效果均有显著影响，因此，在线检测入浮煤浆流量十分必要，煤浆流量的测量可用电磁流量计和多普勒超声波流量计。

9.1.1.1 电磁流量计

电磁流量计由传感器、转换器和显示仪表组成，用于测量各种导电液体或含固体颗粒的矿浆及悬浮液的流量，其可靠性和准确度基本符合要求。

A 测量原理

电极产生均匀交变磁场，磁感应强度为 B，磁场中放置直径为 D 的非磁性测量管，在测量管内壁通过其轴线的同一平面两端有一对金属电极，如图 9-2 所示。电极与被测煤浆接触但与导管绝缘，磁场方向、电极、煤浆流动方向三者互相垂直。当煤浆流过导管切割磁力线时，根据电磁感应定律，在电极两端就产生了感应电动势 E，E 值与煤浆的平均流速成正比。当导管直径 D、磁感应强度 B 为定值时，煤浆流量与感应电动势 E 也成正比。即：

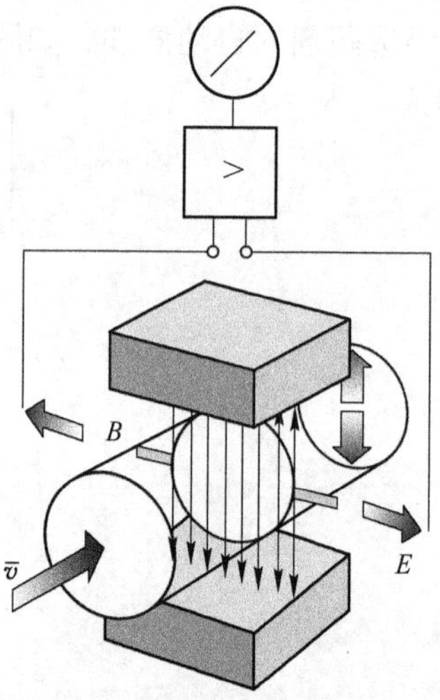

图 9-2 电磁流量传感器工作原理

$$E = BD\bar{v}$$

式中 E——感应电动势，V；

B——磁感应强度，T；

$\bar{v}$——测量管道界面内的平均流速，cm/s；

D——测量管道的截面内径，cm。

在测量管道中，矿浆的流量为 Q，矿浆在测量管中的流速 $\bar{v}$ 和流量之间有下列关系：

$$Q = \frac{1}{4}\pi D^2 \bar{v}$$

$$\bar{v} = \frac{4Q}{\pi D^2 \times 3600}$$

将 $\bar{v}$ 代入感应电动势，有：

$$E = \frac{4BQ}{\pi D \times 3600}$$

令，$K = \frac{4B}{\pi D \times 3600}$，则有 $E = KQ$

式中 Q——矿浆流量，m^3/h；

K——仪表常数。

可见，感应电动势与流量之间是线性关系，K 为电磁流量变换器的转换灵敏度，只要测出感应电动势就可以计算出煤浆的流量。但是感应电动势非常小，一般只有几个毫伏，需经过二次仪表放大才能输出与流量相对应的电流或电压信号，供显示仪表直接显示和传输、调节控制。

B 电磁流量计的组成

电磁流量计由电磁流量变换器和二次测量仪表组成。电磁流量变换器由磁场、测量管、电极等组成。实际使用中采用交变磁场，由激磁线圈通以交流电源所产生。测量管采用非导磁材料制成，以免产生磁屏蔽及涡流损失，并使感应电动势不造成短路。为使测量管内壁光滑，在其内壁衬有搪瓷、橡胶或环氧树脂等绝缘衬里。

二次测量仪表的任务是将电磁流量变换器输出的微弱信号进行放大，并输出相应的电流信号。二次测量仪表包括前置放大、主放大、相敏检波、功率放大、霍尔反馈系统以及电源等部分组成。

C 传感器的特点

电磁流量传感器具有以下特点：

(1) 传感器内无活动部件，结构简单，煤浆通过时不会造成堵塞，工作可靠。特别适合测定像煤泥水这样有悬浮固体颗粒的导电体的流量。

(2) 测量精度不受被测介质温度、压力、黏度、密度等物理参数变化的影响。只要被测介质电导率大于 50μS/cm 时，仪表指示不受电导率变化的影响。

(3) 励磁方式为先进的低频方波恒流励磁，因而抗干扰能力强，性能稳定。

(4) 传感器为整体密封结构，测量管和外壳合为一体，防潮、防水性好，适宜地下或潮湿环境安装。

(5) 流体经过传感器时，几乎无压力损失，能源消耗低，节约能源。

(6) 输出的电信号仅与被测煤浆的流速成正比。测量范围大，测量管内最大流速可从 1m/s 至 10m/s 任意设定。

(7) 传感器尺寸短、质量轻，传感器前后直管段要求低，安装使用方便。

(8) 耐腐蚀性高，和流体接触的只有变送器内衬和电极。

D 电磁流量计在使用中的几个问题

虽然电磁流量计在选煤厂广泛使用，但在使用中仍有些需要注意的问题。

(1) 电磁流量计安装在测量现场，测量管应垂直安装在管路上，被测量矿浆自下而上流经测量管，同时必须保证测量管内时刻都充满液体。如果在测量管中电极处有空隙或气泡，均给测量带来误差。

(2) 电磁流量计安装地点应选择在远离电磁源和振动不大的地方，以免产生干扰。

(3) 因为电磁流量计输出的电动势较小，所以二次测量仪表不能相距太远。而且它们之间必须采用专用的屏蔽电缆和插接件进行连接，二次仪表的输出信号可以进行远距离传送。

(4) 电磁流量计使用长久后，在测量管的内壁附有污垢，使电极间绝缘电阻明显下降，造成感应电动势部分短路，使输出信号减小。故必须对测量管内壁进行清洗，以恢复正常工作。如流量计长期停用，再度使用时也必须进行清洗。

9.1.1.2 超声波流量计

超声波流量计由超声波换能器、电子线路流量显示和累计系统三部分组成。超声波发射换能器将电能转换为超声波信号发射到被测的煤浆中，接收器接收的超声波信号经电子线路放大并转换为代表流量的电信号，供给显示仪表和积算仪表进行显示和积算，检测出煤浆的流量。根据对信号检测的原理，超声波流量计可以分为传播速度差法、波速偏移法、多普勒法和空间滤波法等多种类型，其中多普勒超声流量计适宜两相煤浆的测量。超声波流量计为非接触式测量，利用超声多普勒效应，通过检测管道内运动的煤颗粒对超声波反射产生不同幅度的多普勒频移来测量煤浆流量。

A 超声波多普勒流量计测量原理

如图 9-3 所示，当超声波多普勒流量计的发射换能器以一定的角度 θ 向管道内煤浆发射频率为 f_1 的连续超声波，发射出的超声波被随流体同速运动的悬浮颗粒以角度 θ 反射到接收换能器。由于悬浮颗粒随着煤浆运动，因此，反射的超声波将产生多普勒频移。设接收到的超声波频率为 f_2，超声波在煤浆中的传播速度为 c，悬浮颗粒随流体以平均速度 v 运动，则多普勒频移 Δf 为：

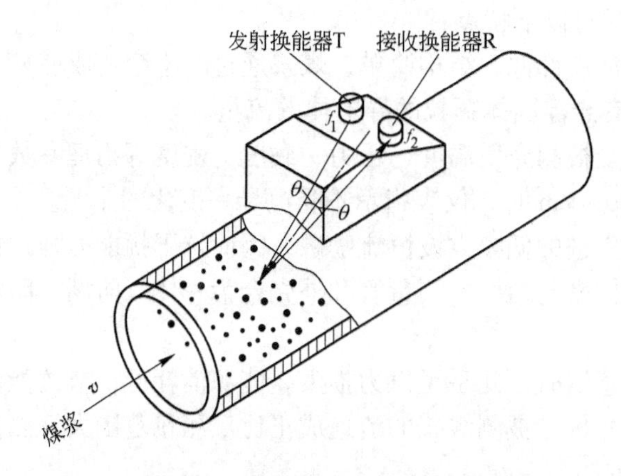

图 9-3 超声波多普勒流量计测量原理

$$\Delta f = f_2 - f_1 = \frac{2v\cos\theta}{c}f_1$$

管道中煤浆流速为：

$$v = \frac{c}{2f_1\cos\theta}\Delta f$$

若被测管道横截面积为 A，则煤浆流量为：

$$Q = \frac{cA}{2f_1\cos\theta}\Delta f$$

B 超声波多普勒流量计的特点

该流量计为非接触式测量，不用担心煤浆的腐蚀、堵塞，磨损和压力损失问题，即使煤浆中混入气泡，也能测量。测量的准确度基本上不受煤浆温度、压力、密度和黏度等参数的影响。

9.1.2 浮选药剂流量检测

在浮选工艺参数的测量中，浮选药剂的流量测量非常关键，它决定了浮选工艺自动化的最终结果。同时，由于浮选药剂的流量很小（每分钟只有几十毫升），且测量精度要求较高，一般的流量计不适用这种微小流量的检测，因此流量计的选择十分关键。

测量小流量的流量计有多种，如差压式、涡轮式、浮子式和容积式等，它们各有不同。其中差压式流量计对流体洁净程度的要求，内藏孔板要求较低，流体中的固体杂质的外径只要小于孔板孔径，就能被冲到仪表下游。而且内藏孔板结构简单，拆洗方便，不易损坏，改变量程方便，主要部件智能差压变送器又是过程检测中量大面广的仪表，在过程控制中用的较多。容积式流量计的最大优点是能够测量黏度较高的流体，精确度也较高，在油品计量中应用的相当普遍。玻璃管浮子流量计最便宜，但只适合测量黏度不大、洁净的流体，金属管浮子流量计虽不要求流体透明，但对黏度和洁净程度的要求相同。浮子式流量计常因浮子被固体杂质卡住而失灵，常用来做一般指示。

我国选煤厂浮选生产过程中药剂流量的自动检测主要采用微差压流量计和精密微小涡轮流量计两种。

9.1.2.1 差压式流量计

差压式流量计是基于流体流动的节流原理，利用流体流经节流装置时产生的压力差而实现流量测量。它是目前生产中测量流量最成熟，最常用的方法之一。流量计由节流装置、信号管路和差压计三部分组成，如图 9-4 所示。节流装置产生的差压信号，通过差压变送器转换成相应的标准信号，以供显示、记录和控制用。

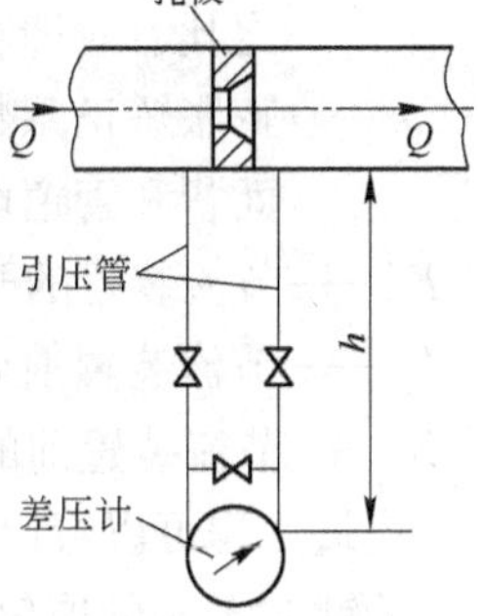

图 9-4 差压式流量计

A 测量原理

如果在封闭管道内放置一个流通面积小于管道截面积的节流件，当流体绕行节流件时就会形成流态上的局部收缩，在收缩处流速增加、静压力下降、节流件前后压力发生变化形成一定压差。

流体在标准孔板前已开始收缩，当通过孔板后某一点收缩至最小流束截面，此时平均流速达到最大值。然后流束逐渐扩大到充满整个封闭管，流体流速逐渐恢复到孔板前来液速度。由于封闭管道内壁与孔板垂直角的回挡作用，流体将产生局部涡流，并使此处对内管壁的静压有所升高，见图 9-5。静压上升的大小与涡流发生数有关，或者说，与流速有关。流体通过孔板后，静压迅速降低直至流体收缩到最小流束截面，此后逐渐回升到比孔板前略低的压力继续流动。数值 Δp 是节流件特有的不可恢复压力差。由于流体的总机械能是守恒的，即不论流体在封闭管道中如何改变流态，任意两点处的机械能总是相等的。因此，不可恢复压力差 Δp 这部分能量将变成热量损失在流体中。为了减少这部分损失，人们采用喷嘴、文丘里管等节流件，尽量降低局部涡流发生数，以达到减少压损的目的。

根据流体力学中的伯努利方程和流体连续性方程式推导可得到流量方程，即：

$$Q = \alpha \varepsilon F_0 \sqrt{\frac{2}{\rho_1} \Delta p}$$

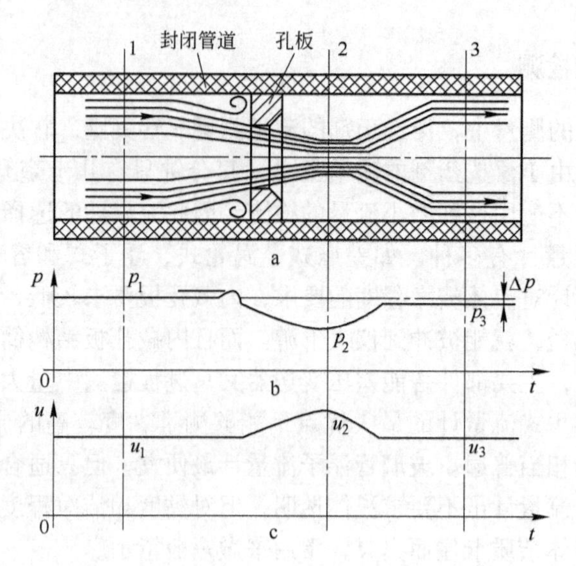

图 9-5 孔板前后压力和平均流速变化示意图

式中 α——流量系数，它与节流装置的结构形式、取压方式、孔口截面积与管道截面积之比、管壁粗糙程度、雷诺系数等因素有关；

ε——膨胀矫正系数，它与孔板前后压力的相对变化量、介质的等熵指数、孔口截面积和管道面积之比等因素有关。但对不可压缩的液体来说，常取 $\varepsilon=1$；

F_0——节流装置的开孔截面积；

Δp——节流装置前后实际测得的压力差；

ρ_1——节流装置前的流体密度。

从流量方程可以看出：流量与压力差 Δp 的平方根成正比，要知道流量与压差的确切关系，关键在于 α 的取值。

用差压流量计测量流量时，如果不加开方器，流量标尺刻度是不均匀的。起始部分的刻度很密，后来逐渐变疏。因此，在用差压法测量流量时，被测流量值不应接近于仪表的下限值，否则误差将会很大。

此外，α 是一个受许多因素影响的综合性参数，对于标准节流装置，其值可从有关手册中查出；对于非标准节流装置，其值要用试验方法确定。所以，在进行节流装置的设计计算时，是针对特定条件，选择一个 α 值来计算。计算结果只能应用在一定条件下。一旦条件改变，就不能随意套用，必须另行计算。

B 节流式差压流量计的主要特点

节流件标准孔板结构易于复制，简单，牢固，性能稳定可靠，使用期限长，价格低廉。

节流式差压流量计应用范围广泛，可应用于液、气、蒸汽或它们的混相流。

检测件与差压显示仪表可由不同厂家生产，结合非常灵活方便。

检测件，特别是标准型的，是全世界通用的，并得到国际标准组织的认可。

C 节流式差压流量计的改进措施

节流式差压流量计存在以下缺点：

（1）测量的重复性、精确度在流量计中属于中等水平，精确度难以提高。

（2）范围窄，一般范围度仅3：1～4：1。

（3）现场安装条件要求较高，如需较长的直管段（指孔板，喷嘴），一般难以满足。

（4）检测件与差压显示仪表之间引压管线易产生泄漏、堵塞、冻结及信号失真等故障。

（5）孔板和喷嘴的压损大。

为了弥补上述缺点，近年仪表开发有如下一些措施。

（1）开发线性孔板和用宽量程差压变送器或多台差压变送器并用的方法来拓宽范围。

（2）开发定值节流件，对每种通径测量管道配以有限数量的节流件，使用方便。

（3）开发多种低压损节流件，如道尔管、罗洛斯管、通用文丘里管等。

（4）将节流装置和差压变送器做成一体，省去引压管线，方便安装使用。

D 节流式差压流量计注意事项

这类流量计在安装、使用、维护时需注意以下事项：

（1）确保浮选药剂储存罐出油口距测量装置的高差不小于3m。

（2）保证管路内没有气泡，应经常检查，若有应及时排出。

（3）节流孔板的孔径尺寸应根据浮选剂最大添加量及高差而定，不能太大也不能太小；并定期检查通畅状况。

（4）过滤器的滤网要定期更换，保证其过滤效果，以免大颗粒杂质堵塞节流孔。

（5）标定工作要结合智能加药器同时进行。

9.1.2.2 微小涡轮流量计

涡轮流量计由传感器和显示仪表组成，传感器主要由磁电感应转换器和涡轮组成。流体流过传感器时，先经过前导流件，再推动铁磁材料制成的涡轮旋转。旋转的涡轮切割固壳体上的磁电感应转换器的磁力线，磁路中的磁阻便发生周期性的变化，从而感应出交流电信号。

信号的频率与被测流体的流量成正比，传感器的输出信号经前置放大器放大后输送至显示仪表，进行流量指示和积算。涡轮转速信号还可用光电效应、霍尔效应等转换器检出。

该仪表直接安装在浮选药剂管路上，直接测量浮选剂添加量。优点是直接测量，精度高，不易堵，维护容易。缺点是安装难度大，要求不能振动，绝对垂直。安装示意图如图9-6所示。

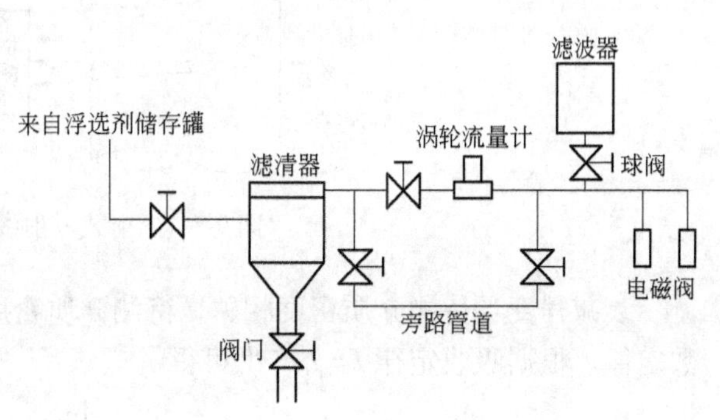

图9-6 精密微小涡轮流量计安装示意图

与涡轮传感器配套使用的智能积算仪是以微处理器为核心，充分运用数字技术和软件技术而研制设计的仪表，具备下述各方面的优势：

(1) 具有自校准和人工校准的功能。在工作过程中利用微处理机对测量进行自动修正，克服长时间使用和环境温度变化引起的误差。并且还可以由外界的基准信号对仪表进行校准，因此保证了高精度的测量。

(2) 具有对传感器的修正功能。帮助减小传感器误差，有效提高系统的测量、控制精度。

(3) 由于采用微处理机等大规模集成电路，减少分立元件的数量，仪表具有良好的可靠性。

(4) 丰富的软件功能及方便的操作界面，充分发挥仪表的功能。

(5) 具备完善的网络通讯功能，能与计算机进行高速、高效的双向数据交换。

(6) 有良好的软件平台，具备二次开发能力，以满足特殊的功能要求。

该仪表对瞬时流量的输入信号进行测量，并按信号与流量的对应关系进行运算，得到瞬时流量数值，并对瞬时流量数值进行累积。仪表由信号输入保护、信号处理、中央处理单元、显示单元、操作单元、电源等基本部分组成。根据仪表功能，增加报警、变送输出、通讯接口、打印接口、外供电源等单元。

9.1.3 入浮煤浆浓度检测

浮选入料浓度传统的测量方法是操作者定时用浓度壶称量煤浆，再计算出其浓度。这种方法费时费力且不及时，人为误差大。在浮选工艺参数自动测控系统中用于在线测量煤浆浓度的是浓度计仪表，常用的有两种：带放射性的同位素浓度计和不带放射性的压差浓度计。

9.1.3.1 同位素浓度计

使用放射性同位素测量矿浆的浓度，测量精度较高。测量装置安装在管路上并作连续测量，探测装置不与被测矿浆接触。

A 工作原理

放射性同位素浓度计是使用 γ 射线穿过待测矿浆，根据其强度被衰减来进行测量，如图 9-7 所示。

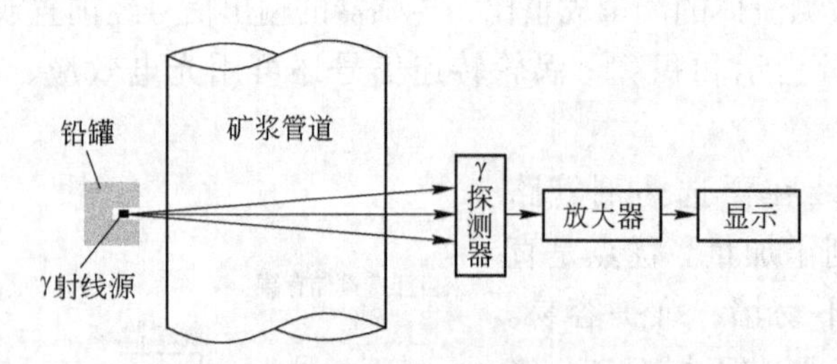

图 9-7 透射式 γ 射线密度计原理

衰减程度与待测介质密度相关，待测介质密度越大，射线衰减越多，衰减程度遵循指数定律。根据吸收定律 $I = I_0 e^{-\mu L\rho}$ 可得

$$\rho = \frac{\ln I_0 - \ln I}{\mu L}$$

式中 I_0——入射 γ 射线的强度；

I——透过射线的强度；

L——射线穿过物料的厚度；

μ——质量吸收系数；

ρ——煤浆密度。

对于已确定的管道物料和放射源 I_0、L、μ 均为常数，因而煤浆密度只与透过 γ 射线的强度有关，并且被测煤浆中的固体真密度 δ 已测得，则煤浆的固体含量为：

$$q = \frac{1000\delta(\rho - 1)}{\delta - 1}$$

式中 q——煤浆的固体含量，g/L；

δ——入浮煤泥真密度，g/cm^3；

ρ——测得煤浆的密度，g/cm^3。

可见当煤浆中的固体真密度 δ 一定时，煤浆浓度与煤浆密度之间呈线性关系，因此，只要测得透过 γ 射线的强度 I 值就可计算出煤浆浓度。煤浆浓度与 γ 射线衰减程度（即透过射线的强度）成正比，这就是同位素浓度计的理论基础。

B 同位素浓度计仪表的标定

同位素浓度计一般采用两点标定法。即首先将工艺管道中充满密度已知的密度较小的料液（最好接近测量下限，一般用清水，亦可用空管道作为此参考点。建议有条件的最好用清水），仪表接通电源，打开射源，观察表盘上显示的计数率，待相对稳定后记下一组数据做算术平均，得到标准液的计数率；然后在正常生产的情况下，管道内充满待测液体（煤浆），观察当计数率在一段时间内相对稳定时，表明所测液体密度或浓度变化不大，可马上对所测流体进行人工取样测定，取样与记录计数率同时进行，使采集的样品真正具有代表性，可连续取几个样计算密度的平均值，作为取样密度值，尽量减少取样误差。这样就得到两个点的计数率和对应的密度（浓度）值，代入相应的计算式可得到仪表的液流吸收系数也即通常所说的斜率。再把一些常数如测试管道厚度等输入到仪表中，在生产中观察仪表显示值与实测值之间的误差，若达到要求的测量精度，标定完成。否则重新取样进行校正。

C 同位素浓度计技术指标和特点

常用于测定选煤厂浮选入料浓度的同位素浓度计的主要技术指标如下：

（1）测量范围：浓度 0 ~ 100%。

（2）适应管径：直径 50 ~ 750mm。

（3）精确度等级：0.1% ~1%。

（4）基本误差：量程的（0.1% ~1%）（由现场条件及量程的大小而定）。

（5）射线计数率长期稳定性和重复性：0.1%。

同位素浓度计的主要技术特点如下：

（1）非接触式测量方式，探测器安装在工业管道和设备外面，不受煤浆的黏稠、腐蚀、压力、磨损等条件的影响，长期运行稳定可靠，经久耐用。

（2）测量结果受到的干扰因素非常少，任何环境因素以及煤浆的流速、温度等均对射线强度测量和密度测量没有影响。

（3）采用高灵敏、高效率的闪烁探测器，所需放射源的强度大大降低，使仪器的辐射安全性能得到可靠保证。

（4）研制了新型的自动稳峰技术，可对温度变化或元件老化等因素造成的仪器漂移进行补偿。具有极高的稳定性。

（5）测量的代表性强，可直接对工业管道进行测量，安装方便。

由于同位素仪表存在射线防护问题，国家管理严格，事先务必要到政府有关部门办理申报、审批手续。

9.1.3.2 压差式在线密度计

准确测量选煤厂浮选入料浓度，对指导浮选生产及自动测控具有非常重要的作用。虽然有些厂家已经使用了同位素密度计，由于存在射线防护问题，加之一些地方职能部门极其严格的管理手续和有些现场管理人员和使用人员对同位素放射源畏惧心理，使同位素密度计的应用受到一定限制。双膜盒密度计可以达到部分取代同位素密度计的效果，其精度能够满足浮选过程工艺参数自控系统的需求。压差式在线密度计由压力远传装置和差压变送器两部分组成。

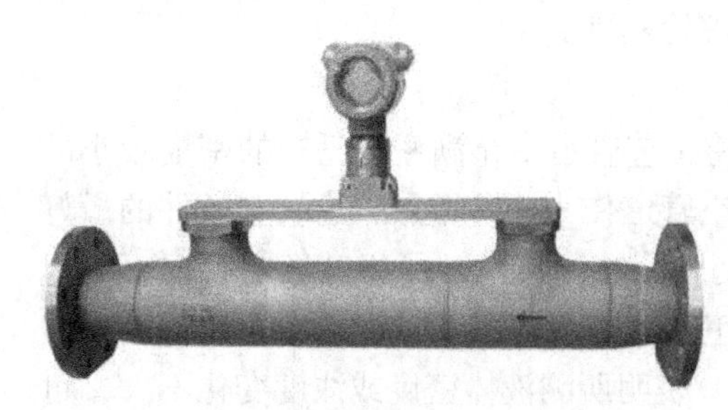

图 9-8 智能型在线压差密度计

A 智能型在线密度计组成

智能型在线密度计由压力检测远传装置、罗斯蒙特 3051CD 以及显示部件构成，如图 9-8 所示。一体化结构，两线制变送器，无活动部件，维护简单，安装使用方便。适用于检测流动或静止液体密度的连续在线测量，可直接用在生产工艺过程中进行过程控制。

B 智能型在线密度计原理

图 9-9 为智能差压密度计工作原理图。通过压力检测元件测得煤泥水管道中被测点压力，经智能差压变送器把测量的差压转换成标准电流信号，并进行相应的计算处理。此输出电流与差压成正比例关系。

由图 9-9 所示，B 点的压强：

$$p_1 = p + (h_1 + h_2)\rho$$

式中 p——大气压强，MPa；

ρ——被测煤浆密度，g/cm^3。

A 点的压强：$p_2 = p$

差压计输入差压：$\Delta p = p_1 - p_2 = (h_1 + h_2)\rho$，式中 ρ 可由下式求出：

$$\rho = 1 + \frac{(\delta - 1)q}{1000\delta}$$

因此，有 $\Delta p = (h_1 + h_2) + \dfrac{(h_1 + h_2)(\delta - 1)q}{1000\delta}$

令 $K_1 = h_1 + h_2, K_2 = \dfrac{(h_1 + h_2)(\delta - 1)}{1000\delta}$，则有：

$$\Delta p = k_1 + k_2 q$$

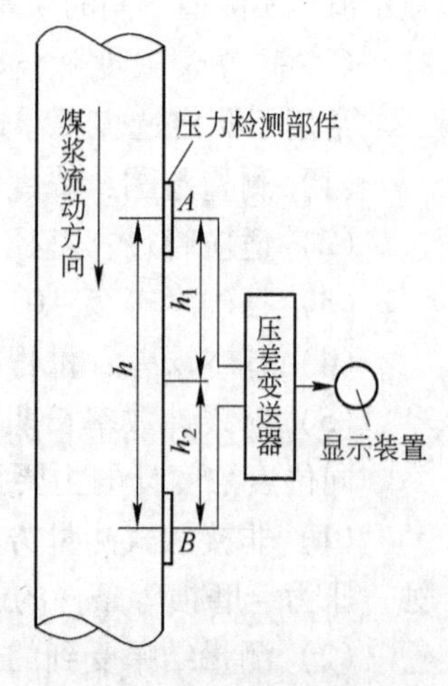

图 9-9 智能差压密度计工作原理图

可见，已知煤泥真密度时，只要确定了安装距离，测定输入的输入差压就可测量煤浆的浓度，与差压计的位置没有关系。因此，差压计输出的电流信号越大，说明差压越大，被测煤浆的浓度越高，反之亦然。$h_1 + h_2$ 为两个压力检测元件的垂直距离（即安装距离），由测量范围确定。

C 使用维护注意事项

测量装置要垂直安装，并且密度计两端外侧 500mm 内不能有变径和弯头。

防止腐蚀性或过热的被测介质接触温度传感器，尽量安装在温度变化小，无冲击和振荡的地方。

以上介绍的两种用于在线检测煤浆浓度的浓度计各有优缺点，同位素浓度计要求防护严格，但适用范围大，非接触式，安装方便，不管是浓缩浮选还是直接浮选都可以采用，且测量精度高。智能差压浓度计不存在防护问题，对浓缩浮选更适合些，测量误差不大；但对直接浮选浓度偏低的情况误差较大些。选用哪种浮选煤浆浓度计要根据具体情况而定。

9.1.4 液位检测

浮选过程中液位控制对浮选效果有重要的作用，过高或过低的液位均会对浮选产生不利影响，因此，浮选过程应检测浮选机的液位。由于泡沫对超声波具有较强的吸收作用，超声波液位计不能用于检测浮选机液位。目前选煤厂用于液位检测的方法主要有以下两种液位计。

9.1.4.1 压力液位计

压力液位计由传感器（探头、探杆和前置放大器）和二次仪表组成。仪表输出标准电流信号，可与其仪表配合实现液位的检测、调节和控制等。其工作原理是液体某一高度处的压力为液体密度与高度的乘积，在液体密度基本不变的情况下，可以测量某一高度的液体压力来反映液体的高度。该类液位计的优点是不在设备和容器内安装检测元件，不影响其工作。由于泡沫层的密度很小，产生的压力也很微小，因此可以消除泡沫对液位测量的影响。但这种液位计要求液面相对平稳，所以在二次仪表中采用短时间积分值来反映液位以消除这个因素的干扰。

9.1.4.2 电容式液位计

电容式液位计由传感器、前置放大器、二次仪表和辅助报警器等组成。一次传感器包括放大器壳体、电容绳、重锤、二次仪表包括箱体、电路板、电流表头。

放大器壳体为铝合金，体积小，重量轻，且具有良好的防尘、防水、防潮性能。电容绳采用聚四氟乙烯为绝缘的优质导线，不受腐蚀、高温等恶劣环境的影响。

二次仪表为抽出式结构，骨架上固定一个印刷版、结构简单。机箱采用标准箱体，配有固定架。面板上面设有电源开关、电源指示灯、上下限报警灯及电流表头。

电容液位计的测量原理是：当被测液体液位变化时，传感器两电极间的面积发生变化，传感器的电容量产生也相应变化，前置放大器将此电容值转换成相应的直流信号送到二次仪表放大，显示及 V－I 转换，将被测液位高度的变化转换为 4～20mA 电流信号的变化。

9.1.5 煤浆灰分检测

传统的快灰，工序复杂，结果滞后，不能适应对产品质量控制的需要。在线检测无需采样、制样，能快速准确地测出产品的灰分，可用于浮选自动化控制。煤浆灰分测量比煤炭灰分的测量难度要大，其主要原因是：煤浆具有浓度低，尤其是浮选尾煤浓度极低；煤浆不稳定，煤浆中含有气泡，特别是浮选精煤中含有大量气泡。因此，通常的煤炭在线灰分仪不能用于煤浆的灰分在线检测，必须使用煤浆灰分分析仪。

9.1.5.1 测量原理

煤浆灰分仪也采用 γ 射线法，γ 射线穿过煤浆时，强度要衰减，衰减程度取决于被透射煤浆的浓度、厚度和质量吸收系数，服从以下规律：

$$M = KM_0 e^{-\mu\rho D}$$

式中 M——分析槽中有煤浆时探测器在给定时间内由 γ 射线产生的计数；

M_0——分析槽中无煤浆时探测器在给定时间内由 γ 射线产生的计数；

K——影响 γ 射线散射的修正系数；

μ——煤浆对 γ 射线散射的吸收系数，cm^2/g；

ρ——煤浆的密度，g/cm^3；

D——γ 射线穿过的煤浆厚度，cm。

煤浆由煤粒、水、浮选药剂、泥沙和少量气泡等组成的气-固-液三相混合物，因此煤浆对低能 γ 射线的吸收 μ 分解为煤浆中各种成分对低能 γ 射线的吸收，即：

$$\mu = (1 - W_s)\mu_W + W_s(1 - A_d)\mu_{NA} + W_s A_d \mu_A$$

式中 W_s——煤浆中煤占有的质量分数，以小数表示；

A_d——煤浆灰分，以小数表示；

μ_W——煤浆中水对低能 γ 射线的衰减系数，cm^2/g；

μ_A——煤的灰分成分对低能 γ 射线的衰减系数，cm^2/g；

μ_{NA}——煤的非灰分成分对低能 γ 射线的衰减系数，cm^2/g。

结合上述两式可得到煤浆灰分计算公式：

$$A_d = \frac{\ln\frac{KM_0}{M} - \rho D\mu_W}{\rho D W_s(\mu_A - \mu_{NA})} + \frac{\mu_W - \mu_{NA}}{\mu_A - \mu_{NA}}$$

可见，煤浆灰分不仅与$\frac{M_0}{M}$有关，还与煤浆密度和煤浆中煤的质量分数 W_s 有关。只要测得低能 γ 射线穿透煤浆时计数的变化$\frac{M_0}{M}$，煤浆密度 ρ 和煤浆中煤的质量分数 W_s，就可以求得煤浆的灰分 A_d。

当煤浆中含有一定量的气泡，水的密度视为 1 时，W_s 由下式计算：

$$W_s = \frac{\delta(\rho - 1 + P_v)}{\rho(\delta - 1)}$$

式中 P_v——煤浆中空气占有的体积百分数，以小数表示；

δ——煤泥的真密度，g/cm^3；

ρ——煤浆的密度。

9.1.5.2 煤浆测灰仪组成

煤浆测灰仪主要由分析槽、放射源、探测器和脉冲幅度分析计算机组成，如图9-10所示。放射源和探测器分别置于煤浆分析槽的两侧，从不同放射源发出的射线所使用的探测器也不同，探测器是由闪烁晶体和光电倍增管组成的闪烁探头，共有三对。一只闪烁探头记录来自^{137}Cs的中能γ射线，用于测量煤浆的密度；第二只闪烁探头记录来自^{241}Am的低能γ射线，用于测量煤浆的灰分；第三只闪烁探头记录来自Am-Be中子源在煤浆中慢化的中子，用于测量煤浆中的气泡含量。测量煤浆的密度和气泡空隙度的目的是消除它们对煤浆灰分测量的影响。γ射线和中子分别在探头中被转换成为电脉冲信号，通过电缆传送到脉冲幅度分析计算机，进行脉冲幅度分析，以得到有关煤浆灰分值的信息，再经过计算，最后得到煤浆的灰分。

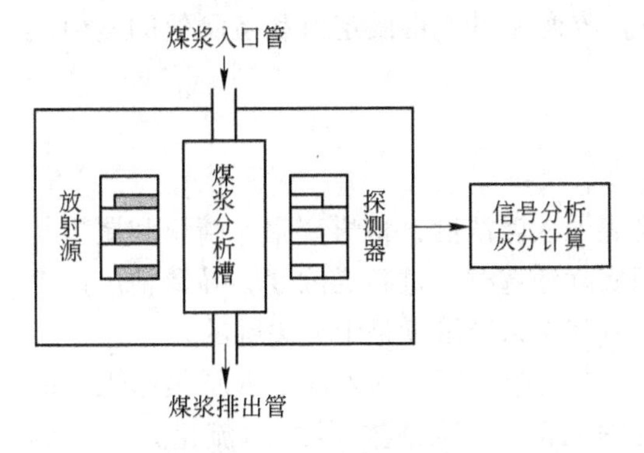

图9-10 煤浆测灰仪

9.1.5.3 防护及安全使用

（1）放射源属于有害物质，用户必须指定专人负责，严防丢、盗、撒、漏等事故。暂时不用的放射源，应关闭辐射孔后送到专门的库房，由专人负责保管。

（2）把辐射源装入工作容器，对射线源工作容器的装卸、运输以及探测装置的检修，都要由指定的人员来完成。

（3）在发生射线事故时，应该及时通知或报告有关人员和部门。

9.2 浮选过程参数的自动控制

浮选效果取决于多个因素的影响，在浮选过程一般只对入料量、入料浓度和浮选药剂用量以及浮选机液位进行自动控制。

9.2.1 入料量控制

无论是浓缩浮选煤泥水原则流程还是直接浮选煤泥水原则流程，对入料量的控制都是针对原煤浆而言的。直接浮选由于缓冲池一般容积有限，来自于重选系统的煤泥水来多少，浮选系统就要处理多少，因此浮选入料量一般只用一台原煤浆流量计来测量。浓缩浮选的浮选机入料量由原浆（浓缩机底流）、补加稀释水和滤液组成，检测它的流量计配置，如图9-11所示。

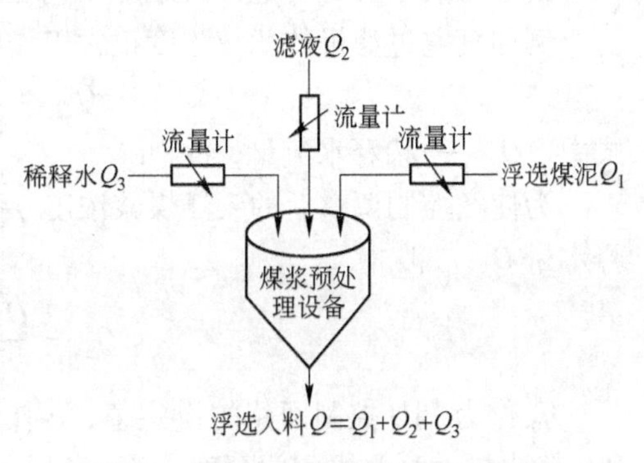

图9-11 浮选入料流量计配置示意图

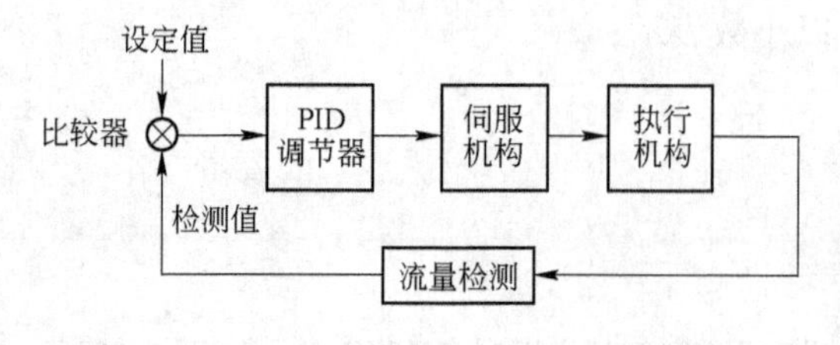

图 9-12 入浮流量控制原理图

浓缩浮选的特点是缓冲能力大，浮选系统相对独立，故浮选入料量的控制一般采取煤浆管道闸阀控或底流泵变频控制。控制原理如图 9-12 所示。

图中设定值和检测值的差值经 PID 运算，输出信号给伺服机构作为给定信号，控制执行机构动作（执行机构是拖动管道闸阀的电控液动执行器或电动执行器或底流泵的变频器），改变流量使得设定值和检测值的差值趋近于零，系统达到平衡。

9.2.2 入料浓度控制

煤浆浓度对煤泥浮选同样有重要影响，提高煤泥入浮浓度，精煤产率、精煤和尾煤灰分也相应增加，浓度过高时其变化比较平缓。但实际浮选时，过高的浓度会导致精煤产率下降，精煤灰分增高，尾煤灰分下降。因此，控制浮选入料浓度是十分关键的。

浮选入料浓度一般用固体含量（g/L）表示。直接浮选工艺的入浮浓度就是原煤浆的浓度；浓缩浮选的入浮浓度 q 是计算机根据总的入浮干煤泥量除以总的流量计算得到的，即：

$$q = \frac{Q_{干煤泥}}{Q_{总}}$$

式中 q——煤浆固体含量，g/L；

$Q_{干煤泥}$——入浮干煤泥量，t/h；

$Q_{总}$——进入浮选机的总流量，m^3/h。

其中：

$$Q_{干煤泥} = \frac{Q_1 \cdot q_1 + Q_2 \cdot q_2}{1000}$$

式中 Q_1——煤浆流量，m^3/h；

Q_2——滤液流量，m^3/h；

q_1——煤浆浓度，g/L；

q_2——滤液浓度，g/L。

由于滤液中含有气泡，其浓度不易准确测出，故滤液浓度可根据实际情况给出一定值，例如真空过滤机的滤液浓度正常工作时在 30 ~ 50g/L 之间。

$$Q_{总} = Q_1 + Q_2 + Q_3$$

式中 Q_3——稀释水流量，m^3/h。

为使经控制调整后的入浮煤浆浓度 q 等于要求的入浮浓度 q_0，则须按下式算出应加稀释水量 Q_3，即：

$$Q_3 = \frac{Q_{干煤泥}}{q_0} - Q_1 - Q_2$$

q_0 作为 PID 控制回路的设定值，q 作为测量值，此处 PID 是正作用，即当 $q > q_0$ 时，PID 输出增大稀释水阀门开度；当 $q < q_0$ 时，PID 输出减小稀释水阀门开度。从而使实际

入浮煤浆浓度等于要求的入浮浓度。控制原理如图 9-13 所示，执行机构是控制稀释水管道上闸阀的电控液动执行器或电动执行器。

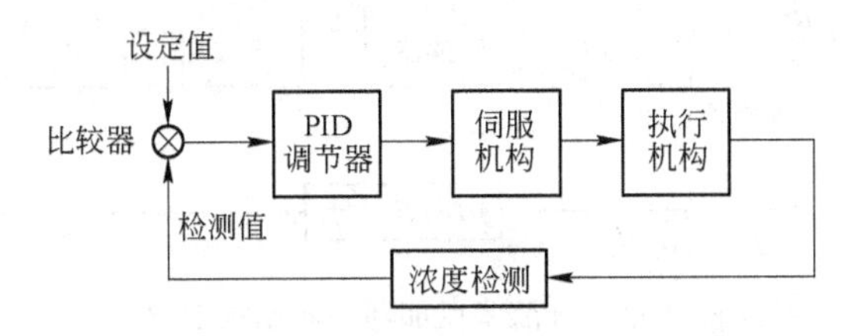

图 9-13 入浮煤浆浓度控制原理图

9.2.3 药剂自动添加系统

浮选药剂的自动添加是浮选自控系统的核心，根据入浮流量和入浮煤浆浓度，自动给出浮选剂添加量的设定值是自控系统的关键。在同一入浮浓度时，浮选剂的添加量和实际入浮的干煤泥量成正比。添加量随入浮干煤泥量的变化而变化，达到动态跟踪。

药剂量是根据进入浮选的固体物料量来确定，固体物料量可由流量与浓度的乘积得到。单位重量的固体物料量所需消耗的药剂量以及起泡剂与捕收剂的配比通常是根据经验来确定数据。药剂添加量的自动控制系统一般为开环控制系统，也可采用闭环控制。

9.2.3.1 药剂添加量开环自动控制系统

图 9-14 开环自动控制系统，煤浆流量和浓度作为输入信号送入乘法器，将其相乘后变换为相应的电压信号，再经 V/f 转换电路，变换频率与之对应的脉冲信号，经整形放大后输出至步进电机。步进电机按脉冲数步进运转，步进电机又驱动齿轮泵加药。齿轮泵的加药量正比于步进电机的转速，而步进电机的转速又正比于输入脉冲频率，脉冲频率正比于进入浮选的固体物料量（流量与浓度的乘积）。因此，齿轮泵的加药量正比于进入浮选的固体物料量。当固体物料量增加时，乘法器输出电压增大，频率增大，脉冲整形后放大电路输出的脉冲频率也随之增加，步进电机速度加快，使齿轮泵的加药量增加。反之，当进入浮选的固体物料量减小，齿轮泵的加药量也随之减小，从而实现加药量的自动控制。

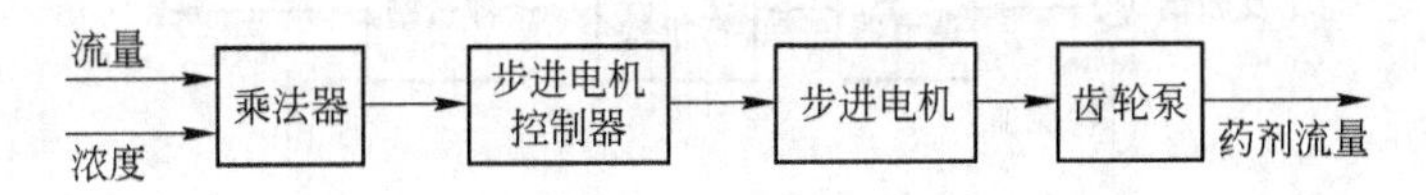

图 9-14 药剂添加量开环自动控制系统框图

9.2.3.2 分散多点加药控制装置

开环控制系统的控制精度不高，图 9-15 为一种分散多点加药闭环控制系统。这种控制系统改一点加药为多点加药，每台浮选机加药点用电磁阀控制加药剂量，并通过差压式流量计检测药剂流量，形成闭环控制系统，因而可以提高加药精度。

该系统的药剂流量采用差压式流量计来检测，在药管中插入适当厚度和孔径的节流孔

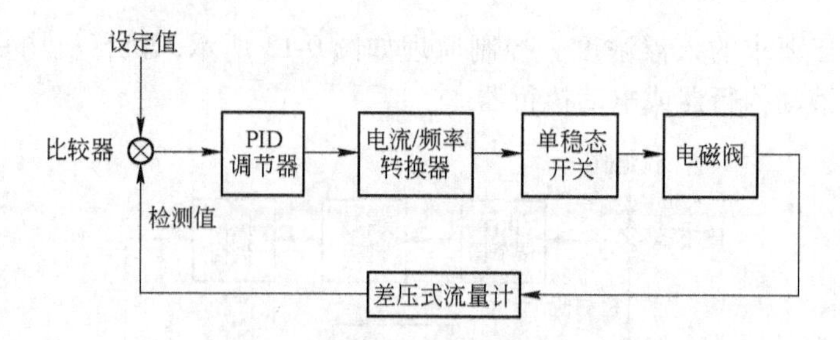

图 9-15　分散多点加药控制系统框图

板，用差压计测量节流孔板前后的压差来反映管路中的药剂流量。药剂的添加由电磁阀来控制，电磁阀由单稳态开关来控制。

系统工作原理：原矿浆流量与原矿浆浓度送入乘法器运算，其结果（代表固体物料量）作为药剂添加量的给定值。由差压式流量计检测出的药剂实现添加量与给定值比较，偏差信号送入 PID 调节器，调节器输出相应的电流（4 ~ 20mA），经电流频率变换装置变换成相应频率的脉冲信号，送入单稳态开关电路，控制电磁阀加药。

当进入浮选的固体物料量不变时，则药剂添加量的给定值不变。

当药剂流量检测装置检测到的实际药剂添加量小于给定值时，则 PID 调节器输入正偏差，其输出电流增大。经变换电路使其输出脉冲的频率增加，电磁阀打开次数增多，从而加大药剂添加量、直至药剂的实际添加量与给定值相等时，PID 调节器输出电流保持不变，变换电路输出脉冲频率保持不变，电磁阀加药量保持稳定。当实际药剂添加量大于给定值时，其调节过程与上述过程相反，最终也是使实际添加量和给定值相同。

9.2.4　浮选机液位控制

图 9-16 所示为浮选槽液位自动控制系统框图，主要由液位检测装置、调节器、执行机构等部分组成。常用的液位检测装置主要有电极、浮球、测压管等多种；执行机构可以用电动执行机构，也可以用电控风动（或液动）执行机构，调节量为尾矿的排出量。

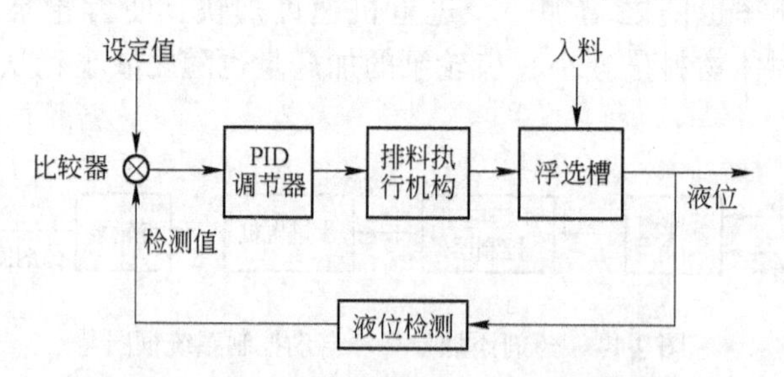

图 9-16　浮选槽液位自动控制系统框图

当矿浆入料和尾矿排出量均稳定时，浮选槽液位等于给定值，执行机构不动作，排料口适中，液位保持不变。当液位检测装置检测到浮选槽实际液位升高而大于给定值时，调节器输入负偏差，输出电流增大（调节器调至“反”作用状态），执行机构动作，使尾矿排料阀门开度加大，排料流量增大，液位降低。直至液位降至给定值时，调节器输入偏差为零，输出保持不变，执行机构不再动作，排料闸门开度不变。反之，当液位低于给定值时，调节器输入正偏差信号，输出电流减小，执行机构减小排料闸门开度，减小排料流量，使液位升至给定值。从而实现浮选槽液位自动控制。

9.3 浮选自动控制系统

浮选是一个涉及气-固-液三相的复杂物理化学过程，影响因素很多，因此，浮选过程的自动控制系统较为复杂，是一个多变量的控制系统，控制原理如图 9-17 所示。

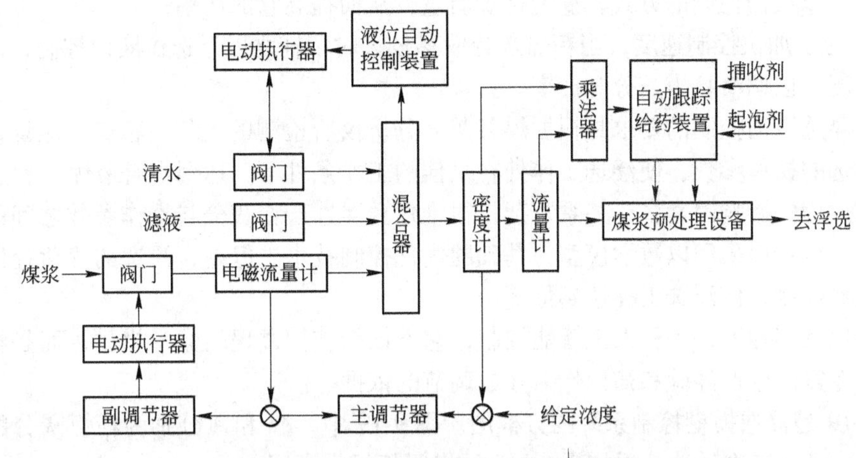

图 9-17　浮选工艺参数自动控制系统图

煤泥浮选自动检控系统的目的是在保证精煤质量指标的前提下，最大程度地提高浮选精煤的产率；减少浮选剂的用量；监视、记录和统计浮选的生产指标。要达到这些目的，浮选自动检测与控制系统需要实时检测浮选入料和精煤、尾煤的质量，建立以稳定精煤灰分为目的的煤泥浮选闭环控制系统。这个系统的原理框图如图 9-18 所示。

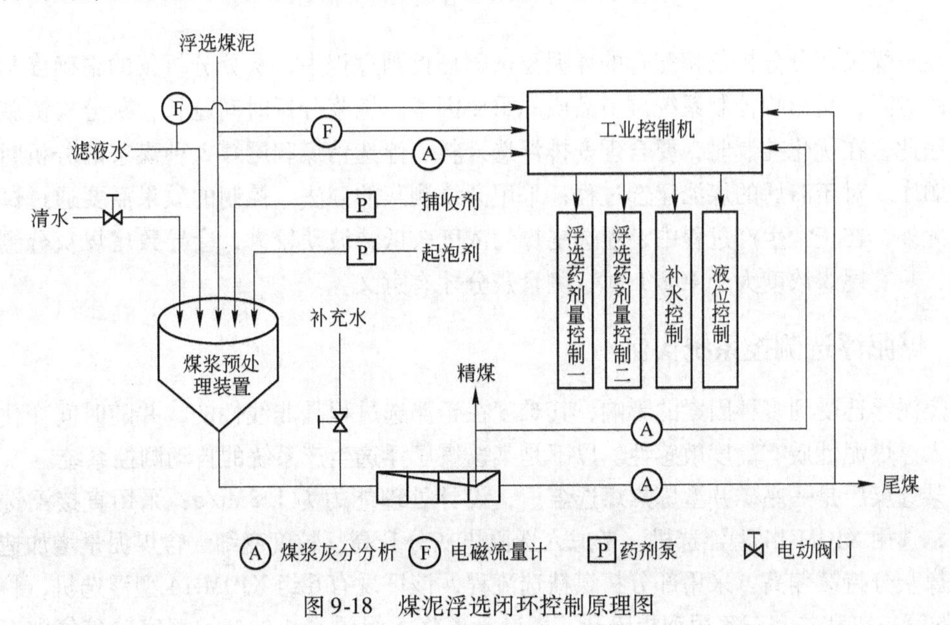

图 9-18　煤泥浮选闭环控制原理图

图 9-18 中煤浆灰分分析仪是一套仪表，采用旁线方式分别检测原煤浆、浮选精煤、

浮选尾煤的灰分。该控制是在前馈控制基础上通过检测出的浮选产物灰分反馈修正前馈控制输出值，实现闭环控制的。

煤泥浮选闭环控制包括以下三种功能：

（1）根据浮选入料浓度、流量和滤液量，采用前馈控制，用自动阀门调节稀释水量，以保持浮选入料的设定浓度；

（2）根据浮选入料量及其灰分，确定和调节浮选剂的用量，并根据精煤灰分，改变浮选剂用量，以反馈控制的方式，稳定精煤质量，从而提高它的产率；

（3）为了加快控制速度，当精煤灰分偏移较大时，辅之以浮选机液位控制，改变浮选机液位高度，以调节精煤灰分和产率。

煤泥浮选自动控制的要求是根据煤浆灰分分析仪所检测的入料、精煤、尾煤灰分，反馈控制浮选的操作参数，使浮选工作处在最佳的工作条件下，达到实时最优。

浮选过程的影响因素多，关系复杂，很难建立浮选产物灰分与操作参数之间的数学模型，所以，也难以采用以数学模型为基础的优化控制技术。但是，浮选的优化控制可以采用模糊逻辑控制，使浮选工况达到最优。

模糊控制实际上是一种人工智能控制，它不依赖被控过程的数学模型，而是将现场操作人员和专家的生产经验和知识作为参数调节的依据。

图9-19是浮选模糊控制系统的方框图。图9-19中，As 和 A 分别为精煤灰分的设定值和实测值，Q 为二次浮选剂添加量，L 为尾煤闸板提升高度。

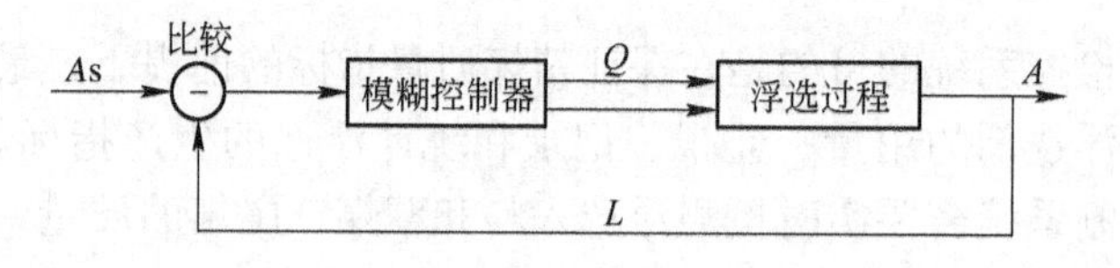

图9-19　浮选模糊控制系统方框图

在与煤浆灰分分析仪相配合的煤泥浮选闭环控制过程中，灰分分析仪的精确度与测灰所需的时间，是影响控制系统调节品质的重要因素。煤浆分析时间越长，灰分检测就越准确。因此，在优化控制时，要合理安排浮选入料、浮选精煤和尾煤3种煤浆的分析时间和分析顺序。对于滞后的煤泥浮选过程，采用旁线测灰的办法，控制的效果需要通过试验确定。此外，在正常生产过程中，浮选尾煤的浓度较低，波动较大，会导致尾煤灰分测量不可靠，只有尾煤浓度大于40g/L时，测量灰分才有意义。

9.4　煤泥浮选测控系统实例

煤泥浮选受到多种因素的影响，其难度在于浮选过程是非线性的，并随时间变化，同时对入浮煤泥性质有高度敏感性。以下是某选煤厂浮选生产系统的自动测控系统。

某选煤厂是一座矿井型炼焦煤选煤厂，设计处理能力为1.8Mt/a；采用直接浮选工艺流程，选用XJQM-14型浮选机。考虑入选原煤灰分升高、粒度变细、含煤泥量增加造成浮选精煤灰分持续偏高。采用部分精煤精选流程，该厂现有6组XJQM-14型浮选机，将其中5组的第一室和二、三室用钢板隔开，增设管道将5组浮选机的二、三室精矿集中，由圆盘过滤机溢流泵将其输送到另一组浮选机进行精选。能够有效地降低浮选精煤灰分。

浮选系统药剂人工添加很难准确计量，不是大就是小，既浪费了浮选剂又不能保证精煤质量。因此通过调研、考察，决定采用浮选工艺参数自动测控系统。

9.4.1 浮选生产主要工艺参数的在线检测

（1）入浮煤浆量。在集料池出口到矿浆预处理器的两根管道上设置两台直径400mm的电磁流量计，两台电磁流量计的流量之和即为煤浆入料量。

（2）入浮煤浆浓度。在两根原煤浆入料管道上设置两台双膜盒（无射源）浓度计，用于检测其浓度。

（3）入浮干煤泥量。通过入浮流量及入浮煤浆浓度，由计算机自动计算出入浮的干煤泥量。

（4）浮选剂添加量。为了达到浮选剂添加自动跟踪入浮干煤泥量，利用专利技术在捕收剂和起泡剂两根管路上都安装能够测量脉动微小流量的测量装置，来分别在线计量两种浮选药剂的实际添加量。

9.4.2 浮选工艺参数测控系统设计

9.4.2.1 系统设计

系统框图如图9-20所示，检测控制系统的核心是西门子S7-200XP可编程控制器，它负责完成浮选工艺过程数据的采集和算法的运算，采集各工艺过程参数，控制各执行机构动作。工控计算机可以动态显示浮选工艺过程及各参数的动态数据；同时还给操作人员提供一个操作平台，操作人员可以通过工控计算机实时地修改工艺控制过程中的工艺参数，并可以远程手动干预自动控制过程。

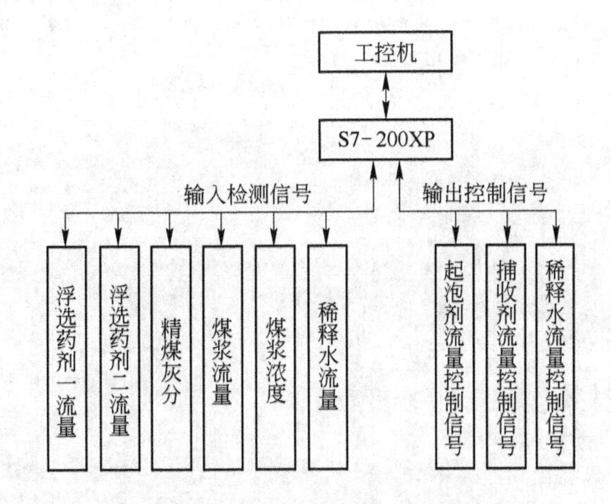

图9-20 浮选工艺过程控制系统框图

9.4.2.2 硬件配置及选型

主要设备选择如表9-1所示。

表 9-1 设备清单

序 号	名 称
1	西门子 plc（s7-200）
2	研华工控机
3	杭州兴龙螺杆泵
4	澳大利亚阿姆德尔数字式密度计
5	开封仪表厂电磁流量计
6	天津阀门厂电动调节阀
7	射线灰分测量仪

9.4.2.3 控制系统监控画面设计

控制软件采用 Ifix3.5 组态软件，浮选工艺参数采用可视化设计，参数观察一目了然；系统控制采用人工智能算法，避免了 PID 控制算法的振荡性，使浮选药剂跟踪速度更快、更稳且控制精度高；人机界面丰富，有参数界面、流程界面、实时曲线、历史曲线、实时报表、历史报表等，可满足各种生产及管理需要。图 9-21 为浮选工艺参数测控系统主画面。

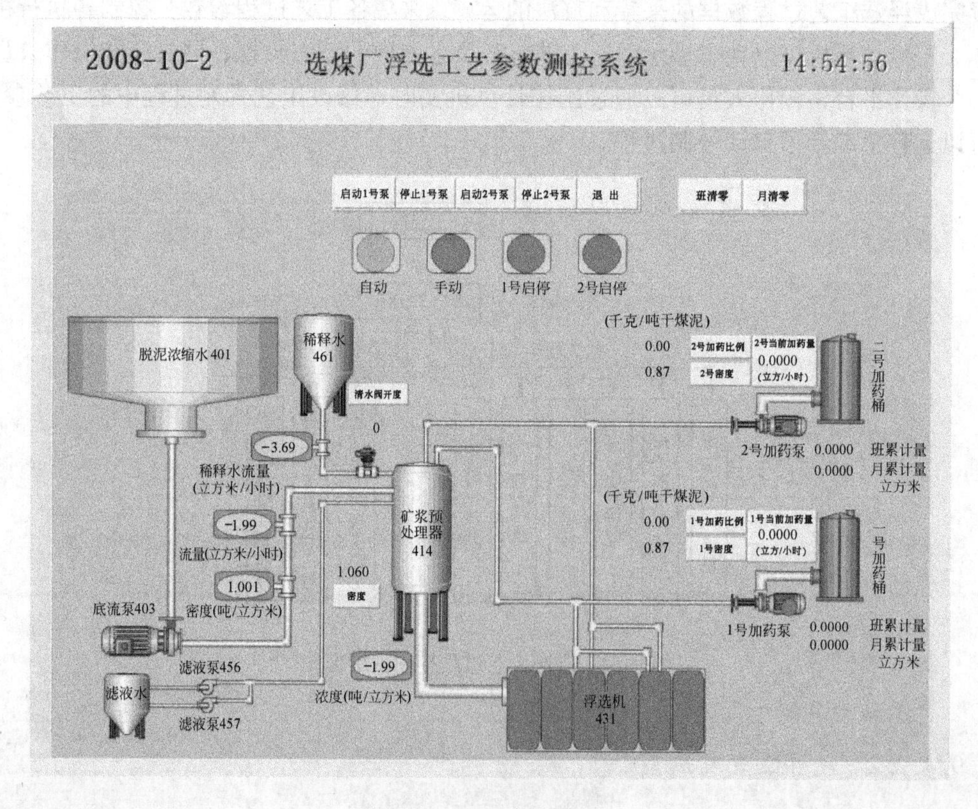

图 9-21 浮选测控系统

9.4.2.4 自动测控系统功能

A 自动/手动切换

系统可以方便地进行手动与自动控制之间的切换，这一功能主要用于药剂制度的测试分析，以及检测控制系统故障或检修，使用手动控制以维持生产的正常进行。在系统控制柜上设有一个自动/手动切换开关。

B 系统故障的快速诊断功能

控制系统具有快速诊断功能，一旦系统发生故障，不能正常工作，可以将转换开关转入诊断状态，这时系统各部分断开，由指示灯显示各部分的状态，以便快速排除故障。

C 根据入料性质改变药剂制度

当入选原煤的性质发生变化时，煤泥水的性质也会随之变化，因此絮凝剂的添加量也会变化，系统可以方便地改变阴阳离子的设定值，并可以存储多种煤质条件下的药剂制度供选择。

D 工艺参数的动态显示

可以动态显示主要工艺参数：

入料矿浆浓度、入料流量、溢流水浊度；调节输出即计量泵的频率显示；变频器运行、电源指示。

E 故障报警功能

系统故障检测、报警；变频器故障报警；溢流水浊度超限报警；入料流量、浓度超载报警。

F 数据处理功能

系统通过上微机系统可以对控制系统的过程参数处理：数据存储、过程参数查询和数据打印。

G 网络功能

9.4.2.5 操作

首先给控制系统送电，开启控制主机，系统将会自动进入控制画面；手动/自动旋钮转换到自动状态；此后，浮选剂添加量就会自动跟踪入浮干煤泥量。

正常使用时，操作人员可通过控制主界面上的参数调节窗口调节药比系数，改变加药量。在“自动”状态下，既可以同时改变“捕收剂”和“起泡剂”的药比系数，也可以单独调节“捕收剂”和“起泡剂”的比例系数。

浮选剂添加量若在“手动”状态时，不受计算机输出的信号控制，操作者可通过调整硬件电路“给定电位器”改变添加量，或将操作柜内的“智能加药器”打到手动状态，直接通过加药器改变添加量。

9.4.2.6 自控系统效益

采用该自动控制系统后，浮选生产过程中使用的捕收剂和起泡剂耗量分别下降了0.11kg/t和0.082kg/t。同时提高了浮选精煤的差率，降低了精煤灰分。

浮选自控系统还可以降低操作者的劳动强度，改善工作环境，一改以前凭经验操作和人工取样的方法，提高了自动化水平，便于生产管理，具有明显的社会效益。

10 微细煤泥的分选技术

浮选是分选 -0.5mm 粒级煤泥最为有效的方法，但是浮选过程中气泡提升力有限，粒度过大的煤粒损失在尾煤中；粒度过小，则由于颗粒的总表面积增大，颗粒之间的相互作用增大，降低了浮选过程的选择，浮选分离效率大大降低。

随着机械化采煤的发展以及煤炭资源地质条件的恶化，煤泥的粒度趋于减小，极细煤泥（小于 74μm 的煤泥）含量增大。一些选煤厂 0.5mm 以下的煤泥占入厂原煤量 30% 左右，其中小于 74μm 的含量占浮选料量 60% 以上，有的甚至高达 90%，煤泥的可浮性变差，浮选工艺效果严重恶化，对整个选煤厂造成不利影响。

微细煤泥的分选通常有以下几种方法。

10.1 煤炭的选择性絮凝分选

煤炭的选择性絮凝主要用于生产超纯煤、脱除黄铁矿。选择性絮凝是一种较为理想的极细粒煤泥分选方法，具有投资低、运行维护费用低、脱灰脱硫效率高的特点。

选择性絮凝分选是利用矿浆中不同矿物组分表面物理化学性质的差异，通过添加絮凝剂选择性地在某个组分表面优先吸附，然后通过高分子絮凝剂的“架桥”作用，将该组分的细颗粒絮凝成团，其他组分仍然悬浮分散在矿浆中。选择性吸附和絮团初步形成后通过搅拌或液流来进行絮团的调整，以减轻絮团中夹带或卷裹进的非絮凝相颗粒。经过调整后的矿浆通常分为两层：以絮团为主的底层和以非絮凝相颗粒与液体介质为主的悬浮层。两层的分离方法可采取倾析、虹吸、筛分、重力沉降、离心分离、浮选或气浮法分离等。选择性絮凝分选过程如图 10-1 所示。

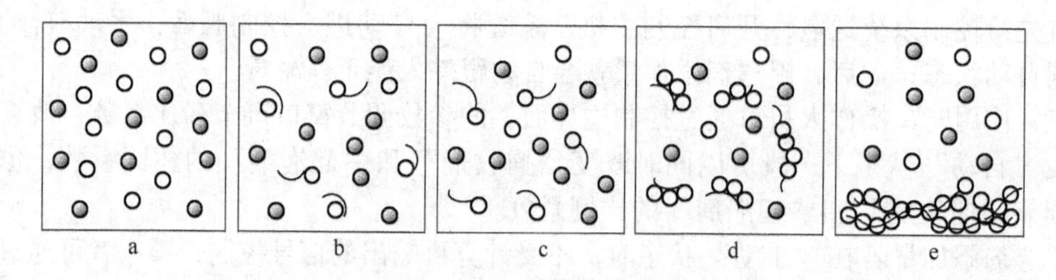

图 10-1　选择性絮凝各阶段示意图

a—分散的固体；b—加入絮凝剂；c—絮凝剂的选择性吸附；d—选择性絮凝；e—沉降和分离

选择性絮凝分选体系中，同时有分散、絮凝两个作用。为了使两种不同组分进行分离，必须使其中一种组分呈分散状态，另一种组分则起絮凝作用。通常需要添加两种或两种以上的药剂，其中一种为分散剂，吸附在一种组分的表面上，使之稳定地处于分散状态；另一种为絮凝剂，吸附在另一种组分的表面上，使之进行絮凝。这种选择性的吸附作用是由矿物表面的性质差异而造成的。

10.1.1 选择性絮凝分选工艺

选择性絮凝分选工艺大体包括：(1) 矿浆分散；(2) 絮凝剂选择性吸附及形成絮团；(3) 絮团的调整，形成符合后续分离过程所要求的絮团，并使絮团中夹杂物减至最小；(4) 从悬浮液中分离絮团。

(1) 选择性絮凝前的矿浆分散。矿粒间无选择性的互凝是微细粒选择性絮凝分选的重要障碍，为克服此障碍，必须对矿浆预先进行分散处理。一般采用化学方法，即添加分散剂使矿浆分散。常用的分散剂有聚偏磷酸钠、水玻璃、氢氧化钠、碳酸钠和氟化钠等，其他有机大分子抑制剂，如单宁、木质素磺酸盐、腐殖酸钠和聚丙烯酸酯等，在一定条件下，也均有明显的分散作用。实践表明，混用分散剂较单用分散剂常可获得更佳的分散效果。

煤泥选择性絮凝剂多为合成的高分子化合物，如聚丙烯酰胺及其改性产品，分散剂可用六偏磷酸钠、羧甲基纤维素钠盐和聚黄原酸盐等。

矿浆分散除化学方法外，也可采用强烈机械搅拌和超声波分散等物理方法。其中后者更为有效，已在实验室条件下广为应用，但由于受能源和分散作用条件苛刻的限制，工业化应用尚有一定困难。

(2) 絮凝剂选择性吸附及形成絮团。选择性絮凝工艺类似于泡沫浮选，其总原则在于提高过程的选择性。因此，从混合的悬浮液中优先絮凝何种矿物，是选择性絮凝工艺设计中首先要考虑的问题。此外，还要考虑被絮凝和被分散矿物之间在表面性质上的差异，使高分子絮凝剂与矿物之间的相互作用具有最大的选择性。如用具有疏水性基团的表面活性聚合絮凝剂时，其絮凝对象应以选择疏水性矿物最为理想，必要时预先添加表面活性的捕收剂，以增大絮凝和分散矿物之间表面润湿性的差异，提高絮凝过程的选择性。

(3) 絮团的调整。絮团调整的目的在于：形成的粒度、结构和强度符合下一步与悬浮体分离所要求的絮凝体；尽量减少絮凝体内的夹杂，以提高过程的选择性。

尽管选择性絮凝过程中絮团的形成与药剂作用等化学因素密切相关，但絮团的生长和破坏在很大程度上又与搅拌槽中流体动力学调整作用分不开。适当搅拌可增加颗粒碰撞的几率，克服颗粒间的排斥势垒，有利于颗粒的相互接近；但过强搅拌又会使絮团碎裂而对絮凝不利。为解决夹杂问题，一般应保持适度的搅拌和较低的矿浆浓度。选择性絮凝分选的矿浆浓度一般在10%左右，过高的固体含量可能导致严重的机械夹带。

为了减少机械夹带，提高絮团质量，可将絮团进一步清洗。必要时也可将絮团再分散，重新絮凝一、二次，甚至多次，以获得高质量合格产品。为使絮团再次分散，可再次添加分散剂或用超声波解絮凝，然后现补加少量絮凝剂，使之重新絮凝。

(4) 絮团和分离。絮团与悬浮液的分离可用典型的物理方法，如沉降脱泥，磁选，甚至筛分法，有时也可用絮团浮选法。

絮团的浮选分离是以絮团具有一定的疏水性为前提，如絮凝浮选微细煤泥。

10.1.2 煤炭的选择性絮凝

美国、加拿大、澳大利亚、中国等采用选择性絮凝分选煤浮选极差的细粒煤泥，可燃体回收率在85%以上，无机硫脱除率为85%，如果采用多段选择性絮凝分选，则分选效

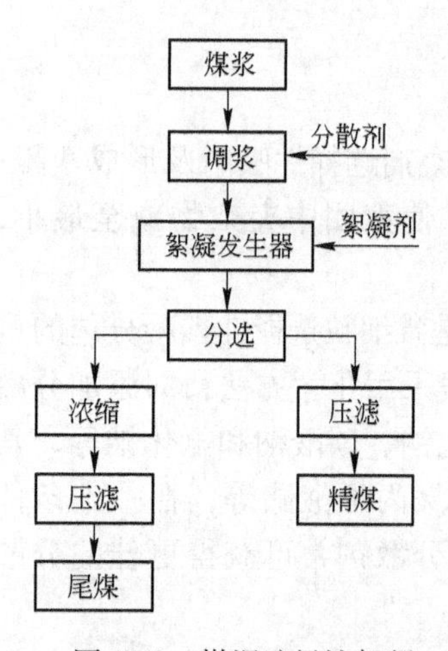

图 10-2 煤泥选择性絮凝分选工艺流程

果会更佳。

煤炭选择性絮凝用于煤炭的浓度脱灰，制备超净煤，也可用于脱除煤中细粒嵌布的黄铁矿。选择性絮凝分选来脱除煤中黄铁矿硫时，由于黄铁矿的密度大，如果采用沉降法来分离煤絮团，黄铁矿颗粒易和煤絮团一起沉到设备底部，难以高效的分离。一般采用浮选法来进行絮团分离，即通过浮选将絮团浮出，黄铁矿留在尾煤中，即选择性絮凝—浮选的联合流程，这种工艺流程可用于极细嵌布黄铁矿硫的脱除。煤泥的选择性絮凝分选一般工艺流程如图 10-2 所示。

蔡璋对八一、大屯、东城和庞庄等选煤厂小于 0.5mm 的煤泥细磨后进行选择性絮凝分选，可以得到灰分在 11.5% ~13% 之间，产率为 80% ~85% 的精煤产品。而实际生产中浮选精煤灰分在 16% ~17% 之间。

蔡璋、刘红缨等采用选择性絮凝分选中梁山和林东矿高硫煤样，试验结果如表 10-1 所示。实验表明：对于细粒和极细煤泥，选择性絮凝分选具有较高的脱硫效率。中梁山硫分从 2.19% 降至 0.5% 左右，林东矿煤从 2.32% 降至 0.7% ~0.8%。

表 10-1 选择性絮凝分选高硫煤的实验结果

煤 样	精 煤			尾 煤		脱硫完善度	黄铁矿硫
	产率/%	$S_{p,ad}$/%	A_{ad}/%	产率/%	$S_{p,ad}$/%	η_{ws}/%	脱除率/%
中梁山煤泥	47.53	0.47	11.34	52.47	3.75	51.47	89.80
A_{ad} =25.29%	58.61	0.53	11.57	41.39	4.54	61.26	85.82
$S_{p,ad}$ =2.19%	52.24	0.49	11.41	47.76	4.05	55.92	88.31
林东煤泥	60.55	0.67	8.74	38.45	4.85	57.22	82.51
A_{ad} =25.29%	63.01	0.72	9.07	36.39	5.02	58.29	80.26
$S_{p,ad}$ =2.19%	60.12	0.73	9.02	39.88	4.72	54.75	81.08

为提高煤泥选择性絮凝分选脱硫效果可以在絮凝过程中添加少量黄铁矿抑制剂，可作为煤系黄铁矿抑制剂有无水亚硫酸钠、重铬酸钾、高锰酸钾、巯基乙酸和聚黄原酸盐等。其中黄原酸基对黄铁矿有特殊的亲和力，可使黄铁矿有效分散，而对煤和脉石不起作用。

10.1.3 煤炭选择性絮凝分选的影响因素

影响煤炭选择性絮凝分选效果的因素主要有以下几个方面：

（1）解离度。如果煤同黄铁矿或灰分物质的连生体多，则选择性絮凝同任何一种分选方法一样，也是无能为力的。

（2）煤的变质程度。煤表面物理化学性质与煤变质程度有关，不同煤种，其表面物理化学性质不同，表面疏水性不同，絮凝剂或分散剂在其表面的选择性不同。中等变质程度的焦煤，含氧官能团数量少，表面疏水性强，药剂对它的选择能力较强。此外，新鲜煤表面疏水性好，药剂对其选择性也较好，分选效果较好。

（3）分散剂类型及用量。在絮凝过程前，矿浆中的颗粒必须处于很好的分散状态，以减小夹杂。为增强矿物颗粒的分散，须添加分散，以选择性地吸附在矿粒表面，亲水的或多个带相同符号电荷的极性基团朝向矿粒之外，使矿粒间产生排斥力，形成分散状态。一般情况下，相同类型的聚合物分散剂，其分子量越小，分散作用就越好。不同类型的分散剂，由于极性基团的不同，其分散能力不同。另外，分散剂用量取决于其产生排斥力的强度。

（4）絮凝剂类型及用量。絮凝剂多为大分子量的有机絮凝剂，分子量越大，分子链越长，在矿物表面的吸附力能也越强，絮凝效果就越好。

絮凝剂用量取决于其在颗粒表面的覆盖程度，过量添加反而会导致微粒分散。

（5）pH 值。为保持两种（或两种以上）不同类型颗粒处于分散状态，颗粒表面应带同种电荷，并具有较高的电荷量。矿浆中颗粒的电性及电荷量取决于矿浆的 pH 值。煤与灰分矿物多在酸性介质中存在零电点，在零电点后随 pH 值增加，颗粒的电荷量增加（电性为负），此时，随 pH 值的增加，选择性絮凝效果变好，随着 pH 值的进一步增加，溶液越来越呈酸性，由于 OH^- 的吸附和表面基团的电离使煤表面疏水性降低，影响了絮凝的选择性，此时分选效果随 pH 值的增加而降低。

（6）煤浆浓度。煤浆浓度对分选效果有较大的影响，浓度过高，易造成不同组分颗粒的相互夹带，造成目的矿物的损失和污染，特别在使用长链高分子聚合物作为选择性絮凝剂时，由于桥联作用，夹带作用影响更严重。煤浆浓度过低，需添加更多的药剂，否则由于聚合物与颗粒的吸附力弱而使絮凝减小。

（7）调整时间。为使矿物颗粒能够在液相中充分分散，添加分散剂后，分散剂需与颗粒有一段作用时间。时间过短，颗粒未能完成与分散剂的作用；时间过长，由于搅拌作用，使已经与颗粒进行作用的分散剂从颗粒表面脱落，影响分散效果。

絮凝剂调整时间对絮凝的影响也很大，调整时间短，絮凝剂吸附不均匀会导致选择性絮凝效果变差。

10.2　煤炭的选择性聚团分选

选择性絮凝具有诸如机械夹带、对矿浆的离子变化敏感、极稀矿浆分选等一些弱点，因而限制它的实际应用。如果使颗粒选择性疏水化而形成疏水絮团，然后用常规的泡沫浮选分离就可以较好地避免这些缺点。

选择性聚团浮选是在适当的矿浆 pH 值范围和捕收剂浓度下，经长时间高强度搅拌，使烃类油选择疏水的煤粒相互黏着，形成坚实的球形絮团，一些矿物微粒仍保持分散状态，进而采用泡沫浮选分离。选择性聚团浮选是一种药耗较低的物理分选方法，具有工艺设备简单、分选效果好、环境污染低等优点，对于分选微细粒矿物方面具有比其他方法更为明显的优越性，有广阔的应用前景。

选择性聚团浮选与选择性絮凝的主要区别是：（1）选择性聚团浮选所用团聚剂为烃类油，而选择性絮凝所用絮凝剂是高分子化合物；（2）选择性聚团浮选是形成聚团后用浮选的方法将煤与矿物质分离，而选择性絮凝是使煤粒形成絮团后下沉，而后将絮团与矿物质分离。

10.2.1 影响选择性聚团分选的因素

（1）团聚剂的种类和用量。煤炭的选择性聚团浮选所使用的团聚剂为煤油和柴油，为非极性的烃类油。不同的原料、不同的炼制工艺得到的煤油和柴油，其组分差别很大。一般来说，低密度的烃类油由于疏水性差，高密度的重油黏度大不易分散，聚团回收效果均很差。中间密度的烃类油效果较好。烃类油主要依靠范德华力和疏水作用力使油分子吸附在煤粒表面，由于其较高的疏水性，从而增加了煤粒表面的疏水性。

长链烃类油通常使精煤产率增高，而短链烃类油使煤的选择性增强，但精煤的产率下降。通常柴油的产率较高，煤油的选择性好。

烃类油的用量对精煤的产率和灰分均有影响。杨巧文认为，在较低的用量范围内，随着油量的增大，精煤的产率增大，精煤灰分显著下降。但用量超过一定值后，继续增大油量，精煤的灰分变化则不大，但精煤的产率却显著提高。

（2）煤的粒度。煤是一种非均相组织，是由有机组分、无机矿物质、孔隙和水分等组成。煤粒越细，矿物质越容易与有机质分离，煤中的矿物质单体解离就越充分，选择性聚团浮选所到的精煤灰分就越低。

（3）煤的变质程度。不同变质程度的煤，表面亲油也不同。高变质程度的煤亲油性好，容易形成聚团，脱灰率高，低变质程度煤，表面含有大量的含氧官能团，孔隙发达，内水高，不容易产生聚团。

对于年轻烟煤，由于其含有较多的含氧官能团，仅仅添加煤油是很难使微细煤粒产生好的聚团，可加入脂肪醇使煤粒表面疏水，再用烃类油聚团。

（4）煤浆 pH 值。选择性聚团需将煤磨得很细，煤浆中存在大量微米级的矿物颗粒。这些矿粒由于质量小、表面能高，表面电荷和比表面积大等原因，影响选择性聚团脱灰。矿粒在煤浆中不能充分分散，它们互相包裹与覆盖，形成异相聚团或多相聚团。因此，在聚团前，要选择适当的分散剂或调节 pH 值，使煤浆中矿物带有相同符号的电荷，形成同性排斥，防止多相聚团作用的发生。

煤浆中加中碱性物质，可使煤水界面的 Zeta 电位变得越负，分散体系越稳定，矿粒不容易吸附在精煤上，可明显降低精煤灰分。

10.2.2 非极性烃类油的作用

煤浆中表面疏水的煤颗粒间存在三种相互作用：范德华吸引作用、双电层排斥作用和疏水作用。对于微细煤粒来说，疏水作用势能比另两个作用势能大一个数量级，对聚团的形成起非常重要的作用。随着煤粒表面疏水性增强，疏水作用的作用距离将进一步增大。在煤浆中加入非极性油，会强化煤粒的疏水性，主要体现在：

（1）非极性油珠与疏水煤粒发生黏着，然后在煤粒表面适度展开，使煤粒表面的疏水性进一步增强，从而使悬浮体的絮凝行为获得强化。

（2）非极性油在两个疏水煤粒间形成油桥，把它们紧密地连接在一起，从而大大提高了聚团抗碎裂的能力，使聚团能稳定存在和继续生长。

10.3 载体分选

载体浮选又称背负浮选，是另一种微细粒浮选新工艺。其基本原理是以粗粒矿物为载体，背负微细粒矿物，使其黏附在粗粒矿物表面，然后用常规泡沫浮选法进行分离。

作为载体的粗粒矿物，可以是异类矿物，也可以是同类矿物。如果被背负的微粒矿物是有价值的回收对象，则异类载体浮选存在着被载矿物与载体矿物的分离和载体矿物回收再利用的困难。若用同类矿物的粗粒，负载同类矿物的微细粒，即所谓自身载体浮选，可避免二者分离的工序。载体浮选用于黏土中除杂已有数年，在这个过程中采用粗粒方解石作为载体，加入到矿浆中作为微细粒锐钛矿的载体，从而达到除杂的目的。

载体浮选的物理化学基础是被表面活性剂同时选择性疏水化的载体矿物和微细粒矿物，在高能搅拌作用下，粗粒与微细粒的相互碰撞速率（载体作用）大大超过微粒之间的碰撞速率（矿泥团聚），它们互相接近、碰撞、黏附，依靠疏水作用能使粗粒与微细粒形成絮团，从而提高了微细粒与气泡黏着的可能性。

邱冠周等指出，粗细粒相互作用，除载体效应外，还有载体裂解—中介作用和粗粒的助凝作用。试验发现，加入粗粒后矿浆中生成大量介于细粒与粗粒之间的团粒。原因之一是细粒先黏附在粗粒上，形成黏附体，随后这些黏附体再受湍流剪切应力的裂解作用，脱落形成中间颗粒，此即为粗粒的“中间介质作用”，亦即“中介”作用。可见，正因为粗粒载体的存在，才导致中间团粒的形成；原因之二是在强搅拌作用下，在粗颗粒与流体之间存在着一个边界层，这一边界层随表征流体和颗粒运动特征的颗粒雷诺数 Re 而变化。当 $Re \geqslant 10$ 时，边界层发生分离，颗粒流线卷曲，直到形成涡环，如图 10-3 所示。这种在粗粒尾迹中产生的小尺度旋涡，对促进微细粒的聚团有利，这就是粗粒的助凝作用。上述机理的提出，深化了人们对载体浮选中粗粒效应的认识。

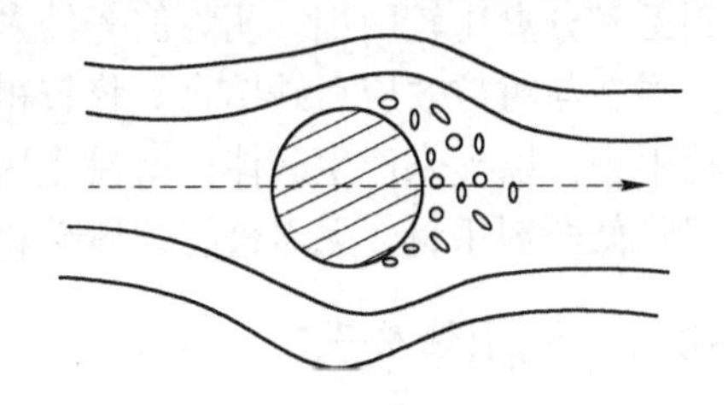

图 10-3 湍流中大颗粒的边界层情况

载体浮选的影响因素较多，包括几何、物理和化学等诸多方面。几何因素包括载体颗粒粒度、载体比、搅拌器结构等；物理因素主要指搅拌速度、搅拌时间和矿浆浓度；化学因素有药剂种类、药剂浓度、调浆浓度和介质 pH 值等。

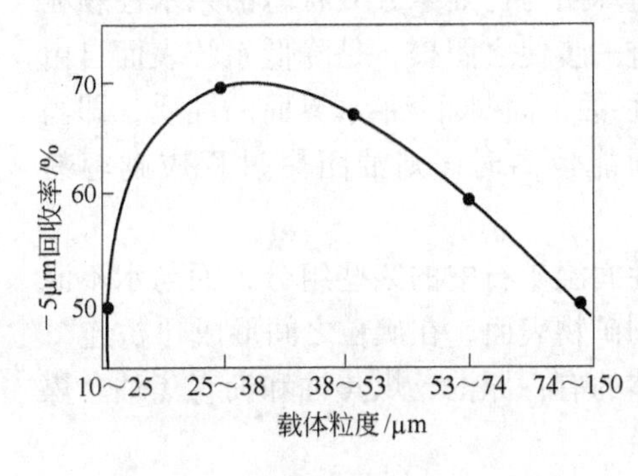

图 10-4 载体粒度对 -5μm 黑钨矿载体浮选的影响

图 10-4 为载体粒度对载体浮选的影响结果。由图 10-4 可以看出，粗粒黑钨矿对 -5μm 黑钨矿载体浮选，最适宜的载体粒度为 23 ~ 38μm，在此粒度范围内 -5μm 的黑钨矿与粗粒载体具有最大碰撞黏着效应。

载体的数量对载体浮选也有影响，图 10-5 为载体数量对 TiO_2 残留量的影响，适宜的载体数量应为微细粒矿物量的 20 ~ 40 倍。

搅拌速度与搅拌时间对载体浮选也有影响，如图 10-6 所示。从图 10-6 可以看出，强烈长时间搅拌对微粒的载体浮选有利，但过强的搅拌（大于3500r/min），会导致絮凝体的解体，对载体浮选不利。

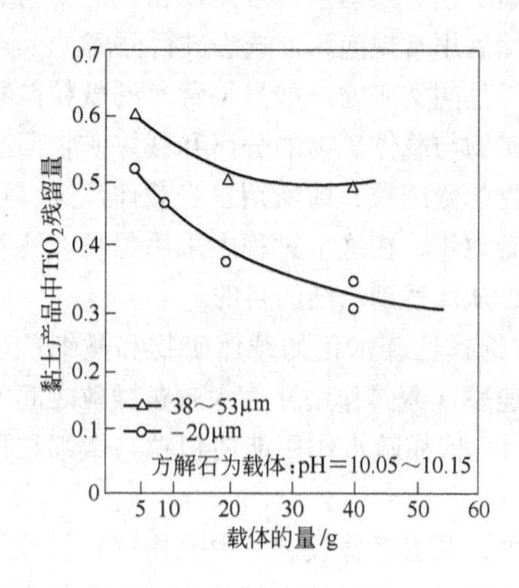

图10-5 载体数量对锐钛矿载体浮选的影响

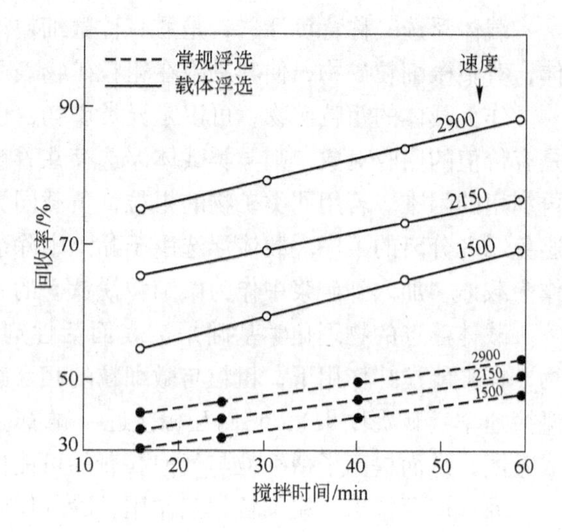

图10-6 搅拌速度与搅拌时间对载体浮选的影响

异类矿物载体浮选的缺点是捕收剂用量大，且当被载矿物为有用矿物时，载体矿物的制备和分离比较困难。胡为伯等经多年研究提出分支载体浮选新工艺，其特点是在于将分支浮选与粗粒效应巧妙结合。将较粗粒级易浮的一支流程中的精矿，返回到难浮的细泥流程中去，以提供产生载体—助凝作用的粗粒，达到强化细粒浮选的目的。应用该工艺，可以降低药剂用量，无需进行载体矿物的分离。

10.4 油团聚分选

选择性油团聚分选（oil agglomeration）又称球团聚分选（spherical agglomeration），是处理细粒物料的有效方法之一，最早由加拿大研究委员会提出，并进行了大量的研究工作，有的已用于工业实践。

该法的原理是细磨矿石，使矿物单体解离，用调整剂和捕收剂处理矿浆，使某些矿物选择性疏水，然后添加非极性油，使其润湿疏水性矿粒，在机械挤压和捏和作用下，覆盖油的颗粒互相黏附并形成球团，最后可用物理方法将球团与仍处于分散状态的亲水性颗粒分开。从热力学观点出发，油润湿疏水矿粒，然后进一步使之团聚，是降低系统表面自由能的自发过程。因此，有效的油团聚过程，取决于固-油，固-水和油-水界面的性质，即当固-水界面能越高，固-油界面能越低，而油-水界面能也高时，则油团聚过程应越容易进行。

油团聚分选中所用的油多为石油产品，可选择性润湿矿石中的某些组分，而与水不混溶，在强机械搅拌和磨矿机研磨下，油呈油珠分散到矿物表面，在矿粒之间形成“桥连”，称为桥连液体，或负载液体。实践中可作为桥连液体的有：原油、煤焦油和沥青焦油、煤油、轻油、氧化石油等。

加入桥连液体量对球团的结构和球团聚效果有明显影响。韦大为对不同粒级黑钨矿的油团聚研究结果表明，油在孔隙中的充填率达到60%～80%时，油团聚效果最佳，而油的充填率超过80%～90%以上时，油团变成糊状物。Takamori等指出，当矿粒疏水性较高，油-水界面张力不是很低时，在油添加量和输入功足够的情况下，可迅速形成大油团。在油量和输入功足够，而矿粒表面不太疏水且油-水界面张力较低时，先形成小油团，经一段老化期，小油团致密度逐渐增大，表面的油足够起到连接作用时，才形成大聚团。

韦大为等认为，油团聚过程经过成团、生长和平衡三个阶段。在生成阶段，油团粒度随搅拌时间线性增长，随搅拌的进行，油团内部多余的油量不断被挤压到表面上来，油团进一步生长，当油团内部和表面均无多余油量时，油团的生长达到平衡。

球团聚之前，必须先用捕收剂使矿物表面选择性疏水化。捕收剂用量较大，一般是常规浮选的10～100倍。用量大的原因在于为使桥连液体自发地润湿，必须使矿物表面高度疏水化，但捕收剂用量过多，也会使选择性降低。

研究捕收剂与桥连液体的比例对钛铁矿矿石分选的影响表明，当桥连液体混合物中含约20%捕收剂时，球团中杂质MgO的含量最低，与此同时，球团中的水分也最低。过量的捕收剂所引起的乳化作用，会使球团中水分增多，夹杂的亲水性矿物也随之增高。

和常规泡沫浮选一样，为了提高球团分选过程的选择性，必须添加各种调整剂。常用的调整剂有HCl、H_2SO_4、NaOH、Na_2CO_3、H_3PO_4、Na_2SiO_3和$CaCl_2$等。由于矿物表面电性、捕收剂活性和桥连液体的分散性均与矿浆pH值有关，故调整矿浆pH值对提高球团分选过程的选择性具有重要意义，如在处理含磷铁矿时，磷矿物可在pH＝9.5时选择性疏水，而铁矿物则在pH＝7.1时疏水，故可先在pH＝9.5时将磷矿物选择性分选到球团中，然后在pH＝7.1时，团聚剩余的分散相，使铁矿物进入球团，从而从铁矿石中分离磷和硅。

煤的油团聚分选要将煤磨细平均粒度5μm以下，使煤中的矿物质与有机质充分解离，而后用烃类油将有机质团聚浮在水面，矿物质亲水进入水相，从而实现煤与矿物质分离。

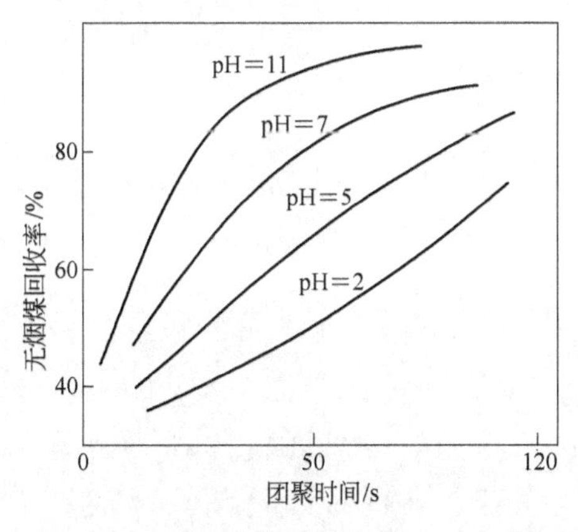

图10-7 不同矿浆pH油团中，无烟煤回收率的动力学曲线

图10-7示出矿浆pH值对无烟煤油团聚的影响。从图10-7看出，无烟煤最有效的油团聚pH值为11。经测定表明，此时，无烟煤炭表面电位正好处于零电点，由于静电排斥能的降低，有利于粒煤在油相中聚团，因此，随pH值的升高，所形成油团的强度和粒径均增大。

非极性油在低、中、高用量的情况下，所产生聚团的粒度和结构有明显不同。在低用量时，煤粒形成悬摆结构的聚团，颗粒之间的空隙多为水充填，此时聚团的水分含量较高；中等用量区域，随着用量的增大，煤粒形成纤维结构和毛细结构的聚团，此时聚团结构严实，颗粒间空隙少，而且颗粒间的空隙被非极性油充填，聚团的水分含量较低。非极性油用量过高时，将产生油煤糊团，聚团逐渐消失，油煤糊团中的水分增加。

在非极性油中等用量时，随着油用量的增大，聚团的粒度迅速增大。而非聚团粒度的增大使聚团的比表面积减小，相应地也应减少了表面水分的含量。由于非极性油充填聚团中的空隙并取代此位置原有的水，甚至充填原煤粒内部孔隙，并取代内部孔隙中的水，所以聚团内部水分也相应减少；另外，调浆搅拌槽中强烈的机械搅拌作用将迫使聚团更加严实，并排挤内部水分，这就导致了中等非极性油用量产生的煤粒聚团的水分含量非常低。

油团聚与选择性聚团浮选的不同之处在于，油团聚药耗大，需回收利用。选择性聚团浮选的药耗小，只需少量非极性油使煤粒形成聚团，而后用常规泡沫浮选分离。

微细煤粒油团聚脱灰的影响因素主要有：(1) 煤的粒度。粒度越细，解离越充分，精煤灰分越低。(2) 煤浆浓度。煤浆浓度越低，团聚剂的选择性好，精煤灰分越低。但煤浆浓度也不能太低，否则每次的处理量小，生产率低。(3) 油团聚时间。团聚时间短，形成的是絮凝块，内部含有较多的水分，煤与矿物质不能有效分离，精煤灰分高。若团聚时间过长，则油团碎散，且会破坏已形成的团聚物，精煤产率下降。团聚时间 1min 时，脱灰效率较高。(4) 团聚剂的种类和用量，团聚剂除燃料油和烃类油，还有有机药剂，如苯、环已烷、四氯化碳等。燃料的碳链长，捕收能力强，用量少，但选择性差，不易回收。短链的烃类，捕收能力弱一些，但选择性好，用量大，易回收。变质程度的煤可选用烃类油团聚，年轻烟煤可选用重油团聚。(5) 煤中有机官能团，含氧量大则不能形成油团，需要加入少量调整剂来改善煤的表面性质后才能进行油团聚。(6) 磨矿方式，用铁球磨矿，易使铁介质吸附在煤的表面，使精煤灰分升高。用瓷球磨矿，由于瓷球是刚玉制成，它极亲水，不易吸附在煤的表面，通常不会污染精煤。

11 煤炭浮选脱硫

我国是世界上最大的煤炭生产国和消费国，2010 年的煤炭消费总量是 32 亿吨。我国煤炭产量的 84% 左右直接用于燃烧，在燃烧时，煤中的硫分大部分转化为 SO_2 排入大气，造成了严重的大气污染和生态环境的破坏。随着煤炭开采向西北、西南推进，高硫煤的所占比重越来越高，SO_2 污染越来越严重。因此，煤炭脱硫已经成为世界各国的研究热点。虽然煤炭燃后的烟气脱硫技术十分成熟，脱硫效率较高，但由于其投资大，目前烟气脱硫机组装机容量仅占全国火电机组装机容量的 8.8%。因此，煤炭的燃前高效脱硫技术对于煤炭的高效洁净利用十分重要。煤中的硫分为有机矿和无机硫两大类，目前工业上只能脱除无机硫。重力选煤方法可以脱除煤中粗粒黄铁矿，细粒嵌布的黄铁矿硫只能用浮选或其他方法脱除。

11.1 煤中硫的赋存形态

我国原煤的质量特征是灰分高、硫分也高。总的趋势是：南部地区含硫量高，北部地区含硫量低；深层煤含硫量高，浅层煤含硫量低；动力煤含硫量高，炼焦煤含硫量低。资料表明，我国中高硫煤约占总储量的 1/3，占目前煤炭产量的 15% 左右。煤炭资源中含硫量高于 2.5% 的高硫煤占 27%，约 2.7 亿吨，相当于我国每年开采硫铁矿的总量。表 11-1 和表 11-2 分别为我国煤炭资源全硫分布和商品煤中全硫分布。

表 11-1 中国煤炭资源全硫分布情况 （%）

煤 种	平均硫分含量/%	超低硫煤 $S_t \leqslant 0.5$	低硫煤 $0.50 < S_t < 1.0$	低中硫煤 $1.0 \leqslant S_t < 1.5$	中硫煤 $1.5 \leqslant S_t < 2.0$	中高硫煤 $2.0 \leqslant S_t < 3.0$	高硫煤 $S_t \geqslant 3.0$
全国煤	1.10	48.60	14.85	9.30	5.91	7.86	8.54
动力煤	1.15	39.65	16.46	16.68	9.49	7.65	7.05
炼焦煤	1.03	55.16	13.71	4.18	3.29	8.05	9.65
华北煤	1.03	42.99	14.40	16.49	10.74	8.88	3.75
东北煤	0.47	51.66	14.04	19.68	1.92	2.05	0.00
华东煤	1.08	46.67	31.14	3.70	3.20	4.72	9.21
中南煤	1.17	65.20	12.42	7.66	2.34	5.50	6.71
西南煤	2.43	13.22	10.71	7.52	2.68	17.40	43.61
西北煤	1.07	66.23	6.20	2.50	4.01	9.31	9.98

硫是煤中有害元素之一，主要以无机硫和有机硫两种形式存在，部分煤中也存在极少量的单质硫。

表 11-2 中国商品煤全硫分布情况 (%)

煤 种	平均硫分含量/%	超低硫煤 $S_t \leqslant 0.5$	低硫煤 $0.50 < S_t < 1.0$	低中硫煤 $1.0 \leqslant S_t < 1.5$	中硫煤 $1.5 \leqslant S_t < 2.0$	中高硫煤 $2.0 \leqslant S_t < 3.0$	高硫煤 $S_t \geqslant 3.0$
全国煤	1.08	43.48	18.55	12.80	6.70	6.98	5.82
动力煤	1.00	42.13	21.97	15.04	10.30	3.00	4.44
炼焦煤	1.10	45.10	16.63	10.71	3.90	9.69	7.44
华北煤	0.92	39.14	23.66	19.30	9.85	3.25	1.80
东北煤	0.54	50.68	16.61	3.29	2.15	3.87	0.95
华东煤	1.12	45.79	20.12	13.37	5.34	5.34	9.89
中南煤	1.18	61.99	11.08	10.07	4.83	7.58	4.44
西南煤	2.13	23.87	10.14	6.77	5.33	14.58	38.66
西北煤	1.42	30.21	12.66	14.22	9.21	25.13	5.75

无机硫的主要形式硫铁矿硫和硫酸盐硫，硫铁矿硫以黄铁矿硫（FeS_2）和白铁矿硫（FeS_2）为主，此外还有少量的砷黄铁矿（FeAsS）、黄铜矿（CuFeS）、磁铁矿（Fe_7S_8）、闪锌硫（ZnS）和方铅矿（PbS），其中黄铁矿含量最多。黄铁矿在煤中有多种赋存状况，单体解离状、与煤或矸石共生、团块状、条带状、结核状、细粒嵌布状。在我国高硫煤中，单体解离的黄铁矿占50%左右，连生体和充填状态占14.22%。硫酸盐硫以 $CaSO_4$ 为主，含量很少，一般不超过0.2%，遇水溶解。

有机硫以C—S键结合在煤大分子骨架中，种类较多，均匀分布在煤中。有机硫含量变化较大，组成复杂。主要形式是硫茂（噻吩）约占有机硫的60%，其余有机硫形式有硫醇类R—SH′（R表示碳氢基）、硫醚类R—S—R′、硫蒽类、二硫蒽

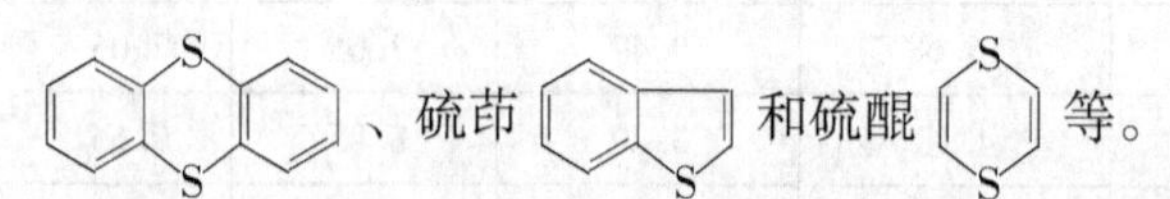

、硫茚和硫醌等。

煤中硫含量与煤的变质程度有关，气煤中硫的平均含量最高（3.15%），其次是贫煤（2.52%）、肥煤（2.10%）、瘦煤（1.88%）和焦煤（1.80%）。有机硫和黄铁矿的分布与煤的变质程度和煤中总硫含量有关，低阶煤中以低分子量的脂肪类有机硫为主，高阶煤中不稳定的硫结构较少，以高分子量的环状有机硫为主。一般情况下，煤中的硫由30%～50%的有机硫、50%～70%的硫化物硫、0.05%～0.1%的硫酸盐硫和极少量的单质硫组成。高硫煤中的硫分主要是无机硫，约占全硫的75%。低硫煤中主要是有机硫，约为无机硫的8倍。图11-1是煤中硫的分类。

煤的全硫是指各种形态硫的总和，用 S_t 表示，即 $S_t = S_s + S_p + S_o + S_{el}$。其中，$S_s$ 为硫酸盐硫，S_p 为硫铁矿硫，S_o 为有机硫，S_{el} 为单质硫。

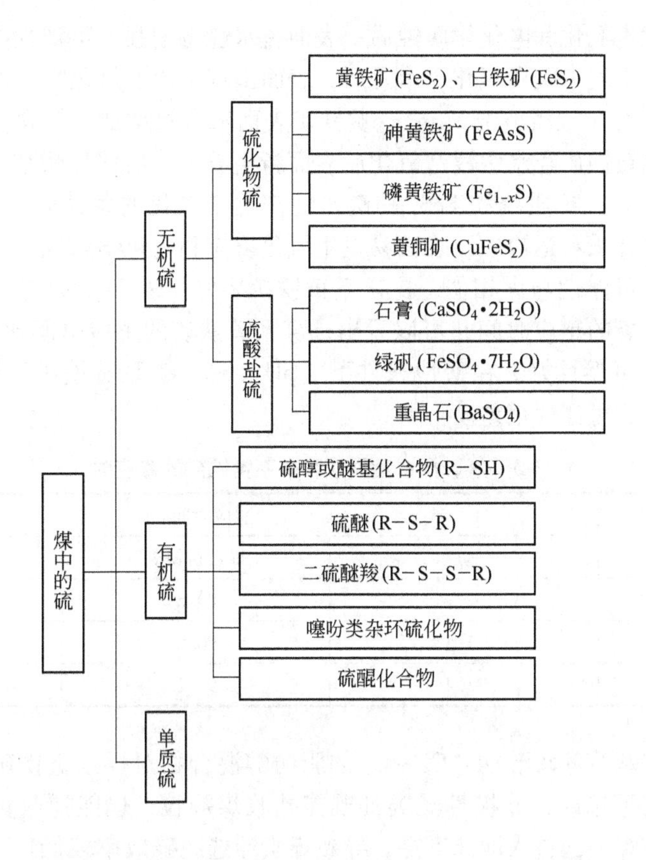

图 11-1　煤中硫的分类

11.2　煤中黄铁矿的嵌布粒度

黄铁矿在煤中的嵌布粒度最大可达到 25cm，最小则在 0.1μm 以下。黄铁矿在煤中的嵌布特征和粒度分 3 种情况：

（1）粗粒嵌布，呈块状或扁豆状，粒度较大，结构致密；

（2）细粒嵌布，呈多孔或块状结构，在煤中分布不均匀，有时为极薄的夹层；

（3）显微粒度嵌布，呈球状，在煤中分散极细。显微嵌布粒度约在 25 ~40μm 之间。

为了使不同粒度的黄铁矿能单体解离，必须破碎到嵌布粒度以下。浮选中很少遇到单体解离的纯黄铁矿颗粒，绝大部分情况下都是不同类型的含煤结合体。

11.3　煤系黄铁矿的可浮性

煤系黄铁矿的天然可浮性在很大程度上取决于黄铁矿表面的疏水性，它的物理性质与其他硫化矿物相似。图 11-2 为新鲜煤系黄铁矿 Zeta 电位与 pH 值的关系，可以看出：在 pH 值小于 4 的酸性条件下，煤系黄铁矿表面带正电，在较高 pH 值条件下，黄铁矿表面带带负电。可见，新鲜黄铁矿表面基本上都是亲水的，可浮性很差。不同 pH 值条件下，新鲜黄铁矿的浮选试验结果表明，只有在酸性介质中黄铁矿才有少量上浮，浮起量也不会超过 20%。

黄铁矿表面发生氧化和电化学腐蚀后，表面疏水性将增强，可浮性变好。朱红研究认为，煤系黄铁矿在空气中缓慢氧化3个月后，表面出现了深度氧化物“溶蚀坑”现象，坑中长出细小结晶矿物（粒径小于2μm）。黄铁矿表面硫含量增加，铁含量减少，有疏水的单质硫生成。煤系黄铁矿经水中浸泡氧化后表面新生成了一层鳞片状结构覆盖物，产物为 FeS_x 或少量的单质硫。单质硫和 FeS_x 的疏水性都比未氧化的黄铁矿要好，可浮性较好。煤系黄铁矿在煤炭开采和运输中，表面易发生氧化反应和电化学腐蚀，在黄铁矿表面产生了疏水性物质，其可浮性与煤相似，比矿系黄铁矿要好。表11-3是煤、煤系黄铁矿和矿系黄铁矿与气泡附着的感应时间，可以看出，煤系黄铁矿的感应时间比矿系黄铁矿要短，说明其疏水性强，可浮性好。在酸性条件下（$pH<5$），矿系黄铁矿不能附着在气泡上，说明其亲水性很强，可浮性很差。

表11-3 煤、煤系黄铁矿和矿系黄铁矿的感应时间

pH值	感应时间/ms		
	煤	煤系黄铁矿	矿系黄铁矿
4	32.1	89.6	
5	31.5	90.6	
6	31.4	91.2	303

磺化煤油、烷基芳基碳酸钠、$C_6\sim C_8$ 的脂肪醇混合物对煤系黄铁矿有显著的捕收作用。因此，在煤泥浮选时，非极性烃类油既能捕收煤颗粒，也能捕收黄铁矿，缺乏选择性。黄铁矿极易与煤一起进入泡沫产品，导致煤炭浮选脱硫效率较低。一般来说，随着捕收剂用量的增加，精煤产率提高，黄铁矿脱除率降低。如图11-3为匹兹堡八号煤的浮选脱硫实验结果，捕收剂为十二烷，起泡剂为甲基异丁基甲醇（MIBC）。

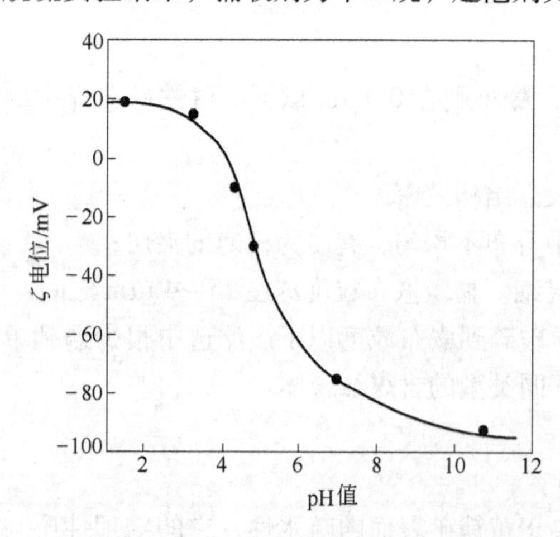

图11-2 煤系黄铁矿表面电荷与pH值关系

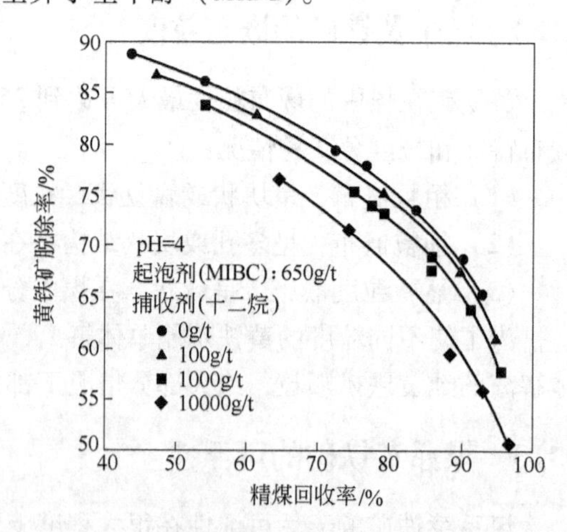

图11-3 浮选精煤回收率与黄铁矿脱除率关系

11.4 强化黄铁矿浮选脱硫的方法

煤系黄铁矿的可浮性较好，非极性烃类油对其有显著的捕收作用，导致浮选过程中黄铁矿极易进入泡沫产品，致使浮选脱硫较低。因此，必须采取一些技术措施来强化浮选脱硫效率，主要有以下几种方法。

11.4.1 添加黄铁矿抑制剂

添加黄铁矿抑制剂将其表面改变为亲水性表面，削弱非极性烃类油对它的捕收作用，从而提高煤泥浮选脱硫效率。表 11-4 为张庄矿选煤厂煤泥浮选脱硫试验结果，捕收剂为煤油，用量为 500g/t，起泡剂为 GF，用量为 100g/t。

表 11-4 张庄矿煤泥浮选脱硫试验结果

抑制剂		浮选精煤			浮选尾煤		黄铁矿脱除率/%
名 称	用量/g·t^{-1}	产率/%	灰分/%	$S_{p,ad}$/%	灰分/%	$S_{p,ad}$/%	
		65.66	10.53	0.95	71.09	4.54	71.42
PF 抑制剂	100	65.67	10.42	0.85	71.55	4.75	74.50
	150	66.44	10.81	0.80	72.86	4.93	76.85
	180	66.58	10.86	0.78	72.00	4.96	76.14
多羟基黄原酸	20	65.46	10.22	0.91	71.48	4.64	72.90
	50	64.70	10.27	0.88	70.43	4.56	73.87
	100	65.31	10.47	0.89	70.60	4.67	73.59
石灰-重铬酸钾	400 + 100	65.96	10.65	0.92	72.40	4.68	72.42
	800 + 200	65.42	10.38	0.88	71.20	4.70	73.88

黄铁矿抑制剂主要分为两大类：一是利用氧化还原机理的抑制剂，如聚黄原酸、硫化钠、巯基乙酸、硫代硫酸钠和某些有机还原剂；二是兼具分散和抑制作用的药剂，如水玻璃、各种聚偏磷酸盐、木质素磺酸盐、单宁和淀粉等。研究表明，能有效抑制矿系黄铁矿的抑制剂对煤系黄铁矿的抑制不一定有效，如氰化物和石灰。以下为几种黄铁矿抑制剂：

（1）PF 脱硫抑制剂。PF 脱硫抑制剂是煤炭科学研究总院唐山分院研制的一种新型煤系黄铁矿抑制剂，经工业性试验取得了较好的结果，黄铁矿硫脱除率达 75.02%。

PF 脱硫抑制剂为白色粉状物，水溶液无色无味，溶解性较好。动力学研究表明，加入 PF 抑制剂后，在浮选的前期对黄铁矿有较强的抑制作用，黄铁矿的浮选速度下降 45%，随着浮选时间的延长，抑制作用有所下降，浮选 3min 时，黄铁矿浮选速度只下降 26%。PF 抑制剂使用时要将其配制成浓度 1% ~3% 的水溶液，溶解时需搅拌 15 ~20min。与煤浆混合以后至浮选作用前要求有 2min 以上的抑制时间。

（2）聚硅酸铁。聚硅酸铁是一种新型的无机大分子药剂，对煤系黄铁矿有非常显著的抑制作用。在适当的铁量和聚合时间下，黄铁矿的抑制率最高可达 80% 以上。聚合时间、铁量是决定聚硅酸铁抑制性能的关键因素，最佳聚合时间是 3 ~13d，最佳铁量是 3 ~5kg/t，硅量对抑制效果也有一定的影响，硅量较大的，抑制效果较好。

（3）有机抑制剂。陈成雄等研究 4 种低分子有机抑制剂对煤系黄铁矿的抑制脱硫效果，结果显示：二硫代碳酸乙酸二钠、二硫代氨基乙酸二钠和乙二胺四甲叉膦酸对煤系黄铁矿的抑制作用较强，而且对煤无明显的抑制作用。少量添加这些抑制剂，黄铁矿的脱除率由 56% 提高到 84%。

大分子的有机抑制剂的特点是分子量大，分子较长或较粗，分枝较多，大多是天然产物及其加工产品，如淀粉、糊精、单宁等。多羟基黄原酸盐在水溶液中电离，可得到戊糖黄原酸根，与重金属离子作用生成可溶于水的重金属盐，可有效抑制黄铁矿和白铁矿。腐殖酸钠分子中含有多个亲水基团，对黄铁矿表面的作用力强，可削弱黄铁矿表面的疏水性。

（4）石灰。石灰可以作为黄铁矿的抑制剂，它主要以OH^-来抑制黄铁矿，在矿物表面生成亲水性的$Fe(OH)_2$和$Fe(OH)_3$薄膜。同时，石灰在矿浆中有Ca^{2+}存在，吸附在黄铁矿表面生成难溶的$Ca(OH)_2$。研究表明：随着溶液中Ca^{2+}浓度的增加和pH值的提高，Ca^{2+}在黄铁矿表面吸附增强。

（5）氰化物。氰化物是黄铁矿的有效抑制剂，它是强碱弱酸生成的盐，在矿浆中水解，随着pH值增加，CN^-离子浓度提高，抑制作用加强。但是，氰化物有毒，不利于生产操作和环境保护。

11.4.2 超声波强化预处理

从20世纪50年代至今，国内外学者对超声波应用于煤浆的处理进行了大量研究。分选过程中超声波的强化处理有以下几个方面的作用：

（1）清除矿粒表面的杂质，排除黏附在矿粒表面的矿泥覆盖膜。

（2）致使矿物表面药剂吸附层的降解或分解。

（3）增强气泡和中性油液滴与矿粒的黏着。

（4）乳化作用，使浮选药剂，尤其是非极性的烃类油以更微小的油滴分散在矿浆中。

（5）改变矿物的可浮性。

胡军、康文泽等认为：煤浆经超声波处理后，煤浆的pH值、矿物表面电位、导电率、溶解氧等发生了变化，煤水接触角增大8.93°，黄铁矿与水的接触角减小10.2°左右。这表明，煤的可浮性提高，黄铁矿的可浮性降低，结合添加黄铁矿抑制剂，可较大幅度脱除煤系黄铁矿硫。表11-5是应用超声波强化处理山东淄博夏庄煤矿原煤和贵州遵义原煤的浮选脱硫试验结果。

表11-5 超声波强化处理煤浆的浮选脱硫试验结果

试验方法	煤样	浮选入料		浮选精煤			评价指标		
		$A_d/\%$	$S_{t,d}/\%$	$r_c/\%$	$A_d/\%$	$S_{t,d}/\%$	$\eta_{wf}/\%$	$\eta_{ws}/\%$	$\eta_{ds}/\%$
分步释放试验	淄博	12.51	4.24	64.50	4.90	2.61	44.85	29.21	60.29
	贵州	15.10	6.18	58.50	5.98	3.50	41.62	31.17	66.87
超声波浮选	淄博	12.51	4.24	75.41	4.90	1.42	52.43	58.31	74.74
	贵州	15.10	6.18	67.42	5.98	1.60	47.96	59.97	82.54

11.4.3 电化学强化预处理

黄铁矿的可浮性与其电化学性质紧密相关，通过电化学预处理黄铁矿的氧化还原状态，可改变其可浮性大小。

电解还原法中，在阴极上煤表面含氧官能团得到电子使 C—O 键断裂，或是由阴极电解水而得到活泼氢与煤表面含氧官能团作用，使其还原，含氧官能团减少，煤的疏水性增加，从而提高了煤的可浮性。同时，黄铁矿表面的单质硫及多硫化铁被还原，生成亲水的 FeS，存在的反应如下：

$$S^0 + 2e \longrightarrow S^{2-}$$

$$FeS_x + 2(x-1)e \longrightarrow FeS + (x-1)S^{2-}$$

可见，通过电化学预处理煤浆，可增大煤的可浮性，降低黄铁矿的可浮性，增大了煤与黄铁矿的可浮性差异。因此，电化学强化预处理煤浆可提高煤炭浮选的脱硫率。

董宪姝的试验结果表明：电化学预处理煤浆后，浮选脱硫好于常规的浮选脱硫和抑制剂脱硫。当电解电流为 2A，电解时间为 30min 时，脱硫效果最好。碱性电解质中电化学浮选脱硫效果要好于酸性和中性介质。

11.5 煤炭微生物浮选脱除

煤炭的微生物浮选脱除是指利用专门筛选、培育的某种微生物作为黄铁矿的生物抑制剂，选择性地吸附在黄铁矿表面，使具有疏水性的煤系黄铁矿表面亲水，降低其可浮性，强化浮选过程黄铁矿的脱除。

这种微生物的表面具有一定的亲水性，或带有一定性质的电性。根据微生物表面的脂肪酸基等官能团与表面其他亲水基团之比的不同，微生物表面的亲水或疏水性有很宽的变化范围，如果微生物体和矿物表面之间能通过某种作用形式产生吸附，矿物的表面性质就会被微生物的表面性质所影响或取代，其影响或取代的程度依据微生物吸附的程度而定。

11.5.1 微生物的种类与性质

根据研究报告，具有脱硫能力的微生物主要有球红假单孢菌（*Rhodopseudomonas spheroids*，简称 *R. s*）、大肠杆菌（*Escherichia coli*，简称 *E. coli*）和氧化亚铁硫杆菌（*Thiobacillus ferrooxidant*，简称 *T. f*）。

（1）球红假单孢菌。光能异养菌，兼性好氧；可在光下厌氧生活，也可在黑暗下好氧生活。最适 pH 值为 7 左右，最适宜温度为 25 ~ 30℃，接触角为 30°左右，表面亲水，繁殖快，菌液自然浓度为 8.0×10^{11} 个/L。

（2）大肠杆菌。革兰氏阴性，适宜 pH 值为 4.5 ~ 7.5，代时 12.5 ~ 20min。兼性厌氧，营养条件不高，生长很快，适合工业规模的应用。菌液自然浓度为 3.2×10^{12} 个/L。

（3）氧化亚铁硫杆菌。革兰氏阴性，代时 5 ~ 12h。严格自养菌，需氧。能量来源靠氧化硫代硫酸盐或无机亚铁。菌液自然浓度为 1.5×10^{10} 个/L。

11.5.2 微生物浮选脱硫效果

为考察微生物浮选脱硫效果，实验室采用人工煤样进行实验。用淮南望峰岗选煤厂的低硫分选精煤（硫分不超过 0.1%，灰分 12% 左右）和皖南煤手选的煤系黄铁矿破碎制备成实验所需的人工煤样。

表 11-6 是不同菌种对人工煤样的脱硫效果，可以看出：*T. f* 菌和 *R. s* 菌对黄铁矿硫的脱除有明显影响。

表 11-6 不同菌种的脱硫效果

组别	精煤回收率/%	精煤灰分 A_d/%	精煤全硫 S_t/%	全硫脱除率/%	黄铁矿脱除率/%
空白	86.36	27.91	11.37	28.29	29.06
T. f	82.64	25.23	9.78	40.98	42.22
R. s	81.98	25.01	9.42	43.08	44.38
E. coli	89.06	28.35	12.13	21.94	22.51

研究证实，微生物的活性对黄铁矿的抑制具有较明显的影响。菌液浓缩过程中用稀盐酸冲洗去掉菌体表面所带的氧化膜，得到的细菌称作为活性细菌。菌液浓缩过程中没有用稀盐酸冲洗去掉菌体表面所带的氧化膜，得到的细菌称作为非活性细菌。活性细菌对黄铁矿的抑制作用明显好于非活性细菌，黄铁矿硫脱除率比非活性细菌提高20%左右。

11.6 煤的脱硫效率评价

目前，国内外还没有一个统一的脱硫效果评价指标，通常采用脱硫率和精煤中硫分分布率来评价煤炭脱硫效果。综合考虑精煤产率和精煤硫分，借鉴浮选完善度指标的概念，用脱硫效率 η_S 来考察脱硫效果，同时采用可燃体回收率、硫分脱除率和精煤硫分等指标辅助评价。各指标计算如下：

（1）脱硫效率 η_S

$$\eta_S = \frac{\gamma_C(S_f - S_C)}{S_f(100 - A_f - S_f)} \times 100\%$$

（2）脱硫率 $S_{t,d,rej}$

$$S_{t,d,rej} = \frac{100S_f - \gamma_C S_C}{S_f} \times 100\%$$

（3）降硫率 $S_{t,d,reduce}$

$$S_{t,d,reduce} = \frac{S_f - S_C}{S_f} \times 100\%$$

（4）精煤中硫分布率 $S_{t,d,distrib}$

$$S_{t,d,distrib} = \frac{\gamma_C \cdot S_C}{S_f} \times 100\%$$

式中 S_f——原煤硫分，%；
S_C——精煤硫分，%；
γ_C——精煤产率，%；
A_f——原煤灰分，%。

参考文献

[1] 戴少康．选煤工艺设计实用技术手册［M］．北京：煤炭工业出版社，2010.
[2] 王宏，李明辉，曾琳，等．煤炭洗选加工实用技术［M］．徐州：中国矿业大学出版社，2010.
[3] 陈清如，刘炯天．中国洁净煤［M］．徐州：中国矿业大学出版社，2009.
[4] 张泾生，阙煊兰．矿用药剂［M］．北京：冶金工业出版社，2008.
[5] 黄波．界面分选技术［M］．北京：煤炭工业出版社，2008.
[6] 王敦曾．选煤厂新技术的研究与应用［M］．北京：煤炭工业出版社，2007.
[7] 徐博，徐岩，于刚．煤泥浮选技术与实践［M］．北京：化学工业出版社，2006.
[8] 张明旭．选煤厂煤泥水处理［M］．徐州：中国矿业大学出版社，2004.
[9] 谢广元．选煤厂产品脱水［M］．徐州：中国矿业大学出版社，2004.
[10] 吴大为．浮游选煤技术［M］．徐州：中国矿业大学出版社，2004.
[11] 肖衍繁，李文斌．物理化学［M］．天津：天津大学出版社，2003.
[12] 李干佐，房秀敏．表面活性剂在能源和选矿工业中的应用［M］．北京：中国轻工业出版社，2002.
[13] 周公度，段连运．结构化学基础［M］．北京：北京大学出版社，2001.
[14] 谢广元，张明旭，边炳鑫，等．选矿学［M］．徐州：中国矿业大学出版社，2001.
[15] 顾惕人，李外郎，马季铭，等．表面化学［M］．北京：科学出版社，2001.
[16] 张开．高分子界面科学［M］．北京：中国石化出版社，1996.
[17] 赵振国．界面化学基础［M］．北京：化学工业出版社，1996.
[18] 曾凡，胡永平．矿物加工颗粒学［M］．徐州：中国矿业大学出版社，1995.
[19] 恽正中．表面与界面物理［M］．成都：电子科技大学出版社，1993.
[20] 卢寿慈，翁达．界面分选原理及应用［M］．北京：冶金工业出版社，1992.
[21] 张恩广．筛分破碎及脱水设备［M］．北京：煤炭工业出版社，1991.
[22] 胡熙庚，黄和慰，毛钜凡，等．浮选理论与工艺［M］．湖南：中南工业大学出版社，1991.
[23] 蔡璋．浮游选煤与选矿［M］．北京：煤炭工业出版社，1990.
[24] 王振生．选煤厂生产技术管理［M］．北京：煤炭工业出版社，1990.
[25] 王果庭．胶体稳定性［M］．北京：科学出版社，1990.
[26] 钟蕴英，关梦嫔，崔开仁，等．煤化学［M］．徐州：中国矿业大学出版社，1989.
[27] 胡为柏．浮选［M］．北京：冶金工业出版社，1989.
[28] 郭梦熊．浮选［M］．徐州：中国矿业大学出版社，1989.
[29] 丁立亲．浮选的理论和实践［M］．北京：煤炭工业出版社，1987.
[30] 谈慕华，黄蕴元．表面物理化学［M］．北京：中国建筑工业出版社，1985.
[31] 简用康．煤泥的浮选［M］．北京：煤炭工业出版社，1983.
[32] 黄有成，赵礼兵，代淑娟．黄铁矿浮选抑制剂研究现状［J］．有色矿冶，2011，27（3）：24～30.
[33] 史英祥．XJM-S28 大型浮选机的工业应用［C］．2010 全国选煤学术交流会论文集，四川成都，2010，10：53～57.
[34] 刘万超，程宏志，张孝钧，等．XJM-S28 型浮选机的设计［J］．选煤技术，2010，4：1～3.
[35] 张鹏．XJM-（K）S 系列浮选机在选煤厂的应用［J］．选煤技术，2009，6：23～26.
[36] 程宏志，韩丽萍．XJM-S 型浮选机研究进展与展望［J］．选煤技术，2009，4：83～87.
[37] 张颖姝．FJC 喷射式浮选机在东山洗煤厂的应用［J］．煤质技术，2009，5：56～57.
[38] 王海艳，朱金波，于中淼．煤用喷射式浮选机的发展现状及存在的问题［J］．煤炭加工与综合利用，2009，4：21～23.

[39] 张金国．隔膜快开压滤机及其在浮选精煤脱水工艺中的应用［J］．煤炭加工与综合利用，2009，8：8~11.
[40] 赵选选．快开式隔膜压滤机在浮精脱水中的应用［J］．中国煤炭，2009，35（9）：82~84.
[41] 潘海军，刘万超．XJM-S20 型浮选机在平沟选煤厂的应用［J］．选煤技术，2008，6：40~42.
[42] 王勇，郭崇涛，许俊杰，等．PS600 型煤浆预处理器在临涣选煤厂的应用［J］．洁净煤技术，2008，14（1）：16~19.
[43] 赵树彦，王微微，于一栋，等．PS 系列煤浆预处理器［J］．煤质技术，2008，3：53~57.
[44] 程宏志，张孝钧，石焕，等．XJM-（K）S 系列浮选机研究现状与展望［J］．选煤技术，2008，4：122~125.
[45] 林愉，许睿，唐军．煤浆煤柱管道多声道多普勒超声波流量计的研究［J］．矿山机械，2008，19：79~82.
[46] 石焕．XJM-KS 型浮选机及其应用［J］．选煤技术，2007，4：52~55.
[47] 杨宏丽，樊民强．聚硅酸铁浮选抑制煤系黄铁矿的研究［J］．煤炭学报，2007，32（5）：535~538.
[48] 焦红光，涂必训，梁增田．应用 Jameson 浮选槽分选无烟煤泥的实践［J］．煤炭工程，2007，8：95~97.
[49] 赵树彦，江明东，许红娜，等．中国第三代 FJC 系列煤用喷射式浮选机的应用实践［J］．煤炭加工与综合利用，2006，5：22~24.
[50] 陈俊涛，康华，单志强．FCSMC-3000×6000 浮选床的特点及应用分析［J］．选煤技术，2000，6：1~4.
[51] 程宏志，张孝钧，石焕，等．XJM-KS20 大型浮选机的研究［J］．选煤技术，2006，增刊：20~24.
[52] 沈政昌，史帅星，卢世杰，等．浮选设备发展概况（续二）［J］．有色设备，2005，1：5~8.
[53] 沈政昌，史帅星，卢世杰，等．浮选设备发展概况（续三）［J］．有色设备，2005，2：4~7.
[54] 陈俊涛，康华，李明明．FCSMC—3000×6000 旋流-静态微泡浮选床在灵山选煤厂的应用［J］．选煤技术，2005，5：29~30.
[55] 沈政昌，史帅星，卢世杰，等．浮选设备发展概况（续一）［J］．有色设备，2004，6：8~11.
[56] 周晓华，赵朝勋，刘炯天．浮选柱研究现状及发展趋势［J］．选煤技术，2003，6：51~54.
[57] 杨玉芬，朱红，陈清如．煤与黄铁矿表面改性的研究［J］．选煤技术，2003，4：12~16.
[58] 刘殿文，张文彬．浮选柱研究及其应用新进展［J］．国外金属矿选矿，2002，6：14~17.
[59] 郑钢丰，朱金波．浅谈浮选柱的研究现状及发展趋势［J］．煤炭技术，2002，21（11）：43~45.
[60] 王跃．浅谈浮选柱的研究现状［J］．选煤技术，2002，6：5~7.
[61] 王建华，孙有森，杨光明．微泡浮选柱在柴里选煤厂的应用［J］．选煤技术，2001，2：26~29.
[62] 杨小平，许德平，吴翠平，等．煤泥浮选测控系统的研究［J］．中国矿业大学学报，2001，30（1）：39~42.
[63] 杨小平，许德平，吴翠平，等．浮选工艺中煤浆测灰系统的研究［J］．煤炭加工与综合利用，2000，5：25~28.
[64] 杨小平，许德平，吴翠平，等．测量煤浆灰分的试验研究［J］．煤炭科学技术，2000，28（7）：19~22.
[65] 刘炯天．旋流-静态微泡柱分选方法及应用（之一）——柱分选技术与旋流-静态微泡柱分选方法［J］．选煤技术，2000，1：42~44.
[66] 刘炯天．旋流-静态微泡柱分选方法及应用（之二）——柱分离过程的静态化及其充填方式［J］．选煤技术，2000，2：1~5.
[67] 刘炯天．旋流-静态微泡柱分选方法及应用（之三）——射流微泡与管流矿矿化的研究［J］．选煤技术，2000，3：1~4.

[68] 刘炯天．旋流-静态微泡柱分选方法及应用（之四）——旋流力场分离与强化回收机制［J］．选煤技术，2000，4：1~4.

[69] 刘炯天．旋流-静态微泡柱分选方法及应用（之五）——柱分选设备系统化及大型旋流-静态微泡浮选床［J］．选煤技术，2000，5：1~4.

[70] 刘炯天．旋流-静态微泡柱分选方法及应用（之五）——柱分选系统与煤炭深度降灰脱硫工艺［J］．选煤技术，2000，6：1~4.

[71] 朱红，李虎林，欧泽深，等．黄铁矿表面状态对煤浮选脱硫的影响［J］．洁净煤技术，2000，6（1）：5~8.

[72] 高祖昌，王永其，袁永健．充填式静态浮选柱及其分选细粒煤的实践［J］．选煤技术，1999（2）：11~14.

[73] 支同祥．浮选柱研究现状与应用前景［J］．中国煤炭，1999，25（9）：9~13.

[74] 蔡昌凤，程宏志，张孝钧．XJMM—S 系列浮选机的设计与推广［J］．煤炭科学技术，1998，26（8）：25~27.

[75] 郑瑛，史学锋，周英彪，等．煤燃烧过程中硫分析出规律的研究进展［J］．煤炭转化，1998，21（1）：36~40.

[76] 王化军．充填浮选柱和外部发泡器的发展［J］．金属矿山，1996，2：24~26.

[77] 陶长林．詹姆森浮选柱——浮选工艺的一大技术突破［J］．中国矿业，1995，4（1）.

[78] 刘炯天，欧泽深．詹姆森型浮选柱的研究［J］．选煤技术，1995，1：26~29.

[79] 陶长林．詹姆森浮选柱——浮选工艺的一大技术突破［J］．中国矿业，1995，17（4）：43~48.

[80] 刘炯天，欧泽深，王振生．詹姆森型浮选柱的研究［J］．选煤技术，1995，1：26~29.

[81] 陈万雄，刘清侠．煤黄铁矿低分子量有机抑制剂研究［J］．煤炭科学技术，1994，22（9）：33~37.

[82] 蔡璋，蒋荣立，罗时磊，等．极细粒煤泥分选新方法——选择性絮凝［J］．中国矿业大学学报，1993，22（1）：54~61.

[83] 蔡璋，吴军．选择性絮凝分选超细粒煤［J］．煤炭加工与综合利用，1993，5：3~5.

[84] 杨锦隆．新型充填式浮选柱［J］．国外金属矿选矿，1991，2：8~12.

[85] 森松良博，房景富．煤-油混合流体用超声波多普勒流量计［J］．国外计量，1983，5：48~50.

[86] Zhiwei Jiang. Modeling of the flotation Process：A Quantitative Analysis of Collision and Adhesion between Particles and Bubbles［D］. Australia：The University of New South Wales，1988.